# 矿山设备电气控制

KUANGSHAN SHEBEI DIANQI KONGZHI

主 编 ◎ 张旭辉 毛清华

副主编 ◎ 樊红卫 杨文娟 薛旭升 赵亦辉

参 编 ◎ 王川伟 王 岩 吴 娟 杜昱阳

韩 磊 王荣泉 王 燕 姜俊英

华中科技大学出版社
http://press.hust.edu.cn
中国·武汉

# 内 容 简 介

　　本书为煤炭高等教育"十四五"规划教材。以具备矿山设备电气控制系统的设计、运行和维护能力为目标，系统介绍了工业设备电气控制的设计理论、方法和应用。以电气控制复杂、安全防护典型的提升设备为剖析对象，将矿山供电、机电防爆、安全防护等技术融于提升机电气控制系统，引导读者掌握矿山设备电气控制系统设计知识，并以点带面对采煤、掘进、运输、通风、压气、排水等设备进行精练讲解和内容辅导。全书共6章，内容包括：概述、矿山设备电气控制基础、煤矿提升机电气控制、煤矿采掘运设备电气控制、矿用通压排设备电气控制和矿用设备智能控制。每章最后均有思考题，便于学生课后练习。

　　本书内容翔实、图文并茂、注重理论联系实际，将矿山设备电气控制领域最新成果和发展动态融入教材内容之中，可作为机械电子工程、机械设计制造及其自动化等相关专业高年级本科生或硕士研究生教材，也可供矿山相关领域的工程技术人员参考。

**图书在版编目(CIP)数据**

矿山设备电气控制 / 张旭辉，毛清华主编. —武汉：华中科技大学出版社，2023.5
ISBN 978-7-5680-9338-5

Ⅰ.①矿…　Ⅱ.①张…　②毛…　Ⅲ.①矿山机械—电气控制　Ⅳ.①TD4

中国国家版本馆 CIP 数据核字(2023)第 061585 号

**矿山设备电气控制**
Kuangshan Shebei Dianqi Kongzhi

张旭辉　毛清华　主编

策划编辑：张　毅
责任编辑：狄宝珠
封面设计：廖亚萍
责任监印：朱　玢
出版发行：华中科技大学出版社（中国·武汉）　　电话：(027)81321913
　　　　　武汉市东湖新技术开发区华工科技园　　邮编：430223
录　　排：武汉正风天下文化发展有限公司
印　　刷：武汉市洪林印务有限公司
开　　本：787mm×1092mm　1/16
印　　张：16.5
字　　数：409千字
版　　次：2023年5月第1版第1次印刷
定　　价：52.80元

# ▶ 序

人类社会已经进入数字化、信息化、网络化、智能化的新时代,第四次工业革命的浪潮汹涌澎拜,势不可挡,影响广泛。在矿山工程领域,机遇与挑战并存,责任与梦想同在。一方面,承担着为国民经济和社会发展提供能源和资源保障的光荣使命,实现矿山数字化、信息化、网络化、智能化迫在眉睫;另一方面,矿产资源丰富,赋存条件复杂,开采方式多样,作业环境恶劣,安全风险严峻,目前处于机械化、半自动化、自动化、智能化并存的多模式开采状态,实现矿山开采全过程全系统智能化任务艰巨,挑战严峻。

矿山智能化,一靠设备、二靠技术、三靠人才,其中设备是基础,技术是关键,人才是根本。矿山设备智能化是实现矿山开采智能化的前提,矿山设备电气控制则是矿山设备实现智能化的重要基础。现代矿山设备电气控制是机械、电气、测控、计算机、通信等深度融合的交叉学科方向,也是机、电、液一体化控制技术在矿山领域的典型应用。在具有矿业特色的高等学校,深入开展矿山设备电气控制科学研究,尤其是在矿业、机械、电气等专业开设矿山电气控制相关课程,培养矿山设备电气控制人才,是加快行业智能化发展的必然要求,对于持续把握发展现状,跟踪学术前沿,破解关键技术,丰富知识体系,推动智能发展具有极其重要的意义。

西安科技大学是西部唯一一所具有煤炭特色的高水平教学研究型大学,"煤矿智能检测与控制团队"秉承学校"励志图存,自强不息"的办学精神,践行"祖国利益高于一切"的校训,深耕煤矿"机械化－自动化－智能化"研究与教学三十余年,创建了"陕西省矿山机电装备智能检测与控制重点实验室"以及多个人才培养与科技创新平台,始终坚持理论与实践紧密结合,教学与科研紧密结合,学校与企业紧密结合,知识与思政紧密结合,突破了一系列关键技术问题,培养了一大批应用型创新性人才,取得了一大批教学科研成果,为煤炭科技创新与发展提供了技术支撑和人才保障,同时也为编写《矿山设备电气控制》教材奠定了坚实的基础。《矿山设备电气控制》教材的编写以煤炭工业为例,立足科技发展前沿,紧扣煤炭生产系统典型设备电气控制关键问题,融系统性、先进性、创新性、理论性、实践性于一体,是新时代高校教材建设和教学改革的创新性成果,有利于人才培养,有利于科学研究,有利于工程应用。

党的二十大报告指出"教育、科技、人才是全面建设社会主义现代化国家的基础性、战略性支撑"。让我们不辱使命,奋楫笃行,从教材建设和教学改革入手,深化高等教育改革,创新人才培养模式,提高人才培养质量,为加快矿山智能化建设提供人才和技术支持,为全面建设现代化强国做出更大贡献。

马宏伟

2023 年 5 月于西安

# ▶ 前言

  矿山设备电气控制技术是在工业设备电气控制技术基础上发展起来的,主要以煤矿常用机电设备如采煤、掘进、运输、提升、通风、压气、排水等为对象,运用工业电气控制、传感检测、信息处理、人工智能等技术实现矿山机电设备的状态监测与自动控制。随着计算机、互联网、传感器和人工智能等技术的飞速发展,矿山设备电气控制技术朝着智能化方向发展,有效降低了煤矿工人劳动强度,提高煤矿生产效率,有力促进了煤矿少人或无人开采技术的发展。

  煤矿生产经历了原始开采、机械化和数字化信息化三个阶段,正朝智能化阶段发展。为推动智能化技术与煤炭产业融合,促进我国煤炭工业高质量发展,2020年2月25日,国家发展改革委、能源局等八部委联合印发了《关于加快煤矿智能化发展的指导意见》,标志着煤矿朝着智能化方向发展。"智慧矿区、智能矿山"的行业发展趋势,对煤矿机电领域高层次人才提出了巨大需求。但矿山设备电气控制方面的教材建设滞后,未能及时跟进煤矿最新技术发展,难以满足煤矿智能化人才培养需求,因此,立足工业设备电气控制基础技术,系统梳理现代化矿井中生产流程和关键控制技术,及时地更新矿山设备电气控制相关教材,补充新知识、新技术与新方法,体现以"智能化"为代表的现代矿井生产技术特征,进而培养出适应经济社会需求和煤矿智能化发展的专业人才,是编写本版矿山设备电气控制教材的初衷。

  本书编者多年从事矿山设备电气控制相关教学和科研工作,教材汇集了编者多年从事相关教学经验和教学资料,力争将领域最新的进展和技术成果融入教材。教材内容选取和章节安排时,将矿山设备电气控制所涉及的分散内容进行整合和凝练,将电气控制基础与前沿技术有机结合,以电气控制复杂、安全防护典型的提升设备为剖析对象,明确矿山设备电气控制与一般工业设备电气控制的联系与区别,将矿山供电、机电防爆、安全防护等技术融于提升系统,引导读者掌握矿山设备电气控制设计、运行与维护相关知识,再以点带面,对电气控制较为简单的采煤、掘进、运输、通风、压气、排水等设备进行简单介绍和内容辅导,编写中遵循从简单到复杂、新旧技术对比分析、理论联系实际的原则,适应以矿山机械为特色的机电控制方向课程需求,有力支撑机电控制相关知识、能力和素质的培养目标达成。

  本书共6章,具体内容包括:第1章概述,第2章矿山设备电气控制基础,第3章煤矿提升机电气控制,第4章煤矿采掘运设备电气控制,第5章矿用通压排设备电气控制,第6章矿用设备智能控制。在每章开始部分有本章的教学知识能力目标与思政目标,在全书附录部分有教学思政案例。每章后均有思考题,便于读者课后练习。题目设置以引导读者结合课程内容思考为目标,帮助读者养成分析问题解决问题的习惯。

  本书可作为高等院校,尤其是以矿山为特色的高等院校的机械电子工程、机械设计制造及其自动化,以及相关机械类专业的高年级本科生或硕士研究生教材,同时也可供矿山机电领域相关工程技术人员参考。学习本书之前,读者应具备电工电子、机械控制工程基础、电力拖动、测试技术、可编程控制技术、微机控制技术等方面的知识。教师在使用本书时,应根据学生先修课程情况和学时要求,适当补充或删减内容。

本书由张旭辉、毛清华担任主编,樊红卫、杨文娟、薛旭升、赵亦辉担任副主编,参编人员有王川伟、王岩、吴娟、杜昱阳、韩磊、王荣泉、王燕、姜俊英。第1章由毛清华、王川伟、王岩编写,第2章由王川伟、王燕编写,第3章由张旭辉、吴娟、杜昱阳、姜俊英编写,第4章由毛清华、樊红卫、杜昱阳、赵亦辉、王荣泉编写,第5章由樊红卫、薛旭升、韩磊编写,第6章由杨文娟、王岩编写。全书统稿工作由张旭辉、毛清华完成。

本书在编写过程中得到了陕西省矿山机电装备智能检测与控制重点实验室、太原理工大学、陕西煤业化工技术研究院、西安煤矿机械有限公司和西安重装韩城煤矿机械有限公司等单位的大力支持与帮助。本书入选西安科技大学本科教材建设规划和煤炭高等教育"十四五"规划教材出版计划,受到国家自然科学基金(编号:51974228、52174150、52275131、52104166、52204176)等项目的部分资助,出版得到了华中科技大学出版社的大力支持。在此,作者谨对在本书编写和出版中给予无私帮助的所有朋友们,表示最衷心的感谢!

限于作者的水平和经验,加之矿山设备电气控制技术发展日新月异,书中错误与不足在所难免,敬请广大读者和同行批评指正。

编 者

2023 年 2 月于西安科技大学

# ▶目录 ▶▶ ▶

**第1章 概述** ‥‥‥‥‥‥‥‥‥‥‥‥‥‥‥‥‥‥‥‥‥‥ 1

1.1 工业设备电气控制技术 ‥‥‥‥‥‥‥‥‥‥‥‥‥‥‥‥ 1

1.2 矿山电气设备电力拖动技术 ‥‥‥‥‥‥‥‥‥‥‥‥‥ 4

1.3 现代煤矿生产过程及矿山设备 ‥‥‥‥‥‥‥‥‥‥‥‥ 5

1.4 矿山设备电气控制现状及发展趋势 ‥‥‥‥‥‥‥‥‥‥ 11

**第2章 矿山设备电气控制基础** ‥‥‥‥‥‥‥‥‥‥‥‥‥ 14

2.1 常用电气控制元件 ‥‥‥‥‥‥‥‥‥‥‥‥‥‥‥‥‥ 14

2.2 电气系统控制电路组成及绘制要求 ‥‥‥‥‥‥‥‥‥‥ 28

2.3 电气系统基本控制线路及其工作原理 ‥‥‥‥‥‥‥‥‥ 31

2.4 电气系统自动控制的基本原则 ‥‥‥‥‥‥‥‥‥‥‥‥ 34

2.5 矿用隔爆型电磁启动器 ‥‥‥‥‥‥‥‥‥‥‥‥‥‥‥ 39

2.6 矿山设备现代电气控制技术 ‥‥‥‥‥‥‥‥‥‥‥‥‥ 46

**第3章 煤矿提升机电气控制** ‥‥‥‥‥‥‥‥‥‥‥‥‥‥ 62

3.1 矿井提升机概述 ‥‥‥‥‥‥‥‥‥‥‥‥‥‥‥‥‥‥ 62

3.2 TKD-A 单绳提升机电气控制 ‥‥‥‥‥‥‥‥‥‥‥‥ 72

3.3 JTKD-PC 单绳提升机电气控制 ‥‥‥‥‥‥‥‥‥‥‥ 74

3.4 多绳提升机电气控制 ‥‥‥‥‥‥‥‥‥‥‥‥‥‥‥‥ 90

3.5 提升机直流控制原理及系统 ‥‥‥‥‥‥‥‥‥‥‥‥‥ 93

3.6 提升机常见故障分析与处理 ‥‥‥‥‥‥‥‥‥‥‥‥‥ 97

**第4章 煤矿采掘运设备电气控制** ‥‥‥‥‥‥‥‥‥‥‥‥ 103

4.1 采掘工作面设备及工艺 ‥‥‥‥‥‥‥‥‥‥‥‥‥‥‥ 103

4.2 电牵引采煤机电气控制 ‥‥‥‥‥‥‥‥‥‥‥‥‥‥‥ 111

4.3 掘进机电气控制 ‥‥‥‥‥‥‥‥‥‥‥‥‥‥‥‥‥‥ 128

4.4 矿用运输机电气控制 ‥‥‥‥‥‥‥‥‥‥‥‥‥‥‥‥ 138

## 第 5 章　矿用通压排设备电气控制 ················· 161

### 5.1　通风设备电气控制 ················· 161
### 5.2　空压机电气控制 ················· 176
### 5.3　排水设备电气控制 ················· 195

## 第 6 章　矿用设备智能控制 ················· 209

### 6.1　概述 ················· 209
### 6.2　掘进设备精确定位技术 ················· 212
### 6.3　掘进设备自动成形截割技术 ················· 221
### 6.4　掘进设备自适应截割技术 ················· 228
### 6.5　基于机器视觉的掘进设备精确定位与自动截割案例 ················· 233
### 6.6　数字孪生驱动的矿山设备智能控制技术 ················· 238

## 附录 ················· 247

## 参考文献 ················· 252

# 第1章 概　　述

**【知识与能力目标】**

了解工业设备电气控制技术和矿山设备电力拖动技术的发展现状,掌握现代煤矿生产过程及主要矿山设备类型,了解矿山设备电气控制的新技术和发展趋势,培养学生知识应用能力、创新能力和团队精神。

**【思政目标】**

通过学习本章知识,培养学生树立"机械化换人,自动化减人"的煤矿生产理念,利用先进煤矿装备促进煤矿行业智能化发展的意识与信心,树立"安全、高效、绿色、智能"开采理念,以及为煤炭行业服务的责任感和使命感。

## 1.1　工业设备电气控制技术

电气控制技术是以各类电动机为动力的传动装置与系统为对象,以实现生产过程中工业设备的控制技术,是实现工业生产自动化的重要技术手段。电气控制技术涉及电气控制原理、电路、编程方法、系统设计以及在生产机械中的应用等相关知识。现代电气工程及其自动化已触及各行各业,矿山设备自动化领域更是离不开它。电气控制技术经过了开关控制、继电器-接触器控制、数字控制、计算机控制和智能控制等五个发展阶段,每个发展阶段有其适用场合及特点。

1. 开关控制

早期的电气控制主要功能是满足电器与电源之间的通断开关控制。此阶段电气设备的电压与电流都不大,其开关多为非封闭形式,故称为可见断点开关,代表性的开关电器就是刀开关,至今仍然在普遍使用且为人工直接操作。开关的通断速度较慢,因此只适用于低压且电流不太大的控制场合。根据国家标准,一般电气控制中的隔离开关应采用可见断点开关;对于全封闭型开关及远距离操控开关,须清晰地标示出开关接通和断开位置;对于自动控制开关,则必须在操作后有检测开关通断状态的反馈信号显示,以确保操作的可靠性和安全性。

除了常见的刀开关外,还有一种常用开关为组合开关,又称为转换开关,具有体积小、触点对数多、灭弧能力强、接线方式多样、操作方便、可靠性高等特点,广泛应用于交流 380 V 以下、直流 220 V 以下的电气线路中,图 1-1 为常见工业组合开关。煤矿装备常用的组合开关一般具有至少一组处于电源与负荷之间的主隔离开关组及一组辅助隔离开关组,每组主隔离开关组包括主隔离开关、真空接触器、漏电闭锁检测装置、电压互感器及电流互感器,辅助隔离开关组包括辅助隔离开关、电源变压器、滤波器、隔离变压器及电源模块,矿用隔爆组合开关如图 1-2 所示。

1

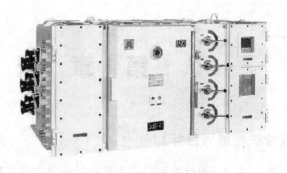

图 1-1　开关　　　　　　　　　　　　图 1-2　矿用隔爆组合开关

在常见的设备控制现场,除开关外还有断路器,其又称为自动空气开关或自动空气断路器,低压断路器是低压配电系统中的负荷通断器件,它可以接通和分断正常负荷电流、过载电流以及短路电流,同时还具有过载以及短路自动脱扣分断的电气保护功能。特殊型号的低压断路器还可根据漏电电流、欠电压等反馈电气信号,在规定的时间内实现自动脱扣分断和远地遥控分断,切断电源,避免损害进一步扩大。

2. 继电器-接触器控制

继电器是一种常用的控制器件,它可以用较小的电流来控制较大的电流,用低电压来控制高电压,用直流电来控制交流电等,并且可实现控制电路与被控电路之间的完全隔离,在自动控制、保护电路等方面得到广泛的应用。按照不同的分类方式,继电器种类如下:

按继电器的工作原理或结构特征分类有固体继电器、舌簧继电器、极化继电器等;

按继电器动作原理分类有电磁型、感应型、整流型等;

按照反映的物理量分类有电流继电器、阻抗继电器、频率继电器等;

按继电器的外形尺寸分类有微型继电器、超小型微型继电器、小型微型继电器;

按继电器的防护特征分类有密封式继电器、封闭式继电器、敞开式继电器。

接触器是电气系统中常用的一种控制器件,用来频繁地接通或分断交、直流主电路及大容量控制电路,是工业电气控制中使用比较广泛的电器元件。按照主触点连接回路的形式不同,接触器分为直流接触器和交流接触器两类,另外按操作结构可分为电磁式接触器、液压式接触器和气动式接触器等。

继电器-接触器控制的实质也是开关量控制,具有控制结构简单、价格低廉等优点。虽然继电器-接触器控制也具备简单的数字逻辑控制功能,但是存在接线方式固定、灵活性差、难以适应复杂和程序可变的控制对象等问题,另外接点的锈蚀、烧蚀、熔合及接触不良等会导致系统的故障率较高。同时继电器线圈耗电量大,既不符合当代绿色环保要求,又不易实现电气控制设备小型化的要求。

3. 数字控制

随着电子技术、计算机技术的发展,由各种门电路、触发器、寄存器、编码器、译码器和半导体存储器等组成的数字逻辑电路在工业控制中被迅速应用,采用数字指令自动控制机械的动作,控制位置、角度和速度等机械量,也包括温度、压力、流量等物理量,被称为"数字控制",在装备制造、化工、能源等各行业的生产设备过程控制中发挥了巨大作用。

数控机床控制系统是"数字控制"的应用典型,在整个现代制造中发挥了核心作用,其拥有量已成为衡量一个国家的制造技术水平和工业水平的重要指标。

**4. 计算机控制**

自 1971 年,Intel 公司研制出了世界上第一个微处理器芯片 Intel 4004 后,设备电气控制逐渐进入计算机控制时代,采用微型计算机和可编程逻辑控制器(PLC)实现工业过程控制成为发展趋势。

**1)微型计算机**

微机控制系统是以微机作为控制器的过程自动控制系统。微机控制系统不但实现了被控参数的数字采集、数字显示和数字记录等功能,而且信息的分析、控制量的计算以及系统的管理等均实现了软件化,已普及于工业生产过程、智能家电、智能仪器仪表、机器人、航空航天、智能医疗设备等诸多领域。

**2)可编程逻辑控制器(PLC)**

20 世纪 70 年代,计算机存储技术引入顺序控制器,产生了新型工业控制器——可编程逻辑控制器(Programmable Logic Controller,PLC)。PLC 是一种以微处理器为核心的电子系统,是在继电器控制和计算机控制的基础上发展而来的一种新型工业自动控制装置,目前在世界各国已作为一种标准化通用电器普遍应用于工业自动控制领域。

早期的 PLC 在功能上只能实现逻辑控制,因而被称为可编程逻辑控制器,优点是用简单的程序完成复杂的逻辑控制,同继电器控制系统相比具有可靠性高、控制逻辑易修改、外接线简单等特点。随着技术发展,PLC 不仅可以实现逻辑控制,还能实现模拟量、运动和过程的控制,以及数据处理及通信联网等。因此,美国电气制造协会于 1980 年将它正式命名为可编程控制器(Programmable Controller,PC)。为避免与个人计算机(Personal Computer,PC)混淆,很多场合仍将可编程控制器称为 PLC。

目前,PLC 朝着编程语言和编程工具向标准化和多样化、I/O 组件标准化、功能组件智能化、通信网络化,以及大记忆容量、故障诊断等方面发展。由于 PLC 控制系统具有通用性强、可靠性高、抗干扰能力强、调试维修方便等优势,在矿业、煤炭等行业装备控制方面发挥了不可替代的作用。

**5. 智能控制**

1965 年,美籍华人傅京逊教授首先提出把人工智能的启发式推理规则用于学习系统。随后,JM. Mendel 于 1966 年提出将人工智能应用于飞船控制系统的设计。1971 年,傅京逊发表了《学习控制系统与智能控制系统:人工智能与自动控制的交叉》,进一步讨论人工智能方法与技术在控制和自动化中系统化应用的途径,正式开启了"智能控制(Intelligent Control)"这一崭新的多学科交叉研究领域。

智能控制以控制理论、计算机科学、人工智能、运筹学等学科为基础,扩展了相关的理论和技术,其中应用较多的有模糊逻辑、神经网络、专家系统、遗传算法等理论和自适应控制、自组织控制、自学习控制等技术。上述理论和技术的发展,使得工业系统智能控制系统得到迅速应用,有力支撑了各行各业的信息化、自动化和智能化发展。随着学习控制、混沌控制、遗传优化控制、多智能体理论、智能控制优化算法等人工智能方法不断取得新的进展,可以预见,智能控制必将在工业生产中取得更大的发展。

# 1.2 矿山电气设备电力拖动技术

## 1.2.1 矿山电气设备组成

为了满足矿山生产过程自动化的要求,矿山电气设备必须有一套电气控制系统,用于控制电动机、油缸、气缸等动力元件按照生产工艺要求运行,矿山电气设备的组成如图1-3所示。

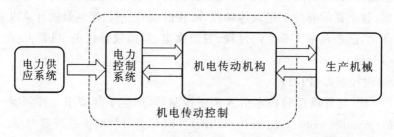

图 1-3 矿山电气设备的组成

## 1.2.2 矿山电气设备电力拖动技术发展

矿山电气设备电力拖动技术包括机电传动和控制系统两方面。矿山电气设备机电传动经历了成组拖动、单电机拖动和多电机拖动等三个阶段,如表1-1所示。

表 1-1 矿山电气设备机电传动的几个发展阶段

| 名 称 | 组 成 | 特 点 |
|---|---|---|
| 成组拖动 | 一台电动机拖动一根天轴(或地轴),然后再由天轴(或地轴)通过皮带轮和皮带分别拖动多台不同的生产机械 | 生产效率低、劳动条件差,一旦电动机出现故障,将造成成组的生产机械停车 |
| 单电机拖动 | 一台电动机拖动一台生产机械的各个运动部件 | 运动部件较多时,其传动机构仍十分复杂 |
| 多电机拖动 | 一台生产机械的各个运动部件分别由不同的电动机来拖动 | 机械传动结构,而且控制灵活 |

矿山电气设备控制系统主要经历了继电器-接触器控制、PLC控制、计算机控制、智能控制等阶段。与其他行业的控制系统要求不同,矿山电气设备控制系统面临高可靠性和电气防爆两方面的要求,前者在电气控制系统中要通过多级安全防护措施加以满足。

# 1.3　现代煤矿生产过程及矿山设备

## 1.3.1　煤矿生产过程的发展

煤炭在中国一次能源生产和消费构成中的所占比例高,具有能源"压舱石"的重要作用。了解我国煤矿生产过程的发展,更有利于了解煤炭行业,把握行业未来的发展方向。我国煤矿生产经历了原始开采、机械化和数字化信息化三个阶段,正朝智慧化阶段发展,如图 1-4 所示。

**图 1-4　煤炭生产阶段划分图**

### 1. 原始开采阶段

这是以人工和炮采为主要采煤方式的阶段,通过人力破煤、人力装煤和人力运煤的方式完成整个采煤生产过程。与人工采煤不同的是,炮采是用爆破方法破煤和装煤、人工装煤、输送机运煤和单体支柱支护的采煤工艺。这两种采煤工艺,虽然在破煤和运煤阶段有所不同,但都是以手工开采为主,没有形成机械化的采煤工艺,属于原始开采阶段。因其没有成套的采煤装备,所以此阶段的煤矿开采效率并不高且事故频发;因其没有安全有效的支护设备,所以整个矿山不能进行深层次的采煤作业,只能开采浅层煤和露天矿区的煤矿资源。

### 2. 机械化阶段

传统的人工采煤和炮采工艺无法满足要求,且对煤矿工作人员存在着严重的威胁,机械化采煤应运而生。机械化采煤又分为普通机械化采煤和综合机械化采煤。用机械方法破煤和装煤、输送机运煤和单体支柱支护的采煤工艺叫普通机械化采煤,即为普采。其他方式相同,用液压支架支护的采煤工艺叫综合机械化采煤,即为综采。随着综采的出现,机械化阶段大多使用综采进行采煤。综采工作面主要设备为采煤机、刮板运输机和液压支架,采煤机在综采工作面进行采煤作业,煤炭落到刮板运输机上,由刮板运输机运出综采工作面,液压支架起支护作用。在机械化阶段,采煤效率大大提升,用机械设备代替了大多数人的工作,也可以进行深层次的采煤作业,相较于原始开采阶段煤炭事故显著降低。

### 3. 数字化信息化阶段

随着我国数字化、信息化整体水平的不断提升,煤炭生产也逐步走向数字化信息化阶段。此阶段的核心是使采煤设备能够将采煤过程的相关数据信息进行及时的反馈,以便工作人员进行及时的监视和控制矿山的运行情况。在数字化信息化阶段,煤矿人员通过井下的相关数字信息,由人辅助机器进行智能判断和综合决策,地面和矿下安全区域远程操控技术迅速发展,在井下恶劣环境的工作人员显著减少,采煤效率不断提高的同时人员和设备安全得到有力保障。

### 4. 智慧化阶段

智慧化阶段是数字化信息化阶段的最终形态。在智慧化阶段,整个矿山都将实现少人或无人化管理,此阶段的显著特征是整个矿山由智能机器人群的自主决策、协同作业完成,即重要生产过程由智能机器人自主完成,人员只需要进行监控和管理相关生产过程。当前在智慧化的大背景下,利用物联网、大数据、云计算等信息技术对煤炭行业的生产、安全监测等方方面面进行改造升级,已成为行业的普遍共识。智慧化阶段也是目前正在发展研究的方向。

20世纪90年代以后,美国、德国、澳大利亚等国开始着手研究自动化综采关键技术,并取得了一些显著性的成果。1995年,美国第一代的半自动长壁开采系统问世,经过单机自动化、系统自动化和远程控制三个阶段,目前美国的智能化长壁采煤工作面单台设备可靠性达到98.5%以上,整个矿井系统的可靠性达到80%以上,采煤工作面需要4～8名工作人员,全矿需350～600人;房柱式开采技术也实现了开采系统的自动化、信息化、智能化。

依托工业4.0战略,以机械化、自动化、信息化为基础,建立智能化的新型生产模式和产业结构,实现自动化无人工作面采煤的最终目标,能够最大限度地减少井下辅助运输和岗点作业人数,降低劳动强度,减少事故发生概率,提升矿井自动化、智能化生产水平。

## 1.3.2 现代煤矿机电设备

煤炭是一定地质年代生长的繁茂植物,在适宜的地质环境中逐渐堆积成厚层,经过漫长地质年代的天然煤化作用而形成的可燃有机岩的一种。煤矿生产是对不同地质赋存的煤炭进行开采的过程。

煤炭生产包括露天开采和井工开采两种方式。当煤层接近地表时,使用露天开采的方式较为经济,移除表土后使用挖掘设备、运输设备即可完成生产,世界上约40%的煤矿生产使用露天开采方式。国外产煤国家煤炭生产以露天开采方式为主。当煤层埋藏在地下时只能采用井工开采方式,其技术难度要比露天开采高得多。我国囿于煤炭资源赋存特征和行业长期发展的惯性,井工开采仍处于主导地位,2019年井工煤矿数量和产量仍分别约占总量的92.6%和81.8%。

露天煤矿和井工煤矿由于生产工艺和生产环境不同,主要生产设备各异,主要涉及采煤、运输、支护、通风、排水和压气等成套设备。图1-5为井工煤矿智能开采系统示意图,生产大致流程为:

(1) 掘进设备进行矿山巷道掘进工作;

(2) 采煤设备在支护设备的辅助下进行落煤和装煤;

(3) 矿山运输设备或矿井提升设备将煤炭运输至地面;

(4) 生产过程中通风、排水和压气等辅助设备提供一个安全稳定的采煤环境。

近年来,国内大力发展智能矿山相关产业,智能综采工作面、智能掘进工作面技术飞速发展,5G+物联网技术、云计算、大数据等技术在煤矿生产中得到了广泛应用,促进整个矿山生产朝着智能化和无人化的方向发展。

### 1. 采煤设备

采煤设备是一种集机械、电气、液压于一体的综合大型装备。采煤设备的工作机构承担着截煤和装煤两项任务,是煤矿现代化生产作业的重要设备之一,如图1-6所示。采煤设备分为采煤机和刨煤机两大类,目前应用最广泛的采煤机械是双滚筒采煤机。综采工作面的配套设备

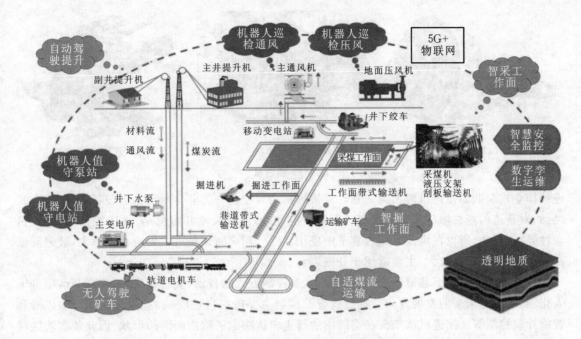

图 1-5　井工煤矿智能开采系统图

通常由双滚筒采煤机、可弯曲刮板输送机及液压支架等主要设备组成。用液压支架支护顶板，实现了支护、移架及推移输送机过程的机械化。采出的煤经转载机及可伸缩胶带输送机运到采区煤仓。

（a）采煤机　　　　　　　　　　　（b）刨煤机

图 1-6　采煤设备

采煤设备电气控制的智能化是智能开采发展的关键，随着大数据、人工智能技术的不断发展，采煤机的核心技术得到发展，其中电气控制的关键技术有：采煤机自动调高技术、牵引自适应调速技术等。

2. 掘进设备

掘进设备主要用于矿山及地下工程中的巷道掘进，如图 1-7 所示为三种不同形式的掘进机。同传统的钻爆法相比，采用掘进机作业，具有掘进速度快、巷道成型和稳定性好、超挖量小、瓦斯突出少、利于支护、工程量小、劳动强度低、生产安全等优点。

目前，国内外研制和生产的掘进机，按工作机构的工作方式不同可分为：非全断面掘进机和

（a）盾构机　　　　　　　（b）掘锚一体机　　　　　　（c）悬臂式掘进机

图 1-7　掘进机

连续作业式全断面掘进机两大类。悬臂式掘进机是典型的一类非全断面掘进设备,其工作方式灵活,对巷道的规格形状和煤岩赋存情况的适应性好,外形尺寸和重量小,便于维修和支护,机动性强,能耗小,所以在煤及半煤岩巷道中应用广泛。而全断面掘进机的装机功率大,破岩硬度高,外形尺寸和机重较大,主要适用于开掘岩巷。

掘进机是煤矿井下巷道掘进的主要设备,其控制方式的自动化、智能化,是实现巷道掘进无人化的关键,是未来的发展方向。掘进机智能控制主要包括自适应截割、截割断面自动成形和智能导航控制等。掘进机截割头在空间中的行走轨迹决定了截割断面的形状,因此截割轨迹规划和轨迹跟踪是掘进机自动成形截割控制的关键。

**3.矿山运输设备**

根据煤矿的类型不同,采用不同的矿山运输设备。主要运输设备包括:刮板输送机、带式输送机、无轨胶轮车和提升机。

**1）刮板输送机**

刮板输送机是煤矿综采工作面的运煤设备,如图 1-8 所示。除作为运煤设备和采煤机运行轨道外,刮板输送机还作为移置液压支架的支点,并装有清扫浮煤和自行拖动电缆,以及水管辅助装置。

图 1-8　刮板输送机

**2）带式输送机**

带式输送机是冶金、电力和化工等厂矿企业常见的连续动作式运输设备之一,又称胶带输送机,如图 1-9 所示。带式输送机在煤炭生产中使用更为广泛,采区顺槽、采区上(下)山、主要运输平巷及斜井,以及地面生产系统和选煤厂中用带式输送机运输煤炭、矸石及其他粉末状物料。

**3）无轨胶轮车**

防爆无轨胶轮车是以防爆柴油机或防爆驱动电机为动力,以阻燃胶制轮为行走装置的运输车辆,用于井下作业人员、开采设备、材料物料等的运输,如图 1-10 所示。煤矿井下无人驾驶胶轮车是辅助运输智能化发展趋势,可大幅减少井下辅助运输作业人员数量,降低人员劳动强度。

图 1-9　带式输送机

图 1-10　无轨胶轮车

**4. 矿井提升设备**

矿山提升设备的用途是沿井筒提运矿石、废石,升降人员,下放材料、工具和设备等,如图 1-11 所示。矿山提升设备在全矿运输系统中起着咽喉作用,为了保证生产和人员的安全,要求矿山提升设备具有高度的安全性和可靠性。

煤矿提升机控制系统是提升机核心组件,采用 PLC 控制技术。运行状态实时监测与故障预警技术是目前保障提升机运行可靠性的关键。在国内煤矿智能化建设推动下,提升系统自动化控制和自动化监测保护系统得到迅速发展。

图 1-11　矿井提升设备

**5. 矿井通、压、排相关设备**

矿井通风设备主要是向井下输送新鲜空气,将有害气体浓度控制在人体和安全无害程度,同时具有调节温度和湿度的作用,可改善井下工作环境,保证煤矿生产安全。如图 1-12 所示为矿井通风设备及井下通风网络。煤矿地下开采时,煤层中所含的有毒气体(如 $CH_4$、$CO$、$H_2S$ 等)会大量涌出,同时伴随着采煤过程还会产生大量易燃、易爆的煤尘。有毒的气体、过高的温度以及容易引起爆炸的煤尘和瓦斯,严重影响井下工作人员身体健康和安全生产。

图 1-12　矿井通风设备及井下通风网络

矿山压气设备为煤矿风动工具提供动力,主要由空气压缩机和输气管道组成,如图 1-13 所示。煤矿中广泛使用着各种风动机械及风动工具,如采掘工作面的风镐、凿岩机、凿岩台车、风动装岩机、混凝土喷射机;凿井使用的气动凿岩机、环形及伞形吊架等。

图 1-13　矿山压气成套设备

矿井排水系统是防止矿井水淹,由矿井深度开拓系统以及各水平面涌水量的大小等因素来确定,如图 1-14 所示。常见排水系统有集中排水系统和分段排水系统两种。矿用水泵多为离心式水泵,只是在个别情况下使用轴流式水泵。

图 1-14　排水成套设备

# 1.4 矿山设备电气控制现状及发展趋势

20 世纪 70 年代以来,我国大规模引进了国外矿山开采装备,推动了煤矿开采技术发展。通过消化吸收国外矿山开采技术,开展煤矿开采技术与装备方面研发,持续推动国内智能矿山建设。作为智能矿山生产设备智能化核心技术之一,矿山设备电气控制经历了从自动化、网络化、集成化向智能化的转变。

## 1.4.1 矿山设备电气控制现状

我国大部分煤矿已初步实现了全环节集中自动化和局部智能化控制。当前矿山机电设备电气控制采用远程集中控制为主、局部智能控制为辅的模式,以 PLC 为主控制单元,通过预设的操作指令来完成各控制单元的自动启停以及与生产过程相关的各种逻辑功能的集中控制,在此基础上融合智能算法来完成关键环节的智能控制,最后实现有人巡视、无人值守的自动化生产。上述电气控制模式能够满足矿山设备智能控制的基本要求。

在设备电气控制硬件方面,当前煤矿智能化阶段形成了以 PLC 控制为主、工业 IPC 控制为辅的混合控制模式,在井下各个生产工艺环节发挥着重要作用。

1. PLC 控制

在矿山生产运输环节,传统带式输送机控制系统在全速运行过程中,会造成较大的电力资源浪费。因此,通过远程通信、优化调整变频器,使用 PLC 技术加强控制力度,实现带式输送机变频器的功率变频,保证能源消耗的降低。在矿山井下通风环节,采用 PLC 技术实现井下风门自动开启和关闭,使来往车辆人员的安全性得到保障,减少人力物力的投入。在井下风门控制过程中,最重要的是要将窗口打开再将风门开启,这样使两侧风门口的空气能够产生压差,大大降低气缸的操作力度。在矿山排水环节,将 PLC 技术应用到机械设备控制过程中,彻底将防漏、保温还有负压性能发挥出来。在紧急情况下,控制系统根据指令提示自动警报,工作人员收到提醒后及时疏散,可将人员安全风险降到最低。

2. 工业 IPC 控制

工业 IPC 控制是将智能算法与设备电气控制场景深度融合,贯穿于生产管理的各个环节,实现多变量模型预测技术、反馈校正技术和迭代优化技术,通过大数据分析和决策,集成多种控制策略,对不同工况针对性控制,实现矿山机电设备的自适应智能控制。在采掘装备智能截割场景中,工业 IPC 负责将采集到的设备运行状态与环境状态信息进行处理分析,并导入控制模型,通过预测装备未来时刻的控制状态优化控制决策,从而实现设备状态的动态修正与智能控制。在多设备协同控制场景中,将多个设备的专用控制器与工业 IPC 连接,由工业 IPC 负责多设备信息的接收和任务的协调。

在设备电气控制软件方面,4G/5G、千兆/万兆井下环网等新一代信息技术与电气控制技术有效融合,通过生产设备群的集中控制和协同控制,促进电气控制向集成化、网络化和智能化方向发展。

1)集中控制

集中控制是集成生产执行过程相关的各类实时信息,及时反映生产运行状态,实现对生产全过程、全系统的预警、检测、故障分析及优化管理,降低故障发生率,缩短故障维修时间。煤矿煤流运输集控系统,将设备生产集控系统、主斜井皮带、运输大巷皮带、掘进工作面皮带等统一管理,通过 AI 视频智能分析,实现煤量检测、智能调速、异物检测、禁区闯入、皮带机智能诊断、智能巡检等功能,真正实现井下少人、无人化生产。矿井排水智能集控系统可实现数据实时采集、水泵自动轮换、水泵自动控制、故障报警与现场监控等功能,完成水仓水位的自动启停、自动轮询、避峰填谷,做到无人值守、节能减排、减员增效,有效提高矿井安全生产水平。

2)协同控制

协同控制是从全系统的角度实现矿山机电设备协同控制,实现矿山设备各子系统的最佳工作状态运行,有效提高设备运行效率,降低设备能耗。在煤矿巷道快速掘进智能机器人平台中采用集控及协同控制方式,通过井下环网+现场总线的方式对掘进和临时支护机器人控制系统、钻锚和运网机器人控制系统、运输与辅助监控系统实现集中监测和协同控制,最终实现系统多个机器人的集中监控和协同控制,大幅提高复杂地质条件下的煤矿巷道掘进效率。

### 1.4.2 矿山设备电气控制发展趋势

矿山设备电气控制的集成化、网络化、智能化对于降低企业生产成本、提升企业核心竞争力以及增强企业安全保障具有重要的意义。

1. 集成化

当多个功能、通信方式、规模不等或不同的系统同步在井下运行时,难以实现整个矿井的智能化协同控制。基于现场总线的远程集中监控方式,具有大量节约重复铺设的电缆、可靠性较高、设备组织形式灵活等优势,远程集中监控节约了企业成本,提升了企业安全管理的质量,较好地满足了企业投入和产出的要求。此外,现场总线的监控方式可以大量减少设备与设备之间的隔离措施,智能化设备可以就地安装,直接通过通信线与监控系统连接,布置更为灵活,安装更加方便。各个监控装置相对独立,单个装置的故障不会影响监控系统的整体运行,装置之间通过企业内部网络连接,监控和通信技术安全可靠、成熟稳定。

2. 网络化

煤矿企业的网络结构要保证生产现场智能化的电气设备、计算机监督系统、煤矿企业的管理系统之间信息交流和数据采集、传输、分析以及保存,方便矿山企业各级管理层对生产现场的监督、管理。基于 4G/5G、工业互联网等底层通信技术的赋能,智能化采掘工作面已普遍采用网络化的电气控制系统,网络化电气控制为矿山智能化建设奠定了数据底座,新一代信息技术进一步促进了设备电气控制的自动化水平,从而提升企业的整体管控水平。基于网络化电气控制系统,设备相关管理人员可以及时识别和判断分析各项系统的实时运行状态,分析运行故障产生的原因及外部干扰因素,显著提升单位时间内的设备生产效率。

3. 智能化

矿山设备智能化的快速发展与电气控制系统的智能化密切相关,不同类别的智能算法和硬件传感装置逐步应用到了智能化工作面的各个场景,如基于煤岩走向的采煤机摇臂智能调高、基于图像识别的人员行为监测、基于图像视觉的掘进机智能定位等。

智能化的电气控制技术,能够实现更高的控制精度和控制效率,提升矿山设备控制的实际效果。一方面,借助智能化技术的优势,技术人员能够对电气控制系统进行合理设置和持续优化,保证控制的合理性和有效性;另一方面,在电子自动化设计中,电气控制设置的核心是程序编程,运用智能化技术,能够实现对所有数据的监控以及程序的设定,进一步提升控制系统的智能化程度。此外,电气系统结构复杂,故障诊断难度大,传统的人工诊断不仅费时费力,而且对于工作人员的专业素质要求极高。智能化技术的应用,将使得工作人员能够依托大数据分析工具,完成对故障的快速诊断,保障系统运行安全。

【思考题】

1. 简述工业设备电气控制技术的发展历程。
2. 简述矿山设备电气系统的主要组成部分。
3. 煤炭生产过程的发展经历哪几个阶段,其各自的特点是什么?
4. 常用的矿山机电设备主要包括哪些?
5. 简述矿山设备电气控制技术发展趋势。

# 第2章 矿山设备电气控制基础

## 【知识与能力目标】

掌握常用电气控制元件及其工作原理;掌握电气系统控制电路组成,能够根据电气系统控制电路绘制要求绘制三相异步电动机的电气控制电路图,并掌握其工作原理;掌握矿用隔爆型电磁启动器系统构成及工作原理;了解矿山设备电气新技术;能够将自动控制原理知识运用到矿山设备电气控制系统设计中,具备矿山设备电气控制系统识图和绘制电气控制图的能力。

## 【思政目标】

通过学习本章知识,培养学生创新意识、工匠精神和树立煤矿井下电气设备需要煤安认证和安全生产的理念及电气工程师的社会责任感和使命感。

# 2.1 常用电气控制元件

电气控制元件是能根据外界的信号(机械力、电动力和其他物理量)和要求,手动或自动地接通、断开电路,以实现对电路或非电对象的切换、控制、保护、检测、变换和调节的元件或设备。

## 2.1.1 电气控制系统的设计原则

生产机械的种类繁多,其控制系统也各不相同,但任何生产机械电控系统的设计原则却是相同的。第一,设计应满足生产机械对电气控制提出的要求,这些要求包括控制方式、控制精度、自动化程度、响应速度等等,在电气原理设计时要根据这些要求制订出总体技术方案。第二,设计应满足控制系统本身的制造、使用和维护等需要,全套控制系统的造价要经济,结构要合理,这在电气控制系统的工艺设计阶段应充分的考虑。电气控制系统设计流程需要确定系统负载特性、选择合适的电机、确定系统控制响应特性、根据生产工艺要求构建控制系统,如图 2-1 所示。

系统设计时,根据生产机械的负载特性 $T_L$ 和系统加速能力 $J\mathrm{d}\omega/\mathrm{d}t$,选择合适类型的电动机 $T_M$。负载特性是指同一轴上负载转矩和转速之间的函数关系,不同类型的生产机械在运动中受阻力的性质不同,负载特性也不同,如恒转矩型负载特性、恒功率负载特性,还有一些生产机械的负载转矩是转速、行程或转角函数。系统加速能力是指系统加速需要足够的加速转矩,在电动机选型时要加以考虑。工业设备通过构建自动控制系统达到抗扰动、稳定运行的目标。

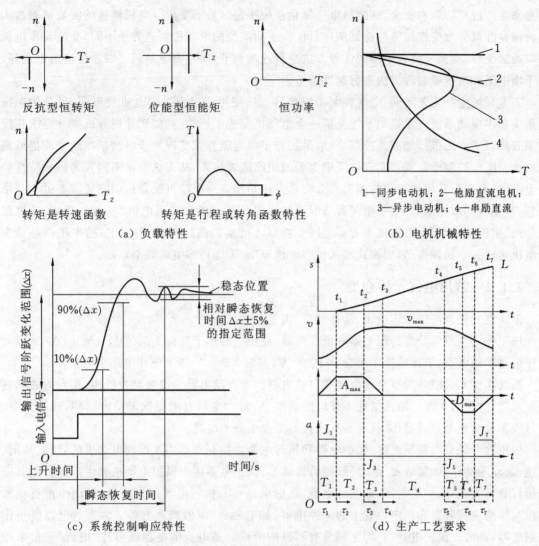

1—同步电动机；2—他励直流电机；
3—异步电动机；4—串励直流

（a）负载特性　　　　　　　　　　（b）电机机械特性

（c）系统控制响应特性　　　　　　（d）生产工艺要求

图 2-1　电气控制系统设计流程

自动控制系统特性可以通过稳态和瞬态两方面衡量，稳定性、快速性和准确性是性能指标。

工业设备电气控制系统的核心是选择合适的动力元件，常见的包括液压、气动和电动三类。无论哪一类都要考虑满足负载转矩和加速转矩的基本要求，设计时的理论依据可以参考电力拖动方程，如式（2-1）所示。

$$T_{\mathrm{M}} - T_{\mathrm{L}} = J\frac{\mathrm{d}\omega}{\mathrm{d}t} \tag{2-1}$$

其中：$T_{\mathrm{M}}$——电动机的输出转矩（N·m）；

　　　$T_{\mathrm{L}}$——负载转矩（N·m）；

　　　$J$——机电系统转动惯量（kg·m²）；

　　　$\omega$——角速度（rad/s）；

　　　$t$——时间（s）。

调速控制电路需要遵循电动机机械特性进行设计，通过逻辑控制满足现场生产工艺要求，并考虑生产过程协调和安全,达到机电一体化系统平稳运行的要求。电机调速的实质是通过人为机械特性调节改变机械特性达到调速目标。不同类型的电动机调速方法不同,交流异步电机可以通过变频、变极对数和串级调速等方法进行速度调节,而直流电动机可以通过变电枢电压、转子串电阻和改变磁通等方法进行速度调节。

工业现场生产工艺不同,电气控制系统各异。按照生产过程采用电机数不同,可分为单拖动系统和多拖动系统。单拖动系统是指一个电动机完成生产功能,如矿井提升机提升要求速度按照五阶段工作图进行加减速控制,一般采用转子串电阻方式实现异步电动机控制完成提升机加减速。电气控制电路就是实现转子串电阻的切除或者接入,从而获得在不同人为机械特性曲线上跳转,实现提升机加减速的控制。多拖动系统是指多个电动机配合运动完成工业过程复杂工艺,常见有同步控制、功率平衡两种情况。如采煤机采用两个牵引电机"一拖一变频、速度跟随"方式实现高效牵引,数控机床的多轴同步控制才能实现曲线、曲面的加工;功率平衡是指多个电机实现一个目标拖动,如带式输送机多电机驱动、采煤机多电机截割驱动。

### 2.1.2　常用电气元件分类

常用电气控制可按工作电压、动作性质、用途分类。

按工作电压可以分为高压电器和低压电器,高压电器用于交流 1 200 V,直流 1 500 V 以上电压电路中的电器;低压电器用于交流 1 200 V,直流 1 500 V 以下电压电路中的电器。

按动作性质可以分为非自动电器和自动电器。非自动电器是没有动力机构,靠人力或其它外力来进行操作,从而切断或接通工作电路的电器;自动电器有电磁铁等动力机构,按照指令、信号或参数变化等自动动作,从而断开或接通工作电路的电器。

按用途可以分为控制电器、保护电器和执行电器。控制电器用来控制电动机的启动、换向、调速、制动等动作,如接触器、继电器、磁力启动器;保护电器用来保护电动机和生产设备使其安全运行和不受损坏,如熔断器、电流继电器、热继电器等。执行电器用来操纵、带动生产机械和支撑与保持机械装置在固定位置上的一种电器,如电磁铁、电磁离合器等。大多数电器既可作控制电器,亦可作保护电器,它们之间没有明显的界线。如电流继电器既可按"电流"参量来控制电动机,又可用作为电动机的过载保护;又如行程开关既可用来控制工作台的加、减速及行程长度,又可作为终端开关保护工作台不至于闯到导轨外面去,即作为工作台的极限保护。

### 2.1.3　常用电气元件及符号

电气控制系统中的电气元件种类很多,规格不一,外形结构各异,为了表达各电气元件及其之间的关系,电气线路图中所有元件必须采用统一的图形符号和文字符号表示。这些图形、文字符号应按国家颁布的 GB/T 4728.1—2018《电气简图用图形符号 第 1 部分:一般要求》、GB/T 5226.1—2019《机械电气安全 机械电气设备 第 1 部分:通用技术条件》、GB/T 6988.1—2008《电气技术用文件的编制 第 1 部分:原则》等统一标准进行绘制和标注。

开关、接触器、行程开关、按钮、时间继电器、通电延时、断电延时、中间继电器、电流继电器、电压继电器、电机、发电机、变压器的相关元件及符号如表 2-1 所示。

**表 2-1 电气控制线路图主要图形符号及文字符号**

| 名 称 | 图形符号 | 文字符号 | 名 称 | 图形符号 | 文字符号 |
|---|---|---|---|---|---|
| 直流电 | —— | | 接地 | | E |
| 交流电 | ～ | | 插座 | | XS |
| 交直流电 | ≂ | | 插头 | | XP |
| 正、负电 | ＋ － | | 滑动（滚动）连接器 | | E |
| 三角形连接的三相绕组 | D | | 电阻器一般符号 | | R |
| 星形连接的三相绕组 | Y | | 可变（可调）电阻器 | | R |
| 导线 | | | 滑动触点电位器 | | RP |
| 三根导线 | ／／／ ／ | | 电容器一般符号 | | C |
| 导线连接 | | | 极性电容器 | | C |
| 端子 | ○ | | 电感器、线圈绕组、扼流圈 | | L |
| 可拆卸的端子 | ∅ | | 带铁芯的电感器 | | L |
| 端子板 | 1 2 3 4 5 6 7 8 | XT | 电抗器 | | L |
| 可调压的单相自耦变压器 | | T | 三相绕线型异步电动机 | | M～3 |
| 有铁芯的双绕组变压器 | | T | 永磁式直流测速发电机 | | BR |

| 名　称 | 图形符号 | 文字符号 | 名　称 | 图形符号 | 文字符号 |
|---|---|---|---|---|---|
| 三相自耦变压器星形连接 | | T | 普通刀开关 | | Q |
| 电流互感器 | | TA | 熔断器 | | FU |
| 电机放大机 | | AG | 普通三相刀开关 | | Q |
| 串励直流电动机 | | M | 按钮开关动合触点（启动按钮） | | SB |
| 并励直流电动机 | | M | 按钮开关动断触点（停止按钮） | | SB |
| 他励直流电动机 | | M | 位置开关动合触点 | | SQ |
| 三相笼型异步电动机 | | M～3 | 位置开关动断触点 | | SQ |
| 接触器动合主触点 | | KM | 延时闭合的动断触点 | | KT |
| 接触器动合辅助触点 | | | 延时断开的动断触点 | | KT |
| 接触器动断主触点 | | KM | 接近开关动合触点 | | SQ |
| 接触器动断辅助点 | | KM | 接近开关动断触点 | | SQ |
| 继电器动合触点 | | KA | 气压式液压断电器动合触点 | | SP |
| 继电器动断触点 | | KA | 气压式液压继电器动断触点 | | SP |
| 热继电器动合触点 | | FR | 速度继电器动合触点 | | KV |

| 名　　称 | 图形符号 | 文字符号 | 名　　称 | 图形符号 | 文字符号 |
|---|---|---|---|---|---|
| 热继电器动断触点 | | FR | 速度继电器动断触点 | | KV |
| 延时闭合的动合触点 | | KT | 接触器线圈 | | KM |
| 延时断开的动合触点 | | KT | 缓慢释放继电器的线圈 | | KT |
| 缓慢吸合继电器的线圈 | | KT | 电喇叭 | | HA |
| 热继电器的驱动器件 | | FR | 蜂鸣器 | | HA |
| 电磁离合器 | | YC | 电警笛、报警器 | | HA |
| 电磁阀 | | YV | 普通二极管 | | VD |
| 电磁制动器 | | YB | 普通晶闸管 | | VT |
| 电磁铁 | | YA | 稳压二极管 | | V |
| 照明灯一般符号 | | EL | PNP 三极管 | | V |
| 指示灯信号灯一般符号 | | HL | NPN 三极管 | | V |
| 电铃 | | HA | 单结晶体管 | | V |

## 2.1.4　接触器分类及其工作原理

工业生产现场的运动部件间常需实现联锁控制和远距离集中控制,手控电器不能适应这些要求,需要接触器、继电器等控制元件组合实现不同任务。

接触器是在外界输入信号控制下自动接通或断开带有负载的主电路(如电动机)的自动控制电器,它是利用电磁力来使开关打开或闭合的电器,它的工作原理如图 2-2 所示。

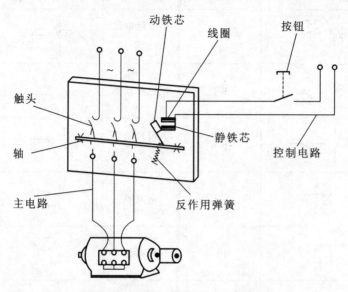

**图 2-2　接触器控制电路工作原理**

当按钮按下时,线圈通电,静铁芯被磁化,并把动铁芯(衔铁)吸上,带动转轴使触头闭合,从而接通电路。当放开按钮时,过程与上述相反,使电路断开。在电气传动系统图中,接触器用图 2-3 所示的电气符号表示。其中,包括吸引线圈 1、动合主触头 2、动断主触头 3、动合辅助触头 4、动断辅助触头 5。接触器的文字符号用 KM 表示。

根据主触头所接回路的电流种类,接触器分为交流接触器和直流接触器两种。

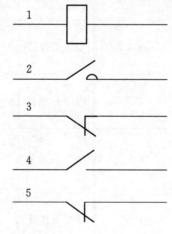

**图 2-3　接触器的电气符号**

### 2.1.5　交流接触器及其组成

**1. 交流接触器组成**

电磁交流接触器主要由电磁机构(传动装置)、触头装置(执行机构)和灭弧装置组成。

图 2-4 所示为交流接触器示意图及其符号。直动式交流接触器有动合主触头三个,动合、动断辅助触头各两个,触头为双断点式,接触部分为纯银块,外壳采用塑料压制而成,有结构紧凑、体积小、机械寿命长、成本低、使用和维修方便、允许操作频率高(1 200 次/h 或 600 次/h)、外形美观等优点。适用于长期及间断长期工作制,也适用于短时和重复短时工作制,用于后者时额定电流可以适当选小一些。

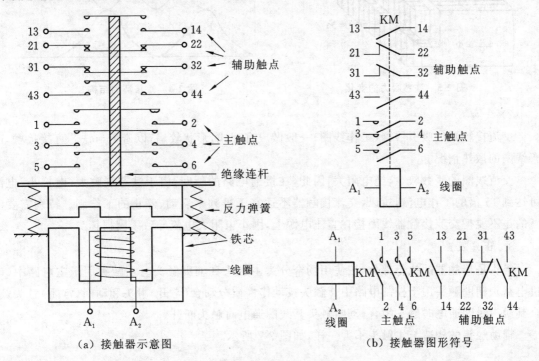

（a）接触器示意图　　　　　　（b）接触器图形符号

**图 2-4　交流接触器示意图及其符号**

**2. 电磁机构**

电磁机构包括动铁芯(衔铁)、静铁芯和电磁线圈三部分,在电磁线圈中通以电流,产生电磁吸力带动触头动作。电磁机构中的线圈、铁芯在工作状态下是不动的,衔铁则可动。

1) 铁芯(磁路)

为了减少涡流损耗,交流接触器的铁芯都用硅钢片叠铆而成,并在铁芯的端面上装有分磁环(短路环),如图 2-5 所示。在线圈中通有交变电流时,在铁芯中产生的磁通是与电流同频率变化的,当电流频率为 50 Hz 时,磁通每秒有 100 次经过零点。当磁通经零时,它所产生的吸力也为零,动铁芯(衔铁)有离开趋势,但未及离开,磁通又很快上升,动铁芯又被吸回,结果造成振动,产生噪声。为消除振动与噪声,让铁芯间通过两个在时间上不同相的磁通,使总磁通不会经过零点,短路环的结构如图 2-6 所示。短路环将铁芯端部分为两部分,铁芯 A 面不被短路环所包,通过这部分的磁通 $\Phi_A$ 产生吸力 $F_A$,短路环所包的铁芯 B 面在短路环内产生感应电势和电流,这个电流所产生的磁通将企图阻止 B 面中磁通的变化,致使穿过 B 面的实际磁通 $\Phi_B$ 滞后于 $\Phi_A$ 一个角度,它所产生的吸力 $F_B$ 也将滞后于 $F_A$,使总的合力 $F$ 不经过零点,从而消除了振动和噪声。

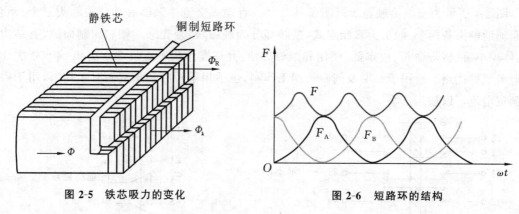

图 2-5　铁芯吸力的变化　　　　　　图 2-6　短路环的结构

2）线圈

交流接触器的吸引线圈（工作线圈）一般做成有架式，形状较扁，以避免与铁芯直接接触，改善线圈的散热情况。

交流线圈的匝数较少，纯电阻大，因此，在接通电路的瞬间，由于铁芯气隙大，电抗小，电流可达到15倍的工作电流，所以，交流接触器不适宜于极频率启动、停止的工作制。特别需要注意的是不要把交流接触器线圈接在直流电源上，因小电阻大电流导致线圈损坏。

3. 触头装置

触头是接触器的执行部分，按使用场合分为主触头和辅助触头。主触头用于主电路中（电机电路），辅助触头用于控制电路中。触头按动作性质分动合（常开）触头和动断（常闭）触头，动合其触头线圈通电时触头闭合，动断触头其线圈通电时触头断开。

辅助触头的构造与主触头不大一样，如图 2-7 所示。

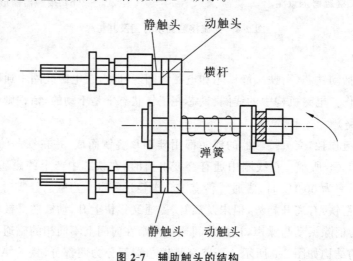

图 2-7　辅助触头的结构

## 2.1.6　直流接触器及其组成

直流接触器主要用以控制直接电路（主电路、控制电路和励磁电路等），其组成部分和工作原理同交流接触器一样，结构原理如图 2-8 所示。直流接触器常用磁吹和纵缝灭弧装置来灭弧。直流接触器的铁芯与交流接触器不同,无涡流存在,一般用软钢或工程纯铁制成圆形。由于直流接触器的吸引线圈通以直流,没有启动电流冲击,也不会产生铁芯猛烈撞击现象,具有寿命长的优点,适用于频繁启动、制动的场合。

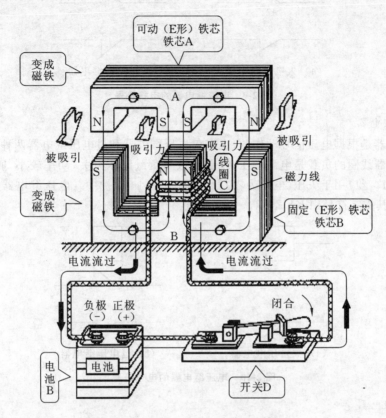

**图 2-8　直流接触器的结构原理图**

### 2.1.7　继电器分类及工作原理

1. 继电器分类

继电器实质上是一种传递信号的电器,它可根据输入的信号达到不同的控制目的。继电器的种类很多。

按作用原理分为:电磁式、电子式、机械式、感应式和电动式。

按检测信号不同分为:电压继电器、电流继电器、速度继电器、压力继电器、热继电器、时间继电器等。

继电器一般用来接通和断开控制电路,故电流容量、触头、体积都很小,只有当电动机的功率很小时,才可用某些中间继电器来直接接通和断开电动机的主电路。

2. 电流继电器

电流继电器是根据电流信号而动作的,有欠电流继电器和过电流继电器两种。

电流继电器与负载串联,通过电流较大,产生磁场相对较大,所以,线圈匝数少导线粗。电流继电器的电气符号如图 2-9 所示,其文字符号用 KA 表示。

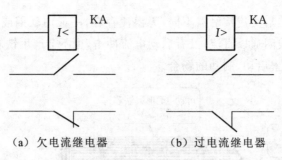

（a）欠电流继电器　　　　　　　（b）过电流继电器

图 2-9　电流继电器的电气符号

### 3．电压继电器

电压继电器是根据电压信号动作的，也有欠电压继电器和过电压继电器两种形式。

电压继电器线圈的负载是电源电压，线圈匝数与负载电压有关，功率较小，所以，线圈匝数多导线细。它广泛应用于失压（电压为零）和欠压（电压小）保护中。电压继电器的电气符号如图 2-10 所示，其文字符号用 KV 表示。

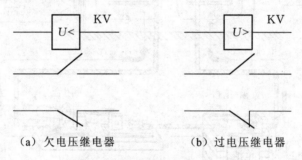

（a）欠电压继电器　　　　　　　（b）过电压继电器

图 2-10　电压继电器的电气符号

### 4．中间继电器

中间继电器本质上是电压继电器，但还具有触头多（多至六对或更多）、触头能承受的电流较大（额定电流 5～10 A）、动作灵敏（动作时间小于 0.05 s）等特点，其主要用途如下：

（1）用作中间传递信号，当接触器线圈的额定电流超过电压或电流继电器触头所允许通过的电流时，可用中间继电器作为中间放大器来控制接触器。

（2）用作同时控制多条线路。

在可编程序控制器和仪器仪表中还用到各种小型继电器。中间继电器结构原理图与电气符号如图 2-11 所示，新国标规定中间继电器的文字符号是 K，老国标是 KA。

### 5．热继电器

热继电器是根据控制对象的温度变化来控制电流流通的继电器，即是利用电流的热效应而动作的电器。

热继电器主要用来保护电动机的过载。电动机工作时，是不允许超过额定温升的，否则会降低电动机的寿命。熔断器和过电流继电器只能保护电动机不超过允许最大电流，不能反映电动机的发热状况。电动机短时过载是允许的，但长期过载时电动机就要发热。因此，必须采用热继电器进行保护。图 2-12 所示是热继电器的原理结构示意图。

当电动机过载时，通过发热元件 1 的电流使双金属片 2 向左膨胀，2 推动 3，3 带动 4 顺时针转动，拨差 5 作顺时针方向转动，从而使动断触点断开以切断电路，电动机得到保护。图 2-12 中，补偿片 4 用作温度补偿，调节旋钮 9 用于整定动作电流。

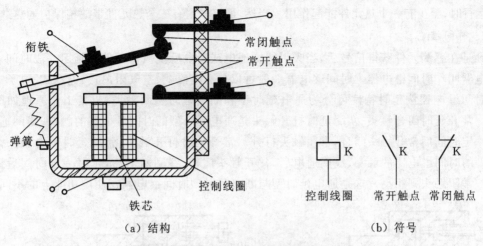

（a）结构　　　　　　　　　　　（b）符号

图 2-11　中间继电器结构原理图与电气符号

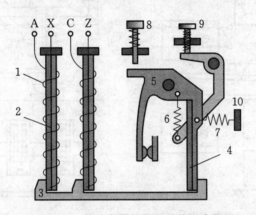

图 2-12　热继电器的原理结构示意图

1—发热元件；2—双金属片；3—绝缘杆；4—补偿片；5—拔差；6—调节弹簧；
7—复位弹簧；8—复位按钮；9—调节旋钮；10—支架

热继电器的电气符号如图 2-13 所示，新国标规定热继电器的文字符号是 KH，老国标是 FR。

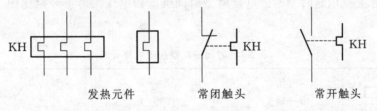

发热元件　　　　　　常闭触头　　　　　　常开触头

图 2-13　热继电器的电气符号

使用热继电器时应注意以下问题：

（1）采用适当的热元件，热元件的额定电流与电动机的额定电流相等时，继电器便准确地反映电动机的发热。

（2）保证热继电器与电动机有相同的散热条件，特别是有温度补偿装置的热继电器。

（3）大电流出现时，热继电器不能立即动作，因此不能作短路保护用。

（4）至少要用有两个热元件的热继电器，才能对三相异步电动机进行过载保护，例如，电动机单相运行时,至少有一个热元件能起作用。当然,最好采用有三个热元件带缺相保护的热继电器。

6. 时间继电器

凡是在感测元件获得信号后,当吸引线圈通电或断电后使执行元件要延迟一段时间才动作的继电器叫作时间继电器。时间继电器一般可以分为电磁式、空气阻尼式、电动式、电子式。

时间继电器按延时特性分为通电延时型和断电延时型两种类型,其工作原理如图 2-14 所示。常开延时闭合触头、常闭延时打开触头是通电延时型的时间继电器的触头,线圈通电后,延时一定时间后常开触头闭合,常闭触头打开。常开延时打开触头、常闭延时闭合触头是断电延时型的时间继电器的触头,线圈通电后,常开触头闭合,线圈断电后,延时一定时间后该触头打开。常闭触头则相反。这是通电延时型与断电延时型时间继电器在使用功能上的不同之处。

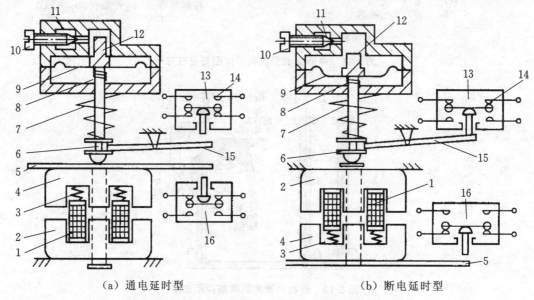

(a) 通电延时型　　　　　　　　　　(b) 断电延时型

**图 2-14　JS7-A 系列时间继电器工作原理图**

1—线圈;2—静铁芯;3、7、8—弹簧;4—衔铁;5—推板;6—顶杆;9—橡皮膜;10—螺钉;
11—进气孔;12—活塞;13、16—微动开关;14—延时触点;15—杠杆

表 2-2 所示是通电延时型与断电延时型时间继电器电气图形符号对比图。时间继电器的文字符号为 KT。

表 2-2　时间继电器的图形符号表

| 通电延时型 | 线圈 ▢ | 延时闭合常开触头 | 延时断开常闭触头 | 瞬动常开触头 | 瞬动常闭触头 |
|---|---|---|---|---|---|
| | 通电时 | 延时 $t$ 秒闭合 | 延时 $t$ 秒断开 | 立即闭合 | 立即断开 |
| | 断电时 | 立即断开 | 立即闭合 | 立即断开 | 立即闭合 |
| 断电延时型 | 线圈 ▢ | 延时断开常开触头 | 延时闭合常闭触头 | 瞬动常开触头 | 瞬动常闭触头 |
| | 通电时 | 立即闭合 | 立即断开 | 立即闭合 | 立即断开 |
| | 断电时 | 延时 $t$ 秒断开 | 延时 $t$ 秒闭合 | 立即断开 | 立即闭合 |

### 2.1.8　主令电器

主令电器是用作闭合或断开控制电路,以发出指令或作程序控制的开关电器。它包括按钮、凸轮开关、行程开关、万能转换开关、脚踏开关、接近开关、倒顺开关、紧急开关、钮子开关等。

**1. 按钮**

按钮是一种专门发号施令的电器,用以接通或断开控制回路中的电流。图 2-15 所示是按钮开关的结构示意图与图形符号。按钮的文字符号为 SB。

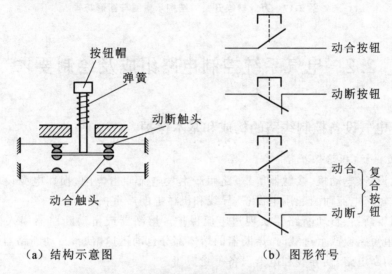

（a）结构示意图　　　　　　（b）图形符号

**图 2-15　按钮开关的结构示意图与图形符号**

**2. 限位开关**

限位开关,又称位置开关或行程开关,是一种将机器信号转换为电气信号,以控制运动部件位置或行程的自动控制电器。图 2-16 所示是行程开关的图形符号。行程开关文字符号为 SQ 或 ST。国内一般情况下都是用 SQ,ST 是国际标准。

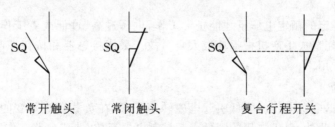

常开触头　　　　常闭触头　　　　复合行程开关

**图 2-16　行程开关的图形符号**

**3. 万能转换开关**

万能转换开关,是一种多挡位、多段式、控制多回路的主令电器,当操作手柄转动时,带动开关内部的凸轮转动,从而使触点按规定顺序闭合或断开。万能转换开关是由多组相同结构的触点组件叠装而成的多回路控制电器。它由操作机构、定位装置和触点等三部分组成。

图 2-17 所示是万能转换开关的结构示意图与图形符号,其文字符号为 QB。

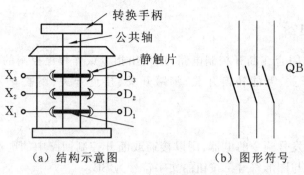

（a）结构示意图　　　　　　（b）图形符号

图 2-17　万能转换开关的结构示意图与图形符号

## 2.2　电气系统控制电路组成及绘制要求

### 2.2.1　电气设备控制线路的构成和基本保护

1. 过电流保护（短路保护）

防止用电设备（电动机、接触器等）短路而产生大电流冲击电网，损坏电源设备或保护用电设备突然流过短路电流而引起用电设备、导线和机械上的严重损坏。

一般采用熔断器、自动断路器实现过电流保护。熔断器或自动断路器串入被保护的电路中，当电路发生短路或严重过载时，熔断器的熔体部分自动迅速熔断，自动断路器的过电流脱钩器脱开，从而切断电路，使导线和电器设备不受损坏。

2. 过载保护

防止用电设备长期过载而损坏用电设备，常用热继电器、自动断路器实现。

热继电器的线圈接在电动机的回路中，而触头接在控制回路中。当电动机过载时，长时间的发热使热继电器的线圈动作，从而使触头动作，断开控制回路，使电动机脱离电网。自动断路器接入被保护的电路中，长期的过电流使热脱钩器脱开，从而切断电路。

3. 失电压保护

电动机应在一定的额定电压下才能正常工作，电压过高、过低或者工作过程中非人为因素的突然断电，都可能造成生产机械损坏或人身事故。采用接触器和按钮控制的启动、停止装置达到失电压保护作用。

4. 欠电压保护

电动机运转时，电源电压的降低引起电磁转矩下降，在负载转矩不变的情况下，转速下降，电动机电流增大。此外，由于电压的降低引起控制电器释放，造成电路工作不正常。

采用接触器及按钮控制方式，除可利用接触器本身的欠电压保护作用外，还可采用欠电压继电器进行保护，欠电压继电器的吸合电压通常整定为 $0.8 \sim 0.85$ V，释放电压通常整定为 $0.5 \sim 0.7$ V。

5. 过电压保护

电磁铁、电磁吸盘等大电感负载及直流电磁机构、直流继电器等，在电流通断时会产生较高的感应电动势，使电磁线圈绝缘层击穿而损坏。通常过电压保护是在线圈两端并联一个电阻，电阻与电容串接或二极管与电阻串联,形成一个放电回路,实现电压保护。

6. 互锁保护

保护一个电器通电时,另一个电器不能通电,若需后者通电,则前者必须先断电的一种保护。

## 2.2.2　电气控制系统图

电气控制系统图主要包括电气系统线路图和电气安装接线图。

电气系统线路图表示被控设备电力拖动控制系统的工作原理及各电气元器件之间的连接关系,是线路维护和查找故障的参考依据。电气原理图一般由主电路、控制电路、保护电路、配电电路等几部分组成。

电气安装接线图是根据电气设备和电器元件的实际位置和安装情况绘制的,只用来表示电气设备和电器元件的位置、配线方式和接线方式,而不明显表示电气动作原理,主要用于安装接线、线路的检查维修和故障处理的指导。

## 2.2.3　控制系统线路图的阅读方法

对于生产机械的电气控制线路图的阅读,只要熟悉标准电气图形符号和文字符号就可阅读。看图时,首先看主电路,其次看控制电路,最后看其他电路(如保护电路、信号电路等)。

1. 看主电路的步骤

(1) 看主电路中电动机的启动方式有无正反转、调速和制动等要求。

(2) 看主电路中电动机是用什么电器控制的(如图 2-18 中电动机是用接触器控制的)。

(3) 看主电路中还接有什么电器,这些电器起什么作用。通常,主电路中除了电动机和控制电器外,还有电源开关、熔断器、热继电器等。图 2-18 中 QS 是电动机的电源开关,用以控制电源;FU 是熔断器,作为电动机的短路保护装置;FR 是热继电器,作为电动机的过载保护装置。

(4) 看电源。要了解主电路的电源电压是多少伏,例如是 6 kV、1 140 V、660 V、380 V 还是 220 V 等。

2. 看控制电路的步骤

(1) 看电源,首先要看清电源是交流电源还是直流电源,其次要看清电源是从何处接来,电压有多大。通常,从主电路的两根相线上接来的电源,是对应线电压的值,常见的是 6 kV、1 140 V、660 V、380 V 等;从主电路的一根相线和一根地线上接来的电源,是对应的相电压,常见的有 220 V 等。此外,从变压器上接来的电源,其电压有 127 V、24 V、12 V 或 6.3 V 等几种。在图 2-18 中,控制电路的电源线从主电路的两根相线上接来,其线电压为 380 V。

(2) 根据控制电路的回路研究主电路动作情况。在一般电路图中,整个控制电路构成一条大回路,大回路又分为几条独立的小回路,每一条小回路控制一个用电设备或一个电器的一个动作。在图 2-18 中,控制电路只有一条回路。按下启动按钮,接通原来断开的电路,电流进入接触器的线圈 KM,主电路中的主触头闭合,于是电动机接入电源而运转。按下停止按钮,电路断开,KM 断电,接触器释放,主触头断开,于是电动机被切断电源而停止运转。

这就是开关(或按钮)→接触器(或继电器)→电动机的控制方式,也是机械自动化或半自动化的基本形式。

(3) 研究电器之间的相互联系。电路中的所有电器都是相互联系、相互制约的。有时用甲电器去控制乙电器,甚至用乙电器再去控制丙电器,阅读电路图时应仔细查明它们之间的相互联系,追索线路动作的逻辑关系,就能分析清楚任何一个控制线路。

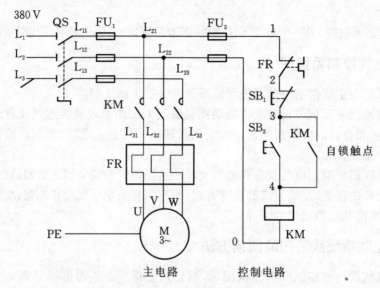

图 2-18　电动机电气原理图

### 3. 看其他电路

其他电路是指信号电路、保护电路等。这些电路一般比较简单,只要看清它们的线路走向、电路的来龙去脉即可。

看电气系统安装接线图时,也要先看主电路,后看控制电路。看主电路时,从电源引入端开始,顺次经控制元件和线路到电动机;看控制电路时,要从电源的一端到另一端,按元件的顺序对每一回路进行分析研究,如图 2-19 所示。

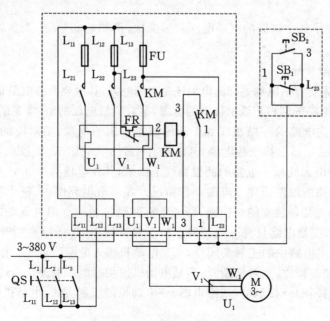

图 2-19　电动机的安装接线图

安装接线图是根据电气原理图绘制的,对照电气原理图看安装接线图就一目了然。看图时要注意,回路标号是电器元件间导线连接的标记,标号相同的导线原则上都可以接在一起。此外,还要搞清接线端子板内外电路的连接情况,内外电路的相同标号导线一般都接在端子板的同号接点上。

## 2.3  电气系统基本控制线路及其工作原理

### 2.3.1  三相异步电动机启、停控制电路

三相异步电动机启、停控制电路如图 2-20 所示。

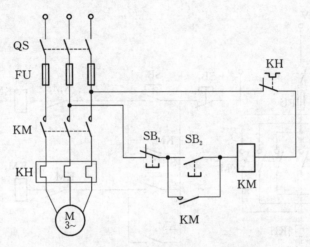

**图 2-20**  三相异步电动机启、停控制电路

图 2-20 中左边部分为主回路,右边部分为控制回路。

1. 主回路

由图 2-20 所示电路可知,当 QS 合上后,只有控制接触器 KM 的触头合上或断开时,才能控制电动机接通或断开电源而启动运行或停止运行,即要求控制回路能控制 KM 的动合主触头合上或断开。

2. 控制回路

启动:当 QS 合上后,控制回路两端有电压;初始状态时,接触器 KM 的线圈失电,其动合主触头和动合辅助触头均为断开状态;当按下启动按钮 SB₂ 时,接触器 KM 的线圈通电,其辅助动合触头自锁(松开按钮 SB₂ 使其复位后,接触器 KM 的线圈能维持通电状态的一种控制方法),动合主触头合上使电动机接通电源而运转。

停止:当按下停止按钮 SB₁ 后,接触器 KM 的线圈失电,其动合主触头断开使电动机脱离电网而停止运转。

3. 保护回路

短路保护:FU,当主回路或控制回路短路时,短路电流使熔断器的熔体部分烧断,使主回路和控制回路都脱离电网而停止工作。

过载保护:KH 的线圈部分串接在主回路中,用来检测电动机定子绕组的电流,当电动机工作在超载的情况下,过载电流使 KH 发热,线圈动作,串接在控制回路中的动断触头断开控制回路,接触器 KM 的线圈失电,动合主触头断开电动机的电源,使电动机停止运转而保护电动机不被烧坏。

零压(欠压)保护:当电动机在运转,电源突然停电时,电动机停止运转,接触器 KM 的线圈失电。但当电源突然来电时,由于接触器 KM 的线圈不能通电,电动机不能自动启动运行。只有当操作者按下启动按钮 SB₂ 时才能使电动机启动运行,即该电路具有零压(欠压)保护功能。

### 2.3.2  三相异步电动机正、反转控制电路

电机要实现正反转控制,将其电源的相序中任意两相对调即可。基本的三相异步电动机正、反转控制电路如图 2-21 所示:

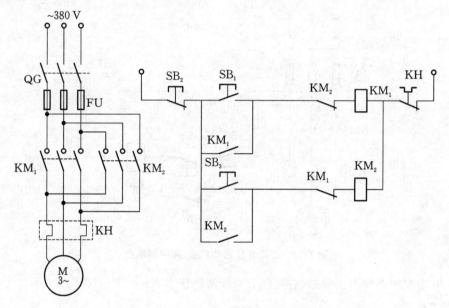

**图 2-21  三相异步电动机正、反转控制电路**

1. 主回路

正转时,$KM_1$ 的线圈得电;反转时,$KM_2$ 的线圈得电;任何时候都保证 $KM_1$、$KM_2$ 的线圈不能同时得电。

2. 控制回路

当电路处于初始状态时,$KM_1$、$KM_2$ 均失电,电动机脱离电网而停止运行。当操作者先按下按钮 $SB_2$ 时,接触器 $KM_1$ 的线圈得电,其动合主触头闭合,电动机正向启动运行;当操作者先按下按钮 $SB_3$ 时,接触器 $KM_2$ 的线圈得电,其主触头闭合,电动机反向启动运行。如果电动机已经在正转(或反转),要使电动机改为反转(或正转),必须先按停止按钮 $SB_1$,再按反向(或正向)按钮。

3. 保护回路

过载保护:同三相异步电动机启、停控制电路。

互锁保护:接触器 $KM_1$、$KM_2$ 支路中的动断触头 $KM_2$、$KM_1$ 保证 $KM_1$、$KM_2$ 两电器在任何时候都只能有一个得电。

　　实用的正反转控制电路如图 2-22 所示。与上述电路不同的地方是该电路采用了按钮互锁和输出继电器互锁(双重互锁)。

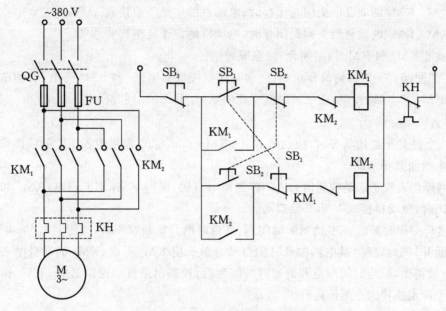

**图 2-22　实用正反转控制电路**

### 2.3.3　三相异步电动机 Y-△形降压启动控制电路

　　对控制电路的要求:启动时定子绕组接成 Y 形,启动结束后,定子绕组换接成△形。其控制电路如图 2-23 所示。左边部分为主回路,右边部分为控制回路。

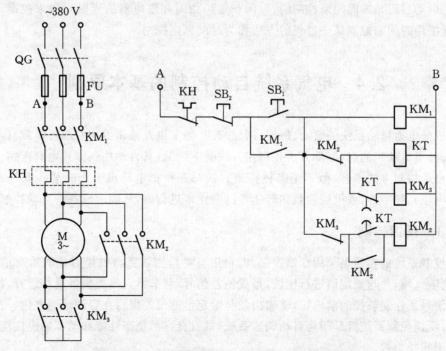

**图 2-23　三相异步电动机 Y-△形降压启动控制电路**

**1. 主回路**

当 QG 合上后：

(1) $KM_1$、$KM_3$ 的动合触头同时闭合时，电动机的定子绕组接成 Y 形；

(2) $KM_1$、$KM_2$ 的动合触头同时闭合时，电动机的定子绕组接成△形；

(3) 如果 $KM_2$ 和 $KM_3$ 同时闭合，则电源短路。

因此，主回路对控制回路的要求是：启动时控制接触器 $KM_1$ 和 $KM_3$ 得电，启动结束时，控制接触器 $KM_1$ 和 $KM_2$ 得电，在任何时候不能使 $KM_2$ 和 $KM_3$ 同时得电。

**2. 控制回路**

(1) 当电路处于初始状态时，接触器 $KM_1$、$KM_2$、$KM_3$ 和时间继电器 KT 的线圈均失电，电动机脱离电网而禁止不动。

(2) 当操作者按下启动按钮时，$KM_1$ 首先得电自锁，同时 $KM_3$、KT 得电，$KM_1$ 和 $KM_3$ 的动合触头闭合，电动机接成 Y 形开始启动。

(3) 启动一段时间后，KT 的延时时间到，其延时断开动断触头断开，使 $KM_3$ 失电，$KM_3$ 的动合触头断开，同时，延时继电器的延时闭合动合触头使 $KM_2$ 得电，$KM_2$ 的动合触头闭合，由于 $KM_1$ 继续得电，故当时间继电器的延时时间到后，控制电路自动控制 $KM_1$、$KM_2$ 得电，使电动机的定子绕组换接成△形而运行。

**3. 保护**

(1) 电流保护：KH、FU，同异步电动机直接启动电路。

(2) 零压(欠压)保护：同异步电动机直接启动电路。

(3) 互锁(连锁)保护：主回路要求 $KM_2$、$KM_3$ 中任何时候只能有一个得电，所以在控制回路的 $KM_2$、$KM_3$ 支路中互串对方的动断辅助触头达到保护的目的。

特点：启动过程是按时间来控制的，时间长短可由时间继电器的延时时间来控制。在控制领域中，常把用时间来控制某一过程的方法称为时间原则控制。

# 2.4　电气系统自动控制的基本原则

生产机械电力拖动系统的启动、加速、制动减速、停车以及调速等控制都可以靠自动装置来进行，不同种类电动机的启、制动方法和调速方式是不同的，其自动控制方式也有区别。电力拖动系统的自动控制方法很多，但不论哪种控制方法都是根据电动机工作时某一电气参数如电流、电势(电压)、频率等，或机械参数如转速等的变化来进行的，从而形成各种自动控制原则。

## 2.4.1　反馈控制

自动控制系统的实质是采用反馈控制，即利用自动检测装置将被控对象的输出信号(被控量)送回到输入端，并与给定值进行比较，形成偏差信号，调节器对偏差信号进行运算，根据运算结果发出信号去控制被控的输出量，使输出量与给定量的偏差保持在容许范围之内。在速度调节系统中，反馈控制系统就是闭环自动调速系统，具有良好的稳态性能和动态响应性能，其突出特征是抗干扰能力强。

### 2.4.2　时间控制

时间控制原则,以时间为控制变量。在生产过程中,有要求按一定的时间间隔来顺序改变工作状态,如绕线型异步电动机的启动、制动和反转过程的控制,可以按照一定的时间间隔来改变转子附加电阻,从而实现启动和制动过程的顺序控制。时间间隔的长短取决于生产工艺要求或所要求的电动机启、制动和反转过程的持续时间。

时间原则控制方法简单可靠,对于任何容量和电压的电动机都可以用同一型号的时间继电器来实现,电网电压的变化不影响启动和制动过程,但这种控制仅在计算负载下才能保证按预定的运行规律工作,当实际负载与计算值不同时,就会与设定的运行规律产生误差。图 2-24 为时间控制的电动机启动特性。在额定负载 $M$ 下,电动机沿特性曲线 1,2,3…加速;但当负载转矩较小时,电动机转速上升较快,造成滞后切换,由于整定的时间不变,切换转矩偏离设计值 $M$,使电动机沿特性曲线 $1'$,$2'$,$3'$,…加速;当负载转矩较大时,电动机速度减小,在整定时间内,切换超前,使启动转矩大于上限切换转矩 $M$,电动机将沿特性曲线 $1''$,$2''$,$3''$,…加速,显然这种转矩冲击严重时将导致设备不能正常运行。

### 2.4.3　电流控制

电流控制原则,以电流为控制变量。根据电路中电流的变化规律,借助于电流继电器,实现对电流的控制。当电路中电流增大到某一值时,电流继电器吸合;当电流减小到某一值时,电流继电器释放。通过调节电流继电器的整定值,就可以按不同的电流发出控制信号。如:在矿井提升机拖动系统中,为了限制电动机的启动电流,通常在转子回路中加入启动电阻,随着电动机转速的变化,启动电流也发生变化,利用电流继电器检测电流的变化,通过其触点控制转子启动电阻的切除,从而控制电动机的运转,实现电流原则的控制。

电流原则控制属于恒转矩控制,在启、制动过程中电动机转矩的平均值是始终不变的,转矩的变化范围也是不变的,与负载、电源电压等的变化无关。但是,负载的变化将影响启、制动过程时间的变化,特别是当负载较重时,电动机在某条特性曲线上长时间运行将造成启动电阻或电动机绕组过热,使设备发生故障,如图 2-25 所示。

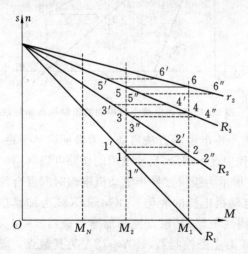

图 2-24　时间控制的电动机启动特性

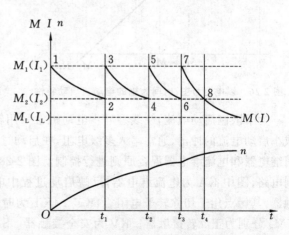

图 2-25　电流控制的电动机启动特性

### 2.4.4　时间和电流混合控制

时间控制原则及电流控制原则,各有其优缺点,特别是当矿山生产机械负载变化很大时,电动机启动电流的冲击峰值不一样。如果电动机在启、制动过程中仅采用时间控制原则,则电动机的冲击电流影响电动机的正常运行,如仅采用电流控制原则,则启、制动过程的时间不能保证,有时甚至会发生故障。为了克服单一控制原则的不足,可以采用电流和时间混合控制的原则,它包括以电流为主附加延时的控制,以时间为主、电流为辅的控制以及电流时间平行控制三种方式。我国目前生产的专为单绳缠绕式矿井提升机配套的电控系统多采用以电流为主、时间为辅的控制原则,为多绳摩擦轮式提升机配套的电控系统多采用时间电流平行控制的控制原则。

以电流为主,时间为辅的电动机启动特性如图 2-26 所示。从控制范围看,电流控制约占 75%,时间控制约占 25%。特性曲线中转矩 $M$ 与各条曲线的交点即为两种控制的分界点,该点之前为电流控制,之后为时间控制。由于是以电流控制为主,所以当负载较大时,不会出现提前切换的现象,可避免在启动过程中电流和转矩的较大冲击;负载较小时,电流和时间配合控制,可以在一定范围内调节切换转矩和加速度。

时间电流平行控制的电动机启动特性如图 2-27 所示。这种控制方法的特点是在启动过程中,每切换一次特性,必须同时具备两个条件:一是时间延时的结束,二是电流的释放。两者有一个条件不能满足,电动机特性就不能切换,就需要等待。这样,在重载时,主要由电流进行控制,可防止启动转矩和切换转矩过大而产生钢丝绳打滑;在轻载时,主要由时间进行控制,电动机沿特性曲线 $1,2',3',\cdots$ 加速,防止加速过快,有利于提升安全性。

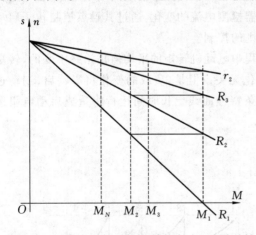

图 2-26　以电流为主,时间为辅的电动机启动特性

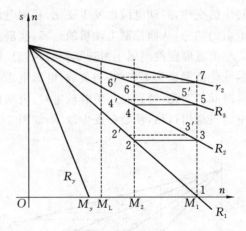

图 2-27　时间电流平行控制的电动机启动特性

为了限制启动电流,绕线型异步电动机常采用转子串电阻的方法启动。为保证启动平稳、减小启动电流的冲击,通常串入多级电阻,在启动过程中逐级切除,启动电阻的切除可以利用时间继电器和电流继电器混合原则进行控制。图 2-28 所示为绕线型异步电动机电流时间混合控制电路,图中 KA 为电流继电器,反映启动过程中电动机电流的变化。1KM～4KM 为加速接触器,其触点用于切除转子电阻。1KT～4KT 为时间继电器,其触点控制加速接触器。$KM_F$、$KM_R$ 分别为正反转接触器。KV 为安全接触器。SA 为主令控制器,1SA～7SA 为其触点。虚线表示操作手柄位置,虚线上面的黑点,表示手柄在这个位置时,该支路的触点接通。

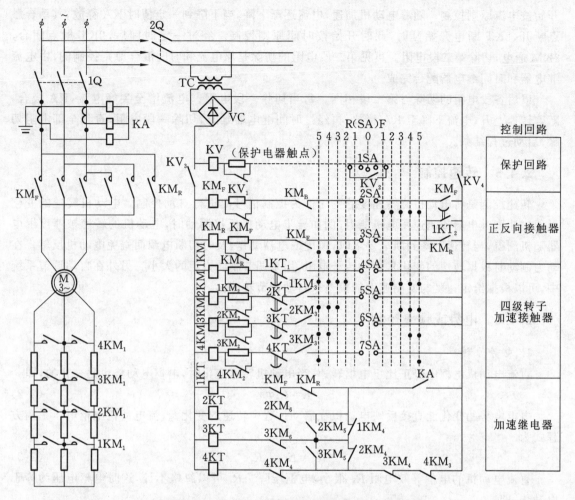

图 2-28 绕线型异步电动机电流时间混合控制电路

1. 启动前的准备

合上电源开关 1Q 和 2Q,接通主回路和控制回路电源。主令控制器 SA 的手柄置于零位,安全接触器 KV 通电并自保(依靠接触器自身动合触点而使线圈保持通电的效果称为自保,起自保作用的常开辅助触点 KV 称为自保触点),其动合触点闭合使控制回路得到电源。时间继电器 1KT~4KT 通电,其在加速接触器回路中的四个动断触点全部断开,使 1KM~4KM 无电,转子电阻全部串入。

2. 启动控制过程

根据选择的运转方向(假设正转)将主令控制器 SA 的手柄推到正转方向(图 2-28 中向右)极限位置第五位,则 2SA 及 4SA~7SA 均闭合,正转接触器 $KM_F$ 线圈通电吸合,电动机串入全部电阻启动。$KM_F$ 通电的同时,反转接触器 $KM_R$ 电路的 $KM_F$ 动断触点断开,实现联锁。其在 1KT 电路中的动断触点断开,使 1KT 断电并开始延时,经过一定时间后,1KT 触点闭合,1KM 通电,切除第一段电阻。第一段电阻的切除是靠单纯时间原则控制的。

1KM 吸合后其在时间继电器回路中的动断触点断开,切断 2KT 原来的通路,但这时由于切除第一段电阻后电流增大至尖峰电流,电流继电器 KA 吸合,为 2KT 提供了另一通路,此时开始按电流原则控制。随着电动机加速,电流逐渐下降,当下降到一定值时 KA 释放,其动合触点断开,2KT 断电开始延时,此时开始按时间原则控制。经过一定时间后,2KT 触点闭合,2KM 通电,切除第二段电阻。可见第二段电阻的切除是靠电流和时间混合原则控制的,由电流继电器和时间继电器配合完成。

以后各段电阻的切除与第二段相同。每当切除一段电阻,电流增至尖峰电流,KA 吸合,随着转速上升,电流下降至 KA 释放,再经过时间继电器延时,切除一段电阻,直到全部电阻切除,启动过程结束。

### 2.4.5　转速控制

转速控制是将电动机旋转速度的变化作为控制信号而进行自动控制。电动机转速的变化可通过速度继电器或测速发电机测得,例如异步电动机反接制动时,电动机的转速被速度继电器随机测得,当转速下降到断电要求时,速度继电器动作,及时切断电源而避免电动机反转。在动力制动时根据转速的变化来切除转子电阻,用来调节制动力矩的大小。另外在自动调节系统中,可以根据给定速度与实测速度的偏差来自动调节转速。

### 2.4.6　电势或频率控制

1. 电势原则

直流电动机电枢电势正比于电枢转速,当电动机转速变化时,电枢电动势也是变化的,即

$$E = C_e \Phi n \tag{2-2}$$

电枢电势的变化能直接反映电动机在启动过程中转速的变化,直流电动机电枢电压平衡方程式为

$$U = E + I_a R_a \tag{2-3}$$

直流电动机的电枢等效电阻 $R_a$ 很小,电枢压降 $I_a R_a$ 可以忽略不计,这时电枢电压约等于电动势,即

$$U \approx E = C_e \Phi n \tag{2-4}$$

由上述公式可知,把直流电动机的电枢电压作为控制信号,就可以实现以电势为原则的控制,即电势原则。

2. 频率原则

交流异步电动机转子感应电流的频率是变化的,即

$$f_2 = s f_1 \tag{2-5}$$

$$s = \frac{n_0 - n}{n_0} \tag{2-6}$$

转子感应电流的频率是变化的,我们把转子感应电流的频率作为控制信号实现自动控制,利用这个变化实现频率控制称为频率原则。同步电动机的启动就是利用了频率控制的原则。

### 2.4.7　行程控制

当生产机械运动到一定的位置时,通过运动部件的碰撞或感应使行程开关动作,发出如减速、停车、反转等控制指令使系统的运行状态发生变化,这种控制方式称为行程控制原则。例如:在矿井提升机系统中,当提升容器运行到减速点时,容器碰撞行程开关,使电路自动切换到

减速运行阶段。

电动机控制原则及特点见表 2-3。

表 2-3 电动机控制原则及特点

| 控制原则 | 使 用 场 合 | 特 点 |
|---|---|---|
| 时间原则 | 交直流电动机启动、能耗制动控制及按一定时间动作的控制电路 | 电路简单,不受电网电压、电流等参数影响,对于任何形式的电动机都适用 |
| 速度原则 | 直流电动机与鼠笼型异步电动机的反接制动,步进电动机的励磁和加速控制 | 电路简单,控制加速时受电网电压影响,制动时则无影响 |
| 电流原则 | 串励电动机与绕线型异步电动机的分级启动、制动和作为电路的过流与欠流保护 | 电路联锁复杂,可靠性差,受各种参数影响大 |
| 电势原则 | 直流电动机的加速和反接制动 | 较准确反映电机转速 |
| 行程原则 | 反映运动部件运动位置的控制 | 电路简单、不受各种参数影响,只反映运动部件的位置 |

# 2.5  矿用隔爆型电磁启动器

## 2.5.1  矿用电磁启动器

矿用电磁启动器是煤矿重要机电设备之一,具有漏电闭锁、失压保护、过载保护、短路保护、温度保护等优点,主要采用全数字技术,实现电流、速度的双向控制保护,是保证矿井大型机械设备如采煤机、掘进机、刮板输送机正常运行的重要软启动保护装置,如图 2-29 所示。它主要由隔离开关、接触器、熔断器、过热过流继电器、按钮等组成,所有的电气元件都装在隔爆壳内,用以保护和控制电动机。由于它控制方便,保护较完善,所以在煤矿井下得到了广泛应用。

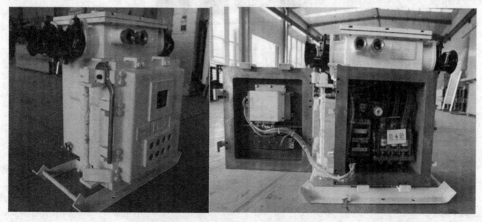

图 2-29  矿用隔爆型电磁启动器

矿用电磁启动器根据使用情况可分为不同类型,按接触器分:空气型——用于小于 40 kW 电动机的控制和保护;真空型——用于大于或等于 40 kW 电动机的控制和保护。按控制方式 分:非可逆型——用于频繁启动、停止电动机的控制和保护;可逆型——用于频繁换向电动机的 控制和保护。按保护装置分:过流继电器——用于空气型作短路或过载保护;电子继电器—— 用于真空型作短路、过载保护和漏电闭锁;单片机——用于智能真空型作短路、过载、漏电等保 护和故障显示。

1. 结构功能特点

矿用电磁启动器外部结构如图 2-30 所示,其隔爆外壳呈方形,与橇形底座相焊接。隔爆外 壳分隔为两个独立的隔爆空腔,即接线腔与主腔。

1)接线腔

接线腔在主腔上方,集中了全部主电路与控制电路的进出线端子。接线腔隔电板下排列的 是主电路进线端子,偏左排列的是主电路出线端子。两侧各有两只可穿橡套电缆的主电路进出 线喇叭口,前侧控制电路喇叭口,可穿入控制电路进出线。接线腔与主腔的连接通过安装在接 线腔的接线座来实现。

2)主腔

主腔由主腔壳体与前门组成。前门关闭时,靠铰链轴和两组扣板将前门与壳体扣住。开启 后,前门支承在壳体左侧的铰链上,主腔的组成元件(隔离换向开关、真空接触器、电源变压器、 噪声滤波器、电流传感器、阻容吸收装置、中间继电器、综合保护器和接触器等)均安装在芯架小 车上,可在导轨上随意推拉。隔离换向开关在主腔右侧,与其联锁的旋钮开关引至主腔右侧壁 外与操作手把相连。隔离换向开关三只进线端经软导线接至启动器进线端,出线穿过电流传感 器接至主腔后壁上的三只静弹性触头上。综合保护单元在主腔的左侧,保护器后部是真空交流 接触器,当用把手将芯子往壳内推时,装在真空接触器上的六只动触头插入壳体后壁上的静弹性 触头中,实现主电路的电气连接。芯子后部左、右两侧装有接插件,实现控制电路的电气连接。

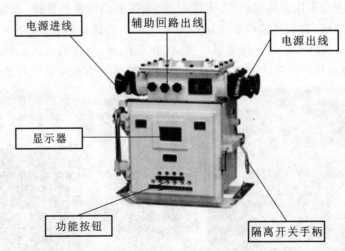

图 2-30 矿用电磁启动器外部结构

主要特点:

(1) PLC 为核心控制器,具有很高的抗干扰性能和电气稳定性。

（2）全中文液晶显示，可显示开关的工作状态、故障性质、电压、电流、电度和绝缘状态等电参量。

（3）标准 RS-485 通信口，联网方便，实现对开关的遥测、遥调和控制，实现井下变电所的无人值守。

（4）保护功能齐全：过载反时限保护、过流保护、漏电闭锁和保护、选择性漏电保护、欠压/过压保护和风电瓦斯保护等。

（5）外整定参数，操作方便快捷。

保护功能包括：

（1）过载保护：开关工作时，当负荷侧出现过载时，实施反时限保护。

（2）短路保护：开关工作时，当电网出现短路故障时，实施速断保护。

（3）漏电闭锁和保护：采用电网附加直流电压原理，对负荷侧绝缘状态实施监测和保护，并显示绝缘电阻值，闭锁开关不允许合闸。

（4）欠压保护：当电网电压低于 $U_e$ 的 65% 时，开关延时 5Os 跳闸。

（5）选择性漏电：当开关作为分开关使用时，具有功率方向型和电流型两种保护方式，可以任意选择。

（6）瓦斯电闭锁功能：当瓦斯超限时，远方瓦斯传感器可以给开关一个接点信号，开关就立即跳闸，并显示瓦斯故障。

2．电气控制原理

矿用电磁启动器主要通过三相母线获取电压信号，主控板作为电磁启动器的重要部件，可完成对模拟电量的内部运算，并将处理分析好的电流、电压等值通过显示屏进行显示，并对井下线路保护过程中出现的故障进行判断，实现与整个监测系统的通信连接。另外，通过键盘可完成对电磁启动器各项功能的操作和编制，完成监测系统对整个装置的试验测试。同时，电磁启动器中变压器可将 380 V、660 V 等高压信号转换成 220 V、12 V 等低压信号，实现对控制板的电源供应。电磁启动器的工作原理图如图 2-31 所示。

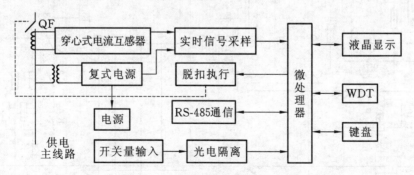

图 2-31　电磁启动器的工作原理图

电磁启动器电气原理图如图 2-32 所示。

1）主电路组成

主电路组成如下：QS——隔离开关；KM——接触器主触；TA——电流互感器；RC——过压保护装置。

41

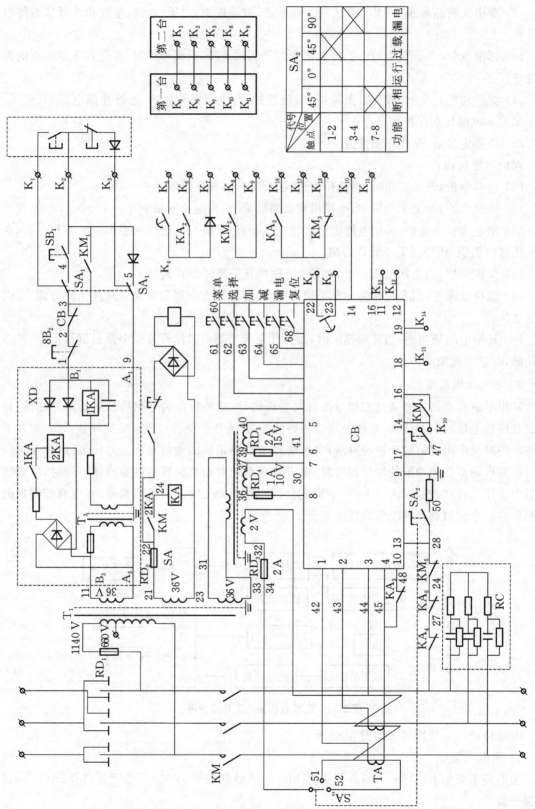

图 2-32　电磁启动器电气原理图

2）辅助回路组成

辅助回路组成如下：1KA 线圈回路——SB$_1$、SB$_2$、SA$_1$、CB 触点控制；2KA 线圈回路——1KA 触点控制；KA 线圈回路——2KA 触点控制；KM 线圈回路——KA$_1$ 触点控制；CB 回路——S$_1$～S$_5$、TA、SA$_2$、KM$_4$ 等触点控制。

3）远控过程：SA$_1$ 至"远"

（1）准备：合上 QS，主回路—T—K—33、9—检测：漏电、短路，CB×闭锁；未漏电、短路，CB—可启动。

（2）启动：按下 SB$_1$—1KA 线圈—1KA 触点—2KA 线圈—2KA 触点—KA 线圈—KA 触点—KM 线圈—KM 触点—电动机；KM$_1$—自锁；KM$_4$—显示器—显示工作参数；KM$_5$×检漏回路×。

4）程控过程：用于多台按顺序自行启、停

（1）准备：各台 SA$_1$ 至"远"位，最后一台至"单机"，其他台至"联机"位。

（2）启动：按下第一台 SB$_1$—1KA 线圈—1KA 触点—2KA 线圈—2KA 触点—KA 线圈—KA 触点—KM 线圈—KM 触点—电动机；KM$_4$—CB—延时后 K$_4$、K$_5$—第二台 1KA 线圈—第二台 2KA、KA、KM 相继接通；第二台启动，若第二台未启动，其 KM$_2$×第一台 CB 延时×第一台×。

5）保护

（1）三相短路、三相不平衡保护。

由电流互感器提供电流信号，CB 进行判断、发出指令、控制接触器断电实现保护并闭锁记忆，显示器显示故障类型。只有排除故障后才可按 S$_6$ 解锁。

（2）漏电闭锁。

主回路断电时，由检漏回路检测绝缘电阻，提供漏电信号，CB 触点断开接触器实现闭锁，同时显示器显示，按复位按钮 S$_6$ 解锁。

## 2.5.2　真空馈电开关

隔爆真空馈电开关在矿井供电安全中起着举足轻重的作用。馈电开关保护器采用微处理器，使馈电开关具有高精度的数据处理功能，对供电系统线路具有送电前绝缘检测功能，如果绝缘低于规定值时开关保护器将进行漏电闭锁保护；供电过程中如果出现短路、过载等故障负荷开关拒动时，此时馈电开关将起到后备保护作用；切断故障线路，杜绝事故进一步扩大、危及职工人身和生命财产安全。

隔爆真空馈电开关主要由隔爆外壳、真空断路器、控制器等组成，如图 2-33 所示。隔爆外壳主要用于防止外界煤尘或瓦斯爆炸，真空断路器则是主要负责电力系统中电线的接通或断开，而控制器则主要由通信单元、测控单元（断路器、传感器等）、信号调节部分、电源模块及上机位等组成，负责对井下设备的数据采集、信号转换及实时控制等。

1. 结构功能特点

真空馈电开关的结构包括以下几个部分：一是真空馈开关所设置的总开关及其分开关均被安装在整个设备的快开门外壳当中，并且在门外壳的表面还安装了保护装置。保护器提供了稳定运作的电源设备，而且还安装了能够显示数值的显示器及配套的试验测试按键。二是在真空馈电开关的内部主要的装置是断路装置，并在该装置下设置了连接装置，其中包括：能够测试电流的互感设备等。三是在该馈电开关的左边还安装有侧板，该侧板上也加装了些许设备，其中

图 2-33　真空馈电开关

包括：变压器、电阻器、熔断器等，一方面起到电力电压的稳定转换的作用，另一方面又借助设备功能性作用对转换装置起到了保护作用。

　　根据开关检修时的实际操作特点以及各模块的形状、尺寸，从易拆卸、易更换的角度出发，应对各模块在开关内的空间布置进行规划。由于真空断路器模块、电源模块、三相电抗器模块、继电器模块发生故障的概率相对较高，故将这 4 个模块放置于开关主腔外侧，其中真空断路器模块与其他模块之间由绝缘隔板隔开，其空间布置如图 2-34 所示。

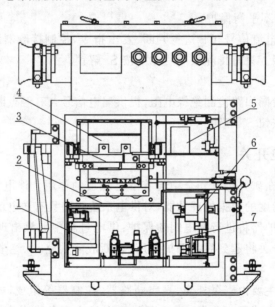

图 2-34　模块空间布置正视图

1—三相电抗器模块；2—隔板；3—助力机构；4—真空断路器模块；5—继电器模块；6—电源模块；7—插件板

　　插件板上固定有多个不同类型的航空插座，真空断路器模块、电源模块、三相电抗器模块、继电器模块、综合保护模块分别引出插头插接于插件板相对应的插座上，从而实现馈电开关内部各电器模块的电路连接。为便于各模块的插头与航空插座的插拔，将插件板放置在开关主腔底部。综合保护模块为人机交互模块，由综合保护装置和操作按钮板两部分组成，它们之间通过插接式接线端子连接，发生故障概率较高，放置于主腔前门盖内侧。在主腔后部增设一个后腔，放置有发生故障概率较低的三相电流互感器、零序电流互感器以及阻容吸收装置，如图 2-35所示。

馈电开关控制器功能包括：保护功能、馈电控制功能、运行过程实时检测功能、自动诊断功能、通信功能等。

1）保护功能

由于设备在井下工作过程中，经常会由于井下环境的实时变化而发生电气设备的断路、短路、过压、欠压、漏电等故障，对井下作业安全构成重要影响。因此，馈电开关控制器在设计过程中，需拥有相应的保护功能，主要针对井下电气系统运行过程中发生故障时，可通过控制方式，自动将故障从系统中进行消除，以实现在最短时间内将故障影响控制在最小范围内，同时，将故障信号及时发送至监控中心，并在组态软件中进行实时显示，以此避免或减轻故障对周边的影响，提高井下作业的安全性。

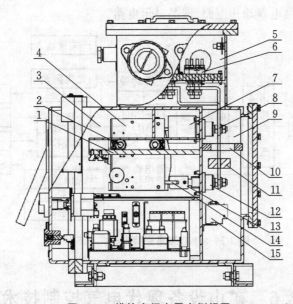

图 2-35  模块空间布置右侧视图

1—滑道；2—滚子；3—主腔；4—真空断路器；5—上腔；6—上腔接线柱；7—隔盒；8—导电带；9—后腔；10—零序电流互感器；11—三相电流互感器；12—后腔接线柱；13—卡簧式插座；14—断路器下导电插排；15—阻容吸收装置

2）运行过程实时检测功能

馈电开关控制器运行中需对设备运行过程进行实时检测，对设备的工作电流、电压、工作温度、开关闭合情况等参数进行实时检测，经过相关计算程序，对信号进行计算，最终将经信号转换后的处理结果在井下实时显示；同时，当设备运行过程中出现了故障，可针对故障信息发出故障报警和提示，并通过远程控制方式，对设备进行故障位置显示及处理，以保证设备故障能得到较快的解决。

2. 电气控制原理

1）基于 PLC 的真空馈电开关

真空馈电开关电气线路由主回路、控制回路和保护电路三大部分组成。

（1）主回路由真空断路器接通和分断。

（2）控制回路由隔离开关、电源变压器、断路器常开常闭触点、欠压线圈和分励线圈及控制按钮等器件组成。

（3）当出现过载、短路、欠压、漏电等故障时，控制电路可发出动作信号，使主回路按要求时间动作,同时可经液晶屏显示故障类型及故障参数。

三相电流信号及电压信号经电流互感器和电压互感器采集后,送采样板进行信号处理,以达成 PLC 接收电平信号送入 PLC,并转换为对应数字量进行处理。PLC 依据事先设定参数经过对三相电流和绝缘电阻和系统电压数字信号分析处理,完成断相、过载、短路、漏电闭锁、漏电保护、欠电压等多种保护动作。

2)基于 DSP 的真空馈电开关

系统框图如图 2-36 所示,以 DSP 为中央控制单元,由信号输入模块、微机模块和输出模块三部分组成。输入模块包括电压互感器、电流互感器,偏置、滤波、限幅电路,漏电缺相检测电路,开关量输入电路,光电隔离电路,按键电路;微机模块即为 DSP 数字信号处理器;输出模块包括开关量输出电路、继电器动作电路、液晶显示电路。

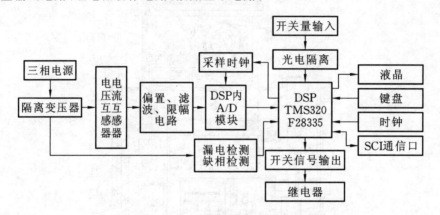

图 2-36 DSP 型真空馈电开关系统框图

# 2.6 矿山设备现代电气控制技术

## 2.6.1 可编程控制技术

可编程逻辑控制(PLC)是在传统的顺序控制器的基础上引入了微电子技术、计算机技术、自动控制技术和通信技术而形成的新型工业控制装置,目的是取代继电器、执行逻辑、计时、计数等顺序控制功能,建立柔性的远程控制系统。PLC 具有通用性强、使用方便、适应面广、可靠性高、抗干扰能力强、编程简单等特点。

**1. PLC 的组成与功能**

各种 PLC 的组成结构基本相同,包括 CPU、电源、储存器和输入/输出接口电路等部分,如图 2-37 所示。

1)CPU

CPU 又称中央处理器,作为 PLC 的控制中心,通过总线(包括数据总线、地址总线和控制总线)与存储器和各种接口连接,以控制它们有条不紊地工作。CPU 的性能对 PLC 工作速度和效率有较大的影响,故大型 PLC 通常采用高性能的 CPU。

CPU 的主要功能如下:

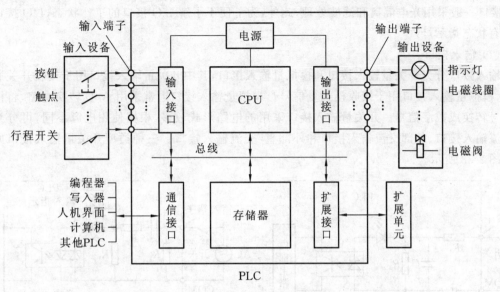

**图 2-37 PLC 的基本结构**

(1) 接收通信接口送来的程序和信息,并将它们存入存储器;

(2) 采用循环检测(即扫描检测)方式不断检测输入接口送来的状态信息,以判断输入设备的状态;

(3) 逐条运行存储器中的程序,并进行各种运算,再将运算结果存储下来,然后经输出接口对输出设备进行有关的控制;

(4) 监测和诊断内部各电路的工作状态。

2) 存储器

存储器用于存储程序和数据。PLC 通常配有 ROM(只读存储器)和 RAM(随机存储器)两种存储器,ROM 用来存储系统程序,RAM 用来存储用户程序和程序运行时产生的数据。

系统程序由厂家编写并固化在 ROM 存储器中,用户无法访问和修改系统程序。系统程序主要包括系统管理程序和指令解释程序。系统管理程序的功能是管理整个 PLC,让内部各个电路能有条不紊地工作。指令解释程序的功能是将用户编写的程序翻译成 CPU 可以识别和执行的程序。

用户程序是用户通过编程器输入存储器的程序,为了方便调试和修改,用户程序通常存放在 RAM 中,RAM 专门配有备用电池供电以防断电后 RAM 中程序丢失。有些 PLC 采用 EEPROM(电可擦写只读存储器)来存储用户程序,由于 EEPROM 存储器中的内部可用电信号进行擦写,并且掉电后内容不会丢失,因此采用此类存储器可不要备用电池。

3) 输入/输出接口

输入/输出接口又称 I/O 接口或 I/O 模块,是 PLC 与外围设备之间的连接部件。PLC 通过输入接口检测输入设备的状态,结合现场的控制要求产生输出信号,PLC 通过输出接口对输出设备进行控制。

PLC 的 I/O 接口能接收的输入和输出信号个数称为 PLC 的 I/O 点数。I/O 点数是选择 PLC 的重要依据之一。PLC 外围设备提供或需要的信号电平是多种多样的,而 PLC 内部 CPU 只能处理标准电平信号,所以 I/O 接口要能进行电平转换,另外,为了提高 PLC 的抗干扰能力,

I/O 接口一般采用光电隔离和滤波处理,此外,为了便于了解 I/O 接口的工作状态,I/O 接口一般带有状态指示灯。

（1）输入接口。

输入接口分为开关量输入接口和模拟量输入接口,其中开关量输入接口用于接收开关通断信号,模拟量输入接口用于接收模拟量信号。模拟量输入接口通常采用 A/D 转换电路,将模拟量信号转换成数字信号。开关量输入接口采用的电路形式较多,根据使用电源不同,可分为内部直流输入接口、外部交流输入接口和外部直/交流输入接口。三种类型开关量输入接口原理图如图 2-38 所示。

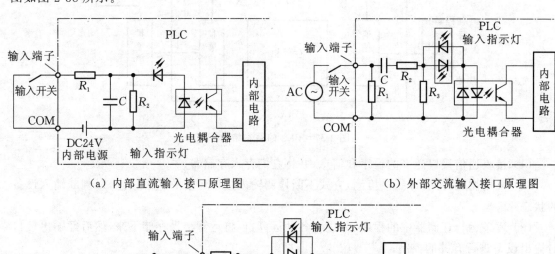

（a）内部直流输入接口原理图　　　　（b）外部交流输入接口原理图

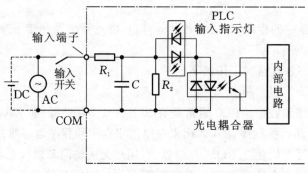

（c）外部交/交流输入接口原理图

**图 2-38　三种类型开关量输入接口原理图**

图 2-38（a）为内部直流输入接口原理图。输入接口的电源由 PLC 内部直流电源提供。当闭合输入开关后,有电流流过光电耦合器和指示灯,光电耦合器导通,将输入开关状态送给内部电路。光电耦合器内部是通过光线传递,可将外部电路与内部电路有效隔离开来。输入指示灯点亮用于指示输入端子有输入。$R_2$、$C$ 为滤波电路,用于滤除输入端子窜入的干扰信号,$R_1$ 为限流电阻。

图 2-38（b）为外部交流输入接口原理图。输入接口的电源由外部的交流电源提供。为了适应交流电源的正负变化,接口电路采用了发光管正负极并联的光电耦合器和指示灯。

图 2-38（c）为外部直/交流输入接口原理图。输入接口的电源由外部的直流或交流电源提供。

（2）输出接口。

PLC 的输出接口也分为开关量输出接口和模拟量输出接口。模拟量输出接口通常采用 D/A 转换电路,将数字量信号转换成模拟量信号。开关量输出接口采用的电路形式较多,根据使用的输出开关器件不同可分为:继电器输出接口、晶体管输出接口和双向晶闸管输出接口。三种类型开关量输出接口原理图如图 2-39 所示。

图 2-39(a)为继电器输出接口原理图。当 PLC 内部电路产生电流流经继电器 KA 线圈时,继电器常开触点 KA 闭合,负载有电流通过。继电器输出接口可驱动交流或直流负载,但其响应时间长,动作频率低。

图 2-39(b)为晶体管输出接口原理图。它采用光电耦合器与晶体管配合使用。晶体管输出接口反应速度快,动作频率高,但只能用于驱动直流负载。

图 2-39(c)为双向晶闸管输出接口原理图。它采用双向晶闸管型光电耦合器,在受光照射时,光电耦合器内部的双向晶闸管可以双向导通。双向晶闸管输出接口的响应速度快,动作频率高,通常用于驱动交流负载。

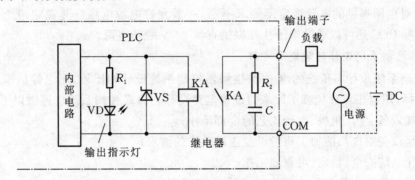

（a）继电器输出接口原理图

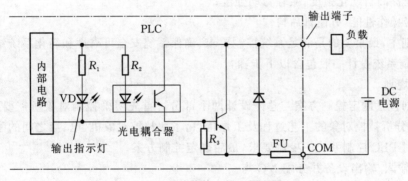

（b）晶体管输出接口原理图

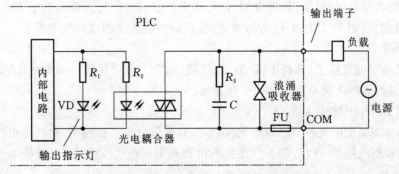

（c）双向晶闸管输出接口原理图

**图 2-39　三种类型开关量输出接口原理图**

4）通信接口

PLC配有通信接口，可与监视器、打印机、其他PLC、计算机等设备实现通信。PLC与人机界面（如触摸屏）连接，可以在人机界面直接操作PLC或监视PLC工作状态；PLC与其他PLC连接，可组成多机系统或连成网络，实现更大规模控制；PLC与计算机连接，可组成多级分布式控制系统，实现控制与管理相结合。

5）扩展接口

为了提升PLC的性能，增强PLC控制功能，可以通过扩展接口给PLC增接一些专用功能模块，如高速计数模块、闭环控制模块、运动控制模块、中断控制模块等。

6）电源

PLC一般采用开关电源供电，与普通电源相比，PLC电源的稳定性好、抗干扰能力强。PLC的电源对电网提供的电源稳定度要求不高，一般允许电源电压在其额定值±15%的范围内波动。有些PLC还可以通过端子往外提供直流24 V稳压电源。

2. PLC控制系统设计的原则与步骤

PLC控制系统设计与传统的继电器-接触器控制系统设计相比较，用组件的选择代替了原来的器件选择，用程序设计代替了原来的逻辑电路设计。PLC控制系统应遵循以下设计原则：

（1）实现设备、生产机械、生产工艺的全部动作；

（2）满足设备对产品的加工质量以及生产效率的要求；

（3）确保系统安全、稳定、可靠地工作；

（4）尽可能地简化控制系统的结构，降低生产成本；

（5）充分提高自动化强度，减轻劳动强度；

（6）改善操作性能，方便日后检修。

以上原则中，最重要的是满足系统控制要求、确保系统安全可靠性和简化系统结构。

PLC控制系统设计一般包含以下步骤：

1）系统规划

系统规划包括制定控制方案与总体设计两个部分。首先明确控制对象所需要实现的动作与功能，详细分析被控对象的工艺过程及工作特点，了解被控对象机、电、液之间的配合，然后提出被控对象对PLC控制系统的控制要求，最后确定控制方案。

2）确定输入/输出设备并分配I/O点

根据系统的控制要求，确定系统所需的全部输入设备（如按钮、位置开关、转换开关及各种传感器等）和输出设备（如接触器、电磁阀、信号指示灯及其他执行器等），确定PLC的I/O点数并进行I/O分配，绘制PLC的I/O点与输入/输出设备的连接图或对应关系表。

3）硬件配置

根据要求确定配置要求，选择PLC型号、规格，确定I/O模块数量和规格，决定是否选择特殊功能模块，是否选择人机界面、伺服、变频器等。

4）设计PLC外围硬件线路

根据总体方案完成电气控制原理图，绘制系统其他部分电气线路图，包括主电路和未进入可编程控制器的控制电路等。PLC的I/O连接图和PLC外围电气线路图组成系统电气原理图。

5）程序设计

依据总体方案及电气原理图，按照所分配好的I/O地址，编写实现与控制要求与功能对应的 PLC 用户程序,可采用梯形图、语句表来设计 PLC 程序。程序要以满足系统控制要求为主线,逐一编写实现各控制功能或各子任务的程序,逐步完善系统指定的功能。除此之外,程序通常还应包括以下内容:

(1) 初始化程序。一般 PLC 上电后要做一些初始化的操作,避免系统发生误动作,包括数据区、计数器清零,继电器置位或复位,初始状态显示等。

(2) 检测、故障诊断和显示等程序。一般在程序设计基本完成时再添加。

(3) 保护和联锁程序。保护和联锁是程序中不可缺少的部分,可以避免由于非法操作而引起的控制逻辑混乱。

图 2-40 所示为 PLC 控制系统设计一般流程。

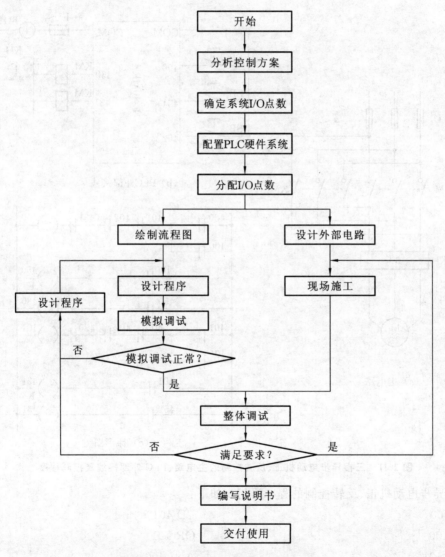

图 2-40　PLC 控制系统设计一般流程

一般 PLC 编程软件自带自诊断功能,可以在程序设计完成后对 PLC 程序进行基本检查,排除程序错误。有条件时应该通过必要的模拟仿真手段,对程序进行模拟与仿真试验。

6）系统调试

此阶段主要是检查、优化 PLC 控制系统硬件、软件设计,提高控制系统的安全性、可靠性。现场调试应该在完成控制系统的安装、连接、用户程序编制后,按照调试前的检查、硬件测试、软件测试、空运行试验、可靠性试验、实际运行试验等规定的步骤进行。若是不符合要求,则对硬件和程序做调整。经过一段时间运行工作正常,满足设计要求,即可整理和编写技术文档。

3. PLC 控制系统设计举例

下面以三相异步电动机正、反转控制电路为例,采用 PLC 进行控制,PLC 外部接线及控制程序(PLC 梯形图)如图 2-41 所示。图中 SB$_1$ 为正向启动按钮,SB$_2$ 为反向启动按钮,SB$_3$ 为停止按钮,KM$_1$ 为正向接触器,KM$_2$ 为反向接触器。

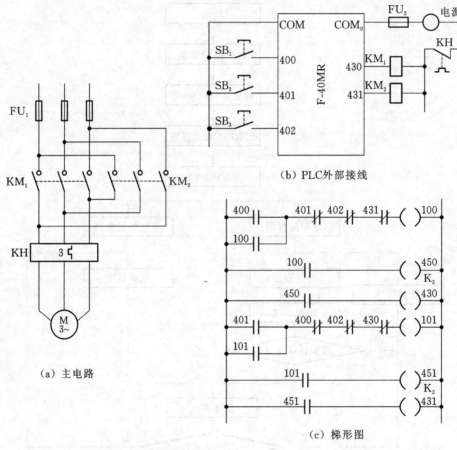

图 2-41 三相异步电动机正、反转控制的主电路、PLC 外部接线及控制程序

三相异步电动机正、反转控制的程序语句表如下:

| | |
|---|---|
| LD 400 | LD 401 |
| OR 100 | OR 101 |
| ANI 401 | ANI 400 |
| ANI 402 | ANI 402 |
| ANI 431 | ANI 430 |
| OUT 100 | OUT 101 |

| LD 100 | LD 101 |
| OUT 450 K2 | OUT 451 K2 |
| LD 450 | LD 451 |
| OUT 430 | OUT 431 |

### 2.6.2 变频器控制技术

**1. 变频技术发展历程**

变频器是通过改变电机工作电源频率方式来控制交流电动机的电力控制设备。变频器主要由整流（交流变直流）装置、滤波装置、逆变（直流变交流）装置、制动单元、驱动单元、检测单元、微处理单元等组成。变频器靠内部 IGBT 的开断来调整输出电源的电压和频率，根据电机的实际需要来提供其所需要的电源电压，进而达到节能、调速的目的，另外，变频器还有很多的保护功能，如过流、过压、过载保护等。

异步电动机转速表达式：

$$n = 60\ f(1-s)/p \tag{2-7}$$

式中：$n$ 为异步电动机的转速；$f$ 为异步电动机频率；$s$ 为电动机转差率；$p$ 为电动机极对数。

变频技术的诞生背景是交流电机无级调速的广泛需求，交流电机调速经过变极调速、调压调速、转子串电阻调速和变频调速的发展历程，各自的特点如表 2-4 所示。由式(2-6)可知，转速 $n$ 与频率 $f$ 成正比，只要改变频率 $f$ 即可改变电动机的转速，当频率 $f$ 在 $0 \sim 50$ Hz 的范围内变化时，电动机转速调节范围非常宽。变频器就是通过改变电动机电源频率实现速度调节的，是一种理想的高效率、高性能的调速手段。

随着电力电子器件和控制算法的发展，变频调速发展迅速。同时，传统的直流调速技术因体积大故障率高而应用受限。

表 2-4 交流电气传动系统的发展历程

| 调速方式名称 | 控制对象 | 特 点 |
| --- | --- | --- |
| 变极调速 | 交流异步电动机 | 有级调速，系统简单，最多 4 段速 |
| 调压调速 | | 无级调速，调速范围窄 |
| | | 电机最大输出能力下降，效率低 |
| 转子串电阻调速 | | 系统简单，性能较差 |
| 变频调速 | 交流异步电动机<br>交流同步电动机 | 真正无级调速，调速范围宽 |
| | | 电机最大输出能力不变，效率高 |
| | | 系统复杂，性能好 |
| | | 可以和直流调速系统相媲美 |

**2. 变频器基本结构组成及分类**

变频器将工频电源（50 Hz 或 60 Hz）变换成各种频率的交流电源，用以实现电机变速运行，包括控制电路、整流器、中间电路和逆变器四部分，如图 2-42 所示。控制电路完成对主电路的控制，整流电路将交流电变换成直流电，直流中间电路对整流电路的输出进行平滑滤波，逆变电路将直流电再逆变成交流电。对于如矢量控制变频器这种需要大量运算的变频器来说，有时还需要一个进行转矩计算的 CPU 以及一些相应的电路。

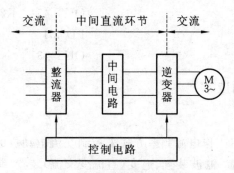

图 2-42  变频器基本构成

按照不同分类方法,变频器分类如下:

1) 按调制方式分

(1) PAM(脉幅调制):在整流电路部分对输出电压幅值进行控制,而在逆变电路部分对输出频率进行控制的控制方式。

(2) PWM(脉宽调制):保持整流得到的直流电压大小不变的条件下,在改变输出频率的同时,通过改变输出脉冲的宽度,来达到改变等效输出电压的一种方式。

2) 按工作原理分

(1) $V/F$ 控制:对变频器的频率和电压同时进行调节。

(2) 转差频率控制:这是 $V/F$ 控制的改进方式。

(3) 矢量控制:将交流电机的定子电流分解成磁场分量电流和转矩分量电流并分别加以控制的方式。

(4) 直接转矩控制:把转矩作为控制量,直接控制转矩,是继矢量控制变频调速技术之后的一种新型的交流变频调速技术。

3) 按用途分

(1) 通用变频器:能与普通的笼式电动机配套使用,能适应各种不同性质的负载并具有多种可供选择的功能。

(2) 高性能专用变频器:对控制要求较高的系统(电梯、风机水泵等),大多采用矢量控制方式。

(3) 高频变频器:高速电动机配套使用。

4) 按变换环节分

(1) 交-交变频器:把频率固定的交流电直接变换成频率和电压连续可调的交流电。无中间环节,效率高,但连续可调的频率范围窄。

(2) 交-直-交变频器:先把交流电变成直流电,再把交流电通过电力电子器件逆变成直流电。其优势明显,这是目前广泛采用的方式。

5) 按直流环节的储能方式分

(1) 电流型:中间环节采用大电感作为储能环节,负载的无功功率将由电感来缓冲。再生电能直接回馈到电网。

(2) 电压型:中间环节采用大电容作为储能环节,负载的无功功率由电容来缓冲。无功能量很难回馈到交流电网。

### 2.6.3　CST 软启动控制技术

1. CST 软启动概况

为了保证重型输送机的平稳、安全、经济、高效运行,必须对其启、制动过渡过程、运行状态及性能进行合理的调节与控制,实行软特性可控启动与制动,延长启、制动时间,减小速度变化率及其引起的动载荷,改善输送机的运行条件,使驱动装置、牵引构件及张紧装置的负载能力与强度得到充分利用,达到最佳的技术状态和经济效果。

可控启动传输系统(Controlled Start Trans-Mission System,以下简称 CST 系统)是 20 世纪 80 年代初研制的机械减速与液压控制相结合的软特性可控传输系统,具有优良的启动、停车、调速和功率平衡性能,是重型刮板输送机和大型带式输送机上较理想的动力传输装置,具有启动电流小、启动速度平稳、对电网冲击小等优点。

2. CST 软启动在超长距离带式输送机上的应用

CST 是带有电液反馈控制的齿轮减速器,在低速轴端装有线性湿性离合器的机电一体化的高技术驱动系统,由机械传动系统、电-液控制系统、风冷却交换器、油泵系统及冷却控制系统等组成,如图 2-43 所示。

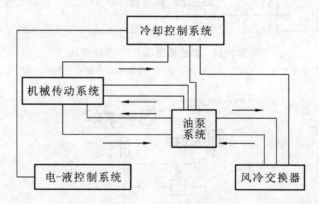

**图 2-43　CST 系统组成**

CST 工作原理如下:首先,根据实际需要设置所需要的加速度曲线和启动时间。在收到启动信号后,电机空载启动,达到额定速度后,液压系统开始增加离合器反应盘系统的压力;当反应盘相互作用时,其输出力矩将与液压系统的压力成正比,设在输出轴上的速度传感器,检测出转速并反馈给控制系统,与控制系统设定的加速度曲线比较,差值用于调节反应盘压力从而确保加速度斜率稳定。在加速过程中冷却油通过反应盘上的沟槽将热量带到热交换器散热。

将 CST 系统用于带式输送机软启动后,输送机的稳定性、可靠性和可控启动性能都得到大幅度提高。CST 广泛应用于煤炭或金属矿石的长距离、大惯性载荷皮带输送机上。

3. CST 软启动在刮板输送机上的应用

CST 在大惯性负载设备平滑启停方面具有的优势,使其在刮板输送机控制方面得到了一定的应用。刮板输送机 CST 系统主要由齿轮传动系统、液黏离合器、液压伺服控制系统、润滑冷却系统、传感器与数据采集系统组成,如图 2-44 所示。CST 正常工作时,高压油液经径向柱塞泵、过滤器、伺服阀作用于伺服油缸,从而控制施加于液黏离合器上的压力,起到控制离合器输出转矩的作用。图 2-45 所示为刮板输送机 CST 液压伺服控制系统。

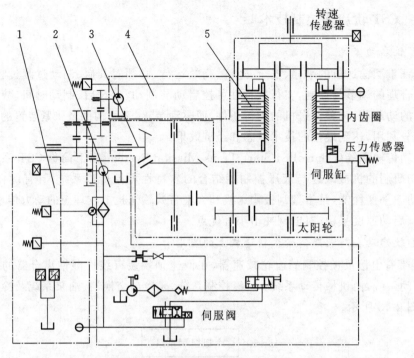

**图 2-44　刮板输送机 CST 系统组成**
1—传感器与数据采集系统；2—液压伺服控制系统；3—齿轮传动系统；4—润滑冷却系统；5—液黏离合器

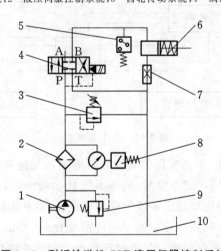

**图 2-45　刮板输送机 CST 液压伺服控制系统**
1—径向柱塞泵；2—过滤器；3—安全阀；4—伺服阀；5—系统压力传感器；
6—伺服油缸；7—节流阀；8—压差开关；9—溢流阀；10—油箱

　　CST 在配置上配置了输入转速传感器、输出转速传感器、离合器压力传感器、压差传感器、离合器温度传感器、高压油温度传感器等多种传感器，实现 CST 系统实时状态监测。正常工作时，对刮板输送机启动控制起调节作用的是输出转速传感器与离合器压力传感器，它们分别反馈 CST 输出转速信号和伺服阀输出压力信号，构成了控制系统转速与压力控制闭环的反馈环节。其余传感器起监测报警作用，当测量值出现异常时，反馈停机信号，直接使离合器泄压，从而保护减速器和电动机。CST 正常工作时,其控制系统如图 2-46 所示。

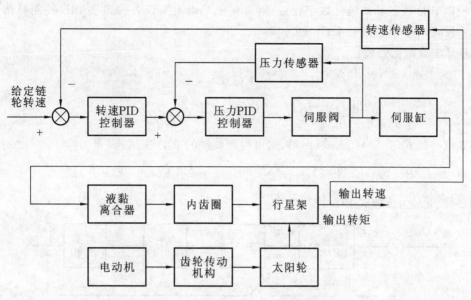

**图 2-46　刮板输送机 CST 控制系统**

## 2.6.4　数字 PID 控制技术

### 1. PID 控制技术概述

PID 控制是工业过程控制中应用最早、最广泛、技术最成熟的一种控制规律,对于大多数工业对象都能够得到比较满意的控制效果。PID 是 proportional(比例)、integral(积分)、differential(微分)的缩写,实质就是根据输入的偏差值,按比例、积分、微分的函数关系进行运算,运算结果用以控制输出。在实际应用中,根据被控对象的特性和控制要求,可灵活地改变PID 结构,取其中一部分环节构成控制规律,如比例(P)控制、比例-积分(PI)控制、比例-积分-微分(PID)控制等。

图 2-47 所示为模拟 PID 控制系统原理框图。

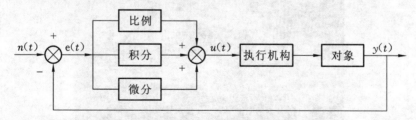

**图 2-47　模拟 PID 控制系统原理框图**

模拟 PID 控制器执行机构可以有电动、气动、液压等多种类型,采用硬件来实现 PID 控制规律。用计算机软件来实现 PID 控制算法比模拟 PID 控制器具有更大的灵活性和可靠性。

在模拟系统中,PID 算法的表达式为:

$$P(t) = K_p \left[ e(t) + \frac{1}{T_I} \int e(t) \mathrm{d}t + T_D \frac{\mathrm{d}e(t)}{\mathrm{d}t} \right] \tag{2-8}$$

微型计算机控制系统中,用计算机实现 PID 控制,因计算机只能处理离散数据,所以必须首先对模拟 PID 控制算式进行数字化处理,后在此基础上实现各种数字 PID 控制算法。计算机每隔一段时间 $T$ 对连续量采样一次。

PID 算法离散化处理:

$$\int_0^n e(t)\,dt = \sum_{j=0}^n E(j)\Delta t = T\sum_{j=0}^n E(j) \tag{2-9}$$

$$\frac{de(t)}{dt} \approx \frac{E(k)-E(k-1)}{\Delta t} = \frac{E(k)-E(k-1)}{T} \tag{2-10}$$

将式(2-9)、式(2-10)代入式(2-8),则可得到离散的 PID 表达式:

$$P(k) = K_p\{E(k) + \frac{T}{T_I}\sum_{j=0}^k E(j) + \frac{T_D}{T}[E(k)-E(k-1)]\} \tag{2-11}$$

图 2-48 所示为位置式 PID 控制系统。

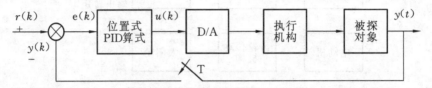

图 2-48 位置式 PID 控制系统

2. PID 控制技术在煤矸石分拣机器人方面的应用

1)煤矸石分拣机器人工作原理

煤矸石分拣机器人实验样机如图 2-49 所示。多机械臂煤矸石分拣机器人系统由煤矸石识别系统、机械臂、上位机、机器人控制器、视觉伺服系统等组成,如图 2-50 所示。工作时,煤矸石识别系统对矸石进行识别并获取其位置和姿态,并将矸石信息发送给上位机;上位机根据煤矸石位置进行排序工作,采用多目标任务分配策略将抓取任务下达给相应机械臂控制器;最后,机械臂根据获得的任务对目标进行监测,当目标进入机械臂工作空间后机器人控制器对机械臂进行轨迹规划完成煤矸石分拣。

图 2-49 煤矸石分拣机器人

在上述过程中,考虑视觉采集矸石同时传送带运动,必须对工件进行动态追踪方能实现抓取。对于煤矸石分拣来讲,由于煤矸石存在质量大、运动速度快等特点,传统机器人目标追踪方法在应用中会产生较大的冲击和振动。为了避免此类问题发生,机器人末端与煤矸石需快速同步,即通过余弦定理获得最小时间下机器人与煤矸石理论抓取点,并在机器人末端到达理论抓取点后转为位置-速度双环 PID 控制,使得机器人末端和煤矸石在位置、速度和加速度上同步,从而实现稳定抓取。

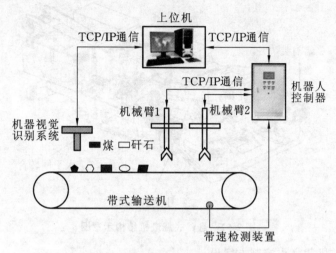

图 2-50　多机械臂煤矸石分拣机器人系统

2) 基于 PID 的动态目标稳准抓取算法

为了提高煤矸石分拣机器人分拣效率,避免过长的跟踪时间,首先通过余弦定理计算出机器人理论抓取点,使得机器人末端与煤矸石快速逼近,然后通过 PID 算法控制机器人末端与煤矸石同步,具体控制流程如图 2-51 所示。为使机器人完成动态目标快速跟踪,系统采用分层控制的思想,将机器人的轨迹跟踪控制分为两层:轨迹跟踪控制器和速度 PID 控制器。在初始阶段,引入余弦定理,计算出机器人抓取目标的理论抓取点,由轨迹跟踪控制器控制机器人末端到达理论抓取点。然后转入位置与速度双环 PID 跟踪阶段,图中 $P_g$、$v_g$ 为煤矸石实时位置与速度,通过编码器实时获取,$P$ 为机器人理论抓取点坐标,$P_i$、$v_i$ 为机器人末端位置和速度输出。

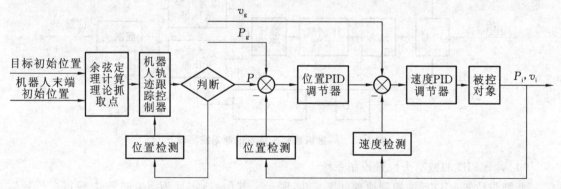

图 2-51　基于 PID 的动态目标稳准抓取算法

3. PID 控制技术在掘进机截割头位置精确控制方面的应用

1) 煤矿悬臂式掘进机截割头驱动系统组成

悬臂式掘进机的截割臂带动截割头运动,按照一定轨迹运动实现巷道断面成形。截割臂的垂直与水平摆动通过控制垂直升降液压缸和水平回转液压缸实现,两个方向的摆动由独立液压控制系统控制,可单独运动也可复合运动实现截割臂的上下、左右两个方向的摆动。悬臂式掘进机结构如图 2-52 所示。

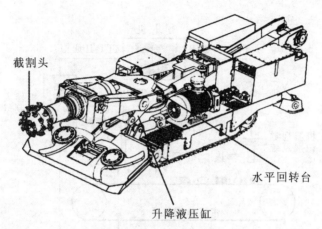

图 2-52　悬臂式掘进机结构示意图

2）悬臂式掘进机截割头控制方案设计

掘进机截割头位置控制系统原理如图 2-53 所示。系统主要由位移传感器、液压缸、PLC、A/D 转换模块、比例放大器和电磁比例换向阀等组成。系统工作时,首先输入截割头空间位置指令,该指令进入 PLC 后,通过截割头空间坐标运动学逆解得出截割臂摆动角度,经坐标转换计算后转变为液压缸位移;然后,通过 PLC 控制程序控制液压阀组驱动液压缸运动,并通过位移传感器反馈液压缸位移,从而使截割头按照设定轨迹运行,截割出符合设计要求的巷道断面。

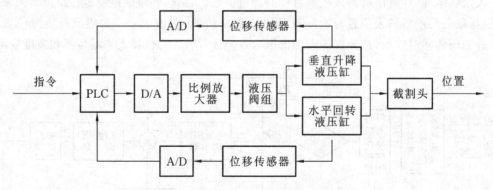

图 2-53　掘进机截割头位置控制系统原理

3）基于 PID 的截割头位置控制系统

截割头位置 PID 反馈控制原理如图 2-54 所示。其中,给定量为截割过程中截割头位置转换后的液压缸位移值,反馈装置通过位移传感器反馈液压缸实际位移,并通过 PID 调节理论与实际偏差,从而实现截割头位置精确控制。截割头按照矩形截割轨迹进行水平运动时,当位移传感器的检测量小于所设定的目标值时,截割头按照所设定的程序继续运动,直至满足设定尺寸。

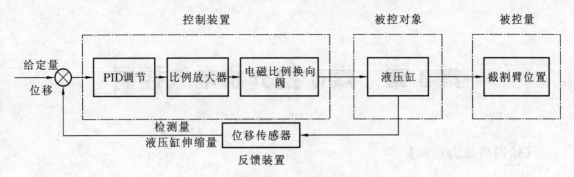

图 2-54　截割头位置 PID 反馈控制原理

## 【思考题】

1. 时间继电器有哪几种类型,画出所有线圈及触头的图形符号和文字符号,并说明通电及断电时的响应动作。

2. 按照电力拖动原理,在基频以下和基频以上分别采用什么方法进行调速?

3. 简述电气系统自动控制的基本原则使用场合及特点。

4. 试根据矿山电气设备控制的时间原则、电流原则、速度原则、行程原则等,选取其一,根据设备控制需求分析其主电路与控制电路。

5. 电动机人/△降压启动控制工作原理:按下启动按钮 SB$_2$,KM$_1$、KM$_3$、KT 通电并自保,电动机接成人形启动,2 s 后,KT 动作,使 KM$_3$ 断电,KM$_2$ 通电吸合,电动机接成△形运行。按下停止按钮 SB$_1$,电动机停止运行。请根据上述原理及主电路图绘制出 PLC 梯形控制原理图。

6. 简述矿用电磁启动器和真空馈电开关的结构、功能。

7. 简述电磁启动器和真空馈电开关的工作原理。

8. 按变换环节分,变频技术可分为哪些类型,其都有什么特点?

9. 简述 CST 软启动与变频软启动的特点。

10. 举例说明 PID 闭环控制系统工作原理及特点。

# 第3章 煤矿提升机电气控制

## 【知识与能力目标】

掌握 TKD-A 单绳提升机、JTKD-PC 型单绳提升机、JKMK/J-A 型多绳摩擦提升机等矿用提升系统构成、工作原理及其电气控制技术和提升机直流控制系统及工作原理,能够进行不同类型提升设备的电气控制系统方案设计,具备提升机控制系统主要控制电路的设计能力,掌握电控系统常见故障的分析与处理方法。

## 【思政目标】

通过学习本章知识,培养学生利用新技术提升煤矿设备自动化与智能化水平意识,树立煤矿设备安全保护与节能控制理念。

## 3.1 矿井提升机概述

根据矿井提升机对安全性、可靠性和调速性能的特殊要求,应用现代通信、智能感知和 PLC 数字控制等技术实现矿井提升机自动控制和状态监测,提高提升系统的可靠性是近年来的努力方向。交流提升机电控系统的类型很多,目前国产用于交流提升机的电控系统主要有:TKD-A 系列、TKDG 系列、TKD-NT 系列和 JTKD-PC 系列。

### 3.1.1 矿井提升机类型

根据工作原理和结构不同,提升机可分为缠绕式提升机和摩擦式提升机两大类。单绳缠绕式提升机、多绳摩擦式提升机具有较高的稳定性、安全性,且调速功能强大,在矿井中被广泛运用。单绳缠绕式提升机多用于国内年产 120 万吨以下,井深小于 400 米的矿井;多绳摩擦式提升机多用于年产 120 万吨以上,井深 2 100 米以下的竖井。如图 3-1 所示为矿井单绳缠绕式和多绳摩擦式提升机。各类提升机的特点如表 3-1 所示。

（a）单绳缠绕式提升机　　　　　　（b）多绳摩擦式提升机

图 3-1　矿井提升机

表 3-1 各类提升机的特点

| 种类 | 工作原理 | 特 点 | 应 用 |
|---|---|---|---|
| 单绳提升机 | 把钢丝绳的一端固定并缠绕在提升机的卷筒上,另一端绕过井架天轮,悬挂提升容器 | 操作简单、方便、运行可靠、灵活、安全程度高 | 适用于较浅的矿井 |
| 多绳提升机 | 提升机工作时拉紧的钢丝绳以一定的正压力紧压在摩擦衬垫之间,产生摩擦力。在这种摩擦力的作用下,钢丝绳便跟随摩擦轮一起运动,从而实现容器的提升或下放 | 钢丝绳直径小,摩擦轮直径小,提升机尺寸小,无须采用断绳防坠器,且由多根钢丝绳承担提升载荷,减少了断绳事故发生的可能性与严重性 | 适用于中等深度或者比较深的矿井 |
| 直流提升机 | 把电枢线圈中感应的交变电动势,靠换向器配合电刷的换向作用,使之从电刷端引出时变为直流电动势 | 控制简单、精度高、结构复杂、造价高、维护工作量大 | 适用于容量不大、控制要求不高的矿井 |
| 交流提升机 | 在旋转磁场的作用下,电机转子中产生感应电流,电流与旋转磁场互相作用产生电磁场转矩,使电机旋转起来 | 控制复杂、成本低、变频技术发展快、结构简单、维护容易 | 适用于复杂的、要求较高的、大容量的矿井 |

1. 缠绕式提升机

缠绕式提升机的主要部件有主轴、卷筒、主轴承、调绳离合器、减速器、深度指示器和制动器等。双卷筒提升机的卷筒与主轴固接者称固定卷筒,经调绳离合器与主轴相连者称活动卷筒。国内目前制造的卷筒直径为 $2\sim5$ m。随着矿井深度和产量的加大,钢丝绳的长度和直径相应增加,因而卷筒的直径和宽度也要增大,故不适用于深井提升。

(1) 单绳缠绕式提升机。根据卷筒数目可分为单卷筒和双卷筒两种。

① 单卷筒提升机,一般作单钩提升。钢丝绳的一端固定在卷筒上,另一端绕过天轮与提升容器相连,卷筒转动时,钢丝绳向卷筒上缠绕或放出,带动提升容器升降。

② 双卷筒提升机,作双钩提升。两个卷筒各缠绕一根提升钢丝绳,缠绕方向相反,固定卷筒与主轴固定连接,游动卷筒经调绳离合器与主轴相连,打开调绳离合器,两卷筒可作相对转动,以便调节绳长及适应多水平提升。

(2) 多绳缠绕式提升机。工作原理与单绳缠绕式一样,只是采用两根或多根提升钢丝绳代替一根钢丝绳与容器连接,两根绳或多根绳分别缠绕在一个被分隔的卷筒上,并在每个分隔段内作多层缠绕。多绳缠绕式提升机没有尾绳平衡,需装备较大功率电动机,导致机器体积和重量比多绳摩擦式提升机大。为确保钢丝绳之间的张力平衡及等同的提升速度,应装设多钢丝绳张力平衡装置及误缠绕排绳检测装置。

2. 多绳摩擦式提升机

多绳摩擦式提升机的钢丝绳搭放在提升机的主导轮(摩擦轮)上,两端悬挂提升容器或一端挂平衡重(锤)。运转时,借主导轮的摩擦衬垫与钢丝绳间的摩擦力,带动钢丝绳完成容器的升降。多绳摩擦式提升机具有钢丝绳直径细、主导轮直径小、设备重量轻、价格便宜、安全性高等优点,除用于深立井提升外,还可用于浅立井和斜井提升。

多绳摩擦式提升机机械结构主要包括主轴、主导轮、主轴承、车槽装置、减速器、深度指示器、制动装置及导向轮等。主导轮表面装有带绳槽的摩擦衬垫。衬垫应具有较高的摩擦系数和耐磨、耐压性能,其材质的优劣直接影响提升机的生产能力、工作安全性及应用范围。目前使用较多的衬垫材料有聚氯乙烯或聚氨基甲酸乙酯橡胶等。由于钢丝绳与主导轮衬垫间不可避免存在蠕动和滑动,停车时深度指示器偏离零位,故应设自动调零装置,在每次停车期间使指针自动指向零位。

### 3.1.2 矿井提升机组成结构及功能

提升机是一个大型的机械-电气机组,主要由工作机构、润滑系统、液压制动系统、检测及操纵系统、机械传动装置、拖动控制装置和自动保护系统等部分组成,其结构示意图如图 3-2 所示。

工作机构是由主轴承与主轴装置组成,以实现缠绕和搭放钢丝绳,进而使提升机能够承受各种正常和非正常载荷来完成运输任务。液压制动系统包含液压传动装置与制动器,是提升机安全运行保障装置。润滑系统在提升机运行时,连续向齿轮与轴承间压送润滑油来保证它们能良好工作。机械传动装置由减速器和联轴器组成。在整个提升系统中,减速器负责减速与传递动力,联轴器负责连接旋转部分和传递动力。检测及操纵系统主要完成提升系统的运行控制、速度检测、提升、下放和深度显示等动作。自动保护系统与拖动控制装置包含主电机、信号系统、自动保护系统与电气控制系统。当有故障发生时,自动保护系统将主电机断电,并实现安全制动来保障提升机的安全稳定运行。

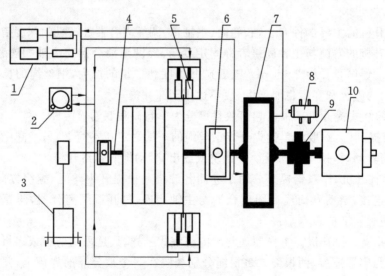

图 3-2 提升机结构图

1—润滑油泵;2—液压站;3—深度指示器;4—主轴装置;5—盘式制动器;
6—主轴承;7—减速器;8—测速电机;9—弹簧联轴器;10—电动机

### 3.1.3 矿用提升机的控制和操作安全要求

1. 矿井提升机对控制系统的要求

矿井提升机的拖动电动机多采用交流绕线式异步电动机或直流他励电动机。箕斗提升设备的工作方式比较简单,控制任务是按照给定的五阶段或六阶段提升工作图(速度图、力图)将矿物由井下提升到地面。罐笼提升设备是辅助的提升设备,主要用来升降人员、坑木、设备、各种材料及炸药和矸石等,其提升工作图多为三阶段。

矿井提升机对控制系统电气的要求如下:

(1) 提升系统的运行速度应满足提升工作图的要求。

(2) 提升系统的工作过程应符合《煤矿安全规程》中的各项规定。

(3) 提升系统应能安全可靠地运行。

(4) 多绳摩擦轮提升时,在整个工作过程中要避免钢丝绳打滑。

(5) 稳速运行时的最大速度,应与电动机轴上的负载变化及运动方向无关。

(6) 在提升的最后阶段,容器以低速爬行来补偿调节系统工作的误差,要求能实现准确停车并在不采用机械制动的情况下使容器停在指定的水平上。

(7) 在直流电力拖动自动控制的提升设备中,控制系统应保证在最大速度时有 $\pm 1\%$ 的精度,而在检查井筒低速运行时有 $\pm 10\%$ 的精度。

对矿井提升设备来说,最好的自动控制系统应考虑限制加速度和初加速度。提升机的行程调节系统应保证实现需要的速度,而不受负载变化的影响,同时速度偏差不应达到使保护装置动作的数值。

**2. 提升机操作安全要求**

煤矿生产,安全至上,事故起于毫末,责任重于泰山。提升机的安全是由机械结构的可靠性、电气控制电路中的互锁和多重保护电路、状态监测与故障预警,以及合适的人机交互干预保障。健全提升机房的各项安全管理制度,规范人员的操作行为,遵循《煤矿安全规程》规定,对提升机安全运行至关重要。

矿用提升机安全操作的主要关注点如下:

(1) 供电电源符合《煤矿安全规程》(第四百四十二条)的规定:主要通风机、提升人员的立井绞车、抽放瓦斯泵等主要设备房,应各有两条回路直接由变(配)电所馈出供电线路,且当受条件限制时,其中一回路可引自上述同种设备房的配电装置。

(2) 高压开关柜的过流继电器、欠压释放继电器整定正确,动作灵敏可靠。

(3) 脚踏开关、过卷开关等动作灵敏可靠。

(4) 松绳保护(缠绕式)动作灵敏可靠,并接入安全回路。

(5) 使用罐笼提升的立井,井口安全门与信号闭锁;井口阻车器与罐笼停止位置相连锁;摇台与信号闭锁;罐笼与罐笼闭锁。

(6) 制动系统要符合机电设备完好标准和《煤矿安全规程》的要求。斜井提升制动减速度若达不到要求,则采用二级制动。双滚筒绞车离合器闭锁可靠。

(7) 过速和限速保护装置符合《煤矿安全规程》的要求,并有接近井口不超过 2 m/s 的保护,且动作灵敏可靠。

(8) 深度指示器指示准确,减速行程开关、警铃和过卷保护装置灵敏可靠,并具有深度指示器失效保护。

(9) 负力提升及升降人员的提升机应有电气制动,并能自动投入使用。盘形闸制动器提升机必须使用动力制动。

(10) 制动油有过、欠压保护,润滑油有超温保护。

### 3.1.4 矿用提升机电气控制基础

矿井提升机多采用绕线式电动机拖动,转子串接一定数量的电阻,启动时分组切除电阻,对应的电气控制系统比较复杂。提升机有几组电阻通常就称为几级磁力站,功率较大的运输绞车常采用五级磁力站进行控制。切除转子电阻的常用原则有以时间为函数和以电流为函数附加时限等两种。第2章介绍了电流时间混合控制原则电路图,本节介绍矿井提升机电气控制方式、小型绞车五级磁力站电气控制原理,为掌握复杂提升机电控系统奠定基础。

1. 矿井提升机电气控制方式

按照提升工作图的要求,提升机的加速、等速、减速、爬行等工作过程,可通过控制拖动电动机的运行状态实现。下面以绕线式电动机转子回路串接八段电阻为例,分析各运行阶段的控制过程。图3-3所示为电动机串接八段电阻的加速特性曲线。

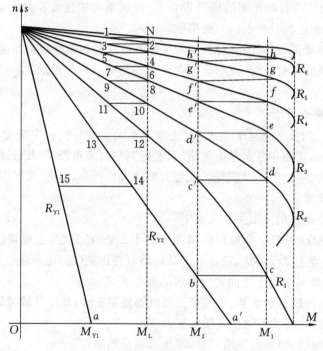

图3-3 电动机加速特性曲线(八级磁力站)

1) 加速阶段

电动机的八段加速特性曲线由二段预备级 $R_{Y1}$、$R_{Y2}$ 和六段主加速级 $R_1 \sim R_6$ 组成。图3-3中 $M$ 为负载转矩。提升开始时,定子绕组接通交流电源,转子回路串入全部电阻,电动机工作在第一预备级 $R_Y$ 特性曲线的 $a$ 点。由于这时的电磁转矩 $M$ 过小,为额定转矩的 $0.3 \sim 0.4$ 倍,故电动机不能运行,只能起到拉紧钢丝绳,消除机械传动系统齿轮啮合间隙的作用,为提升加速做准备。经过短暂延时后,控制继电器动作,通过接触器切除第一预备级电阻 $R_{Y1}$,电动机工作在第二预备级 $R_{Y2}$ 特性曲线上的 $a'$ 点。因此时的电磁转矩大于负载转矩 $M$,故提升机以平均初加速度 $a_0$ 加速运行。当电动机转速 $n$ 沿特性曲线 $R_{Y2}$ 上升到 $b$ 点时,就完成了提升工作图的初加速阶段。

主加速阶段的加速过程,由逐段切除转子回路的六段加速电阻实现。当电动机加速至特性曲线的 $b$ 点时,通过控制继电器、接触器切除第二预备级电阻 $R_{Y2}$,电动机工作在主加速级电阻

$R$ 特性曲线上的 $c$ 点,然后沿 $R_1$ 特性加速;当电动机转速上升到 $c'$ 点时,切除第一加速级电阻 $R_1$,电动机又工作在第二主加速级电阻 $R_2$ 特性曲线上的 $d$ 点,沿 $R_2$ 特性加速;以后按上述规律逐段切除加速电阻,使电动机沿图 3-3 中折线 $dd'$、$ee'$、$\cdots$、$hh'$ 以平均加速度 $a_1$ 加速运行,最后切除全部电阻,电动机工作在工频自然特性曲线上。

加速过程中各段电阻切除的方法,可采用时间控制原则、电流控制原则或电流为主、时间为辅控制原则等。

2) 等速阶段

转子回路电阻全部切除后,电动机转速沿工频自然特性曲线上升到额定工作点 $N$,进入等速阶段,由于自然特性曲线很硬,所以可认为提升速度 $V_m$ 是一个不变的定值。在等速阶段不需要做任何控制。

3) 减速阶段

提升容器接近终点时,进入减速阶段。提升机在此阶段可采用以下几种方法进行减速。

(1) 自由滑行减速。自由滑行减速开始时,切断电动机电源,使提升系统在负载转矩作用下减速。这时电动机电磁转矩为零,工作点瞬间平移至纵轴,并沿纵轴下降减速。这种方法简单易行,不需要其他控制设备。

(2) 正力减速(电动机减速)。电动机减速时,由主令控制器将转子回路电阻逐段串入,使电磁转矩小于负载转矩,电动机沿特性曲线的点 $1,2,3,\cdots$ 减速。这种方法是在较小的电磁力作用下以小于自由滑行的减速度减速,电动机工作在特性曲线的第一象限而输出正力,故称正力减速。电动机正力减速用于手动控制时,若操作适当,可按工作图的要求进行减速;若操作不当,会影响减速过程的平稳性。

(3) 负力减速(电气制动减速)。电气制动减速时,电动机产生与拖动力相反的制动力,故称负力减速。此时,提升机将以大于自由滑行减速时的速度进行减速。电气制动又分为动力制动和低频制动。

动力制动减速时,利用高压接触器将电动机交流电网断开,同时在定子绕组通入直流电,并将加速电阻重新串入转子回路,使电动机工作在第二象限,如图 3-4(a)所示。随着转子回路电阻的逐段切除,工作点沿特性曲线点的 $1,2,3,\cdots$ 减速,完成减速过程。

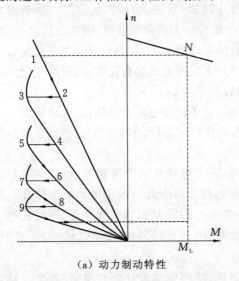

（a）动力制动特性

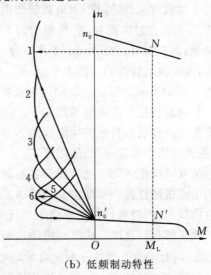

（b）低频制动特性

图 3-4　电动机制动特性

低频制动不仅可用于减速,而且可用于低速爬行。减速时,利用高压接触器断开电动机工频电源,同时通入相序相同、频率为 2.5～5 Hz 的低频电源,并将加速电阻串入转子绕组回路。由于电源频率降低,电动机的机械特性随之改变,其特性曲线如图 3-4(b)所示。这时电动机的同步转速为 $n'_0$。投入低频电源时,在转速惯性作用下,电动机工作点由 $N$ 过渡至 1 点,由于此时对应的转速 $n_0$ 远高于频率为 $f$ 对应的同步转速 $n'_0$,因而电动机工作在发电制动状态,提升机在制动转矩作用下减速。利用速度继电器和时间继电器配合控制接触器逐段切除转子加速电阻,减速过程将沿特性曲线的 1,2,3,…减速。

4)爬行阶段

提升容器到达爬行阶段,要求提升机以 0.5 m/s 以下的低速稳定运行。常采用的方法有脉动爬行、低频爬行和微电动机拖动爬行。

脉动爬行是当采用自由滑行、机械制动、动力制动等完成减速过程进入爬行阶段时,利用低速继电器和中间继电器配合,控制接触器使电动机不断通、断工频高压电维持容器的低速运行。其运行特性如图 3-5(a)所示。

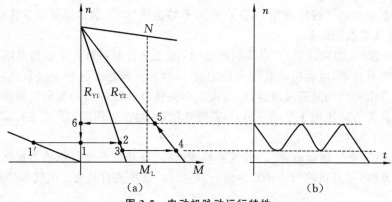

图 3-5  电动机脉动运行特性

当提升容器到达爬行阶段时,如图 3-5(a)中 1′点(动力制动)或 1 点(自由滑行,机械制动),电动机接通电源并串入全部电阻,工作点过渡至 2 点(该点也是电动机减速终了时的工作点),这时电动机对应的转矩小于负载转矩而继续沿 $R_{Y1}$ 特性减速;到达 3 点时,切除第一预备级电阻 $R_{Y2}$,工作点过渡到 $R_Y$ 特性曲线的 4 点,由于此时电磁转矩大于负载转矩,则电动机沿 $R_{Y2}$ 特性加速;到 5 点时,切断电源,工作点过渡至 6 点,并沿纵轴减速到 1 点,然后再次送电重复以上过程,电动机沿特性曲线的 1-2-3-4-5-6-1 循环振荡运行,形成脉动的爬行速度,其速度变化曲线如图 3-5(b)所示。可见这种爬行方式速度不稳定,难以精确控制。

低频爬行是在低频电源作用下,当减速阶段终了时,转子回路电阻全部切除,电动机的工作点平滑过渡到低频自然特性曲线的 $N'$ 点,以电动状态低速稳定运行,如图 3-5(b)所示。爬行终了,提升机切断低频电源,施闸停车。

微电动机拖动爬行是当提升容器到达爬行阶段时,将主电动机从电网断开,由一台容量较小的电动机通过另一套减速装置带动提升机卷筒低速运行。由于此时的小电动机工作在自然特性曲线上,所以爬行速度很稳定。只要适当选择小电动机的转速和减速器变比,即可获得工作图要求的爬行速度。小电动机的功率一般为主电动机的 5%～10%,故称微电动机。

2. 以时间为函数进行加速的控制电路

以时间为函数进行加速是指从绞车电动机通电开始,按照预先设计的规律,每隔某一特定时限切除转子回路某段对应的电阻,使电动机逐渐加速,直至将转子各段电阻切除完毕。此加速方式中绞车在每个运输循环的加速段时间保持恒定。图 3-6 为五级磁力站提升机时间原则控制原理图。

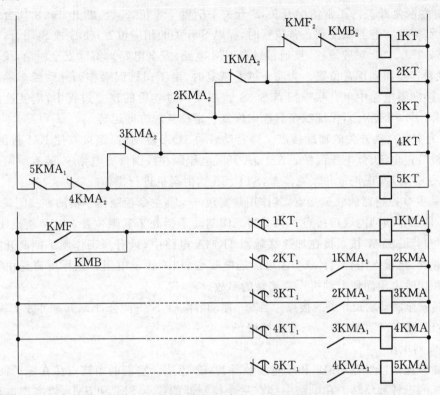

**图 3-6　五级磁力站提升机时间原则控制原理图**

图中 KMF、KMR 是电动机正向、反向运转的接触器,1KMA～5KMA 是控制电动机转子电阻的加速接触器,1KT～5KT 是分别具有一定时限的时间继电器,经过延时分别去控制对应的加速接触器,以控制对应段电阻的切除。

在绞车开动的准备工作完成时,各时间继电器是吸合的,各加速接触器是断电的。当 KMF (或 KMR)吸合时,1KT 断电,经一定时限后衔铁落下,1KT 接点延时闭合,加速接触器 1KMA 有电吸合。1KMA 主接点闭合,切除转子第一段电阻,1KMA 接点闭合,为 2KMA 接触器通电做准备,1KMA 接点断开,时间继电器 2KT 断电延时释放。2KT 接点延时闭合,加速接触器 2KMA 有电吸合,切除转子第二段电阻。以此类推,经过时间继电器 1KT～5KT 的接点延时,使加速接触器 1KMA～5KMA 接力吸合,转子电阻逐段切除,加速过程完成。

图 3-7 是以时间为函数进行加速的实际线路。在电路中,由操纵手柄所带动的主令控制器 SM 是控制电动机启动、停止、换向以及加入、切除电阻等功能的主令元件。在开车时,如果一开始就将操纵手柄移到极限位置,便可实现以时间为函数的自动加速;如果司机缓慢移动手柄,则可实现人工速度调节。

绞车的控制回路除由 1KT～5KT 和 1KMA～～5KMA 组成的加速环节外,还包括以下几部分。

1) 安全(保护)电路

由接触器 KM 和一系列保护元件组成的电路称为安全电路,作用是当绞车的正常工作方式遭到破坏时,KM 接触器断电,使换向器电路断开,电动机停车并实现安全(紧急)制动。

1SL~4SL 为过卷行程开关。1SL、2SL 装于深度指示器上,3SL、4SL 装在绞车房外的巷道中。当运输中发生容器过卷事故时,相应的过卷行程开关被顶开,使安全电路断电,实现过卷保护。

S 为过卷恢复开关。正常情况开关,S 开关手柄置于零位,$S_2$、$S_3$ 断开,$S_1$、$S_4$ 闭合。当过卷事故发生后,需要将容器恢复到正常位置时,操纵 S 开关的相应位置,使 $S_3$ 或 $S_2$ 闭合,将断开的 1SL、3SL 或 2SL、4SL 对应短接,接通接触器 KM 电路(安全电路),解除安全制动,绞车可重新启动,使过卷容器回到正常位置。为防止过卷恢复时,由于司机误操作而导致绞车继续向过卷方向旋转,换向器电路中串有联锁接点 $S_1$、$S_4$。在绞车过卷后的恢复过程中,应使这两接点之一对应闭合(另一个断开),保证绞车只能向恢复正常位置的方向运转。

1QA 为空气自动开关的辅助接点。当自动开关 1QA 跳闸时,该接点使 KM 接触器断电,实现电动机的过电流、低电压保护。在 1QA 开关电压脱扣线圈 YV 电路中,装有跳闸按钮 STP 和脚踏开关 SF,以实现正常和紧急停车,STP、SF 均由司机进行操作。

$SM_1$ 是主令控制器的联锁接点,其作用是实现开车前主令控制器手柄的零位闭锁。

SYW 是工作制动的联锁接点。只有当工作制动手柄处于紧闸位置,SYW 接点闭合,才允许解除安全制动;SYW 接点接在加速接触器 1KMA 电路中,只有当工作闸手柄离开零位而处于松闸位置时,该接点闭合,1KMA 才可能通电吸合,切除转子电阻。这样可避免由于误操作抱闸送电和切除电阻而使电动机严重堵转的事故。

SYS 是安全制动联锁开关的接点。当安全制动解除后,SYS 闭合,KM 接触器才实现自保。

ST、STP 是 KM 回路的启动、停止按钮。

2) 换向器电路

换向器由正向接触器 KMF 和反向接触器 KMR 组成。它们的主接点接在定子回路,分别控制电动机的正转和反转。在电路中接有主令控制器的接点 $SM_3$ 和 $SM_4$,以实现电动机通电方向的控制。KMF 和 KMR 除了都在本电路中设有常开自保接点 $KMF_3$、$KMR_3$ 外,还分别将自己的一常闭接点 $KMF_2$、$KMR_2$ 串入对方电路,以实现正、反向接触器之间的电气闭锁。

电路中的时间继电器 1KT 的常开接点起着时间继电器的状态监视作用。在开车前,若 1KT 处于正常吸合状态,则 $1KT_2$ 常开接点闭合,在接到开车信号时,换向器便可通电;反之,若 1KT 一开始就处于释放状态,则不允许换向器接通,防止了由于时间继电器的状态错误而造成定子—送电转子电阻瞬间全切的后果。此外,1KT 接点还是实现消弧联锁的执行元件。

3) 消弧联锁电路

在绞车运行结束时,若电动机刚刚断电,由于司机误操作又立即接通换向器电路,导致电动机反向运行,则必然造成严重的电弧短路。为此,设置了由联锁继电器 $KT_1$ 与 KMF、KMB 接点配合组成的消弧联锁电路。

$KT_1$ 的常闭接点串在 1KT 回路中。设电动机正向运行结束,KMF 断电,$KT_1$ 断电(但不立即释放),约经 0.5 s 延时(主回路接触器接点的电弧已熄灭)KT 常闭接点闭合,1KT 才能通电,反向接触器 KMB 才能通电,反之亦然。

4) 信号显示电路

除绞车房与采区车场之间的井筒信号外,绞车自身有如下信号显示。

(1) 绞车工作指示灯 RD。当 KM 吸合时,RD 红灯亮,表示绞车投入运行;KM 释放时,RD 熄灭。

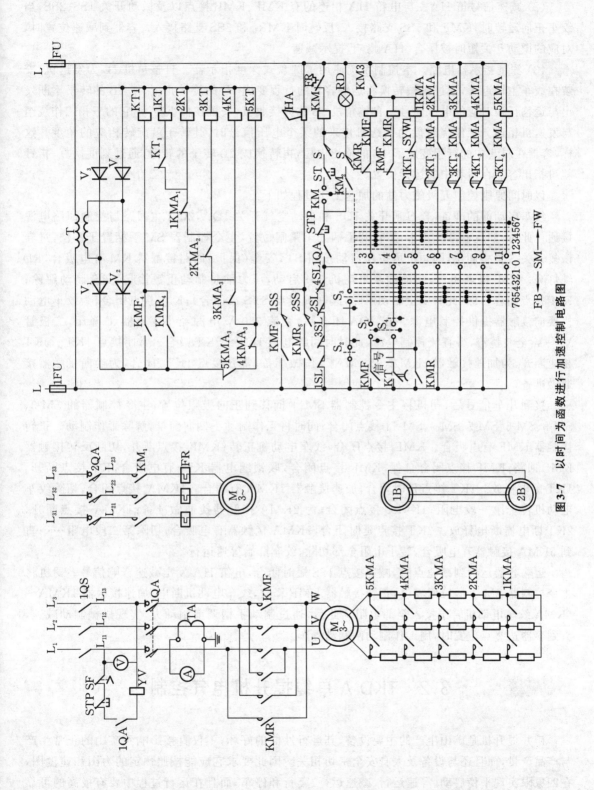

图 3-7  以时间为函数进行加速控制电路图

（2）减速信号笛 HA。与电笛 HA 相连的有 KMF、KMB 接点以及微动开关 1SS、2SS，当绞车正向运转时，KMF 和 1SS 支路接入；反转时 KMR₅ 和 2SS 支路接入。容器到减速位置时，对应的微动开关短时被压合，HA 鸣响，提示减速。

（3）深度指示器电路。本控制系统使用了圆盘式深度指示器。自整角机 1B 为发送机，安装在绞车主轴近旁，通过机械转换将运输容器的行程变成 1B 的旋转角度，使 1B 的转子不断发出与运输行程对应的电压信号。自整角机 2B 称为接收机，安置在操纵台上，它的三相工作绕组与发送机相连。工作绕组接到发送机传来的某个电压信号时，其转子就旋转相应的角度。这样，容器在斜巷中的行程变成了 1B 的输出电压，再转换成 2B 转子的转角，通过刻度换算，指针就可指出容器在斜巷中的运行位置。

以时间原则控制五级磁力站的加速工作过程如下：

绞车启动前的准备：合刀闸开关 1QS 和自动空气开关 1QA，2QA 主回路与控制回路电源接通。此时，如运输系统正常，工作闸手柄处于紧闸位置，主令控制器 SM 手柄置于零位，过卷恢复开关 S 置中间位，则司机可按压启动按钮 ST，安全（保护）回路接触器 KM 有电吸合，RD 红灯亮。KM₁ 接点闭合，制动油泵电动机 1M 启动，压力油将制动重锤抬起，安全制动解除；KM₂ 接点闭合自保（此时安全制动解除，其联锁接点 SYS 已闭合）；KM₃ 接点闭合，为绞车电动机换向接触器提供控制电源。在 2QA 闭合后，交流 380 V 电源经小变压器 T 降压，二极管 V₁～V₄ 全波整流，得直流控制电源，此时时间继电器 1KT～5KT 吸合。常闭接点 1KT～5KT 相应断开，为加速接触器 1KMA～5KMA 工作做准备；常开接点 1KT₂ 闭合，为换向接触器接通做准备。

接到开车信号后，司机将主令控制器 SM 手柄移到正向极限位置，主令控制器的 SM-3、SM-5、SM-6、SM-7、SM-9、SM-11 接点闭合；同时将工作制动手柄向前推，解除工作制动。正转接触器 KMF 有电吸合。KMF₁ 接点闭合，绞车电动机正转；KMF₂ 接点断开，切断反转接触器 KMB 回路；KMF 接点闭合自保，KMR 接点闭合，联锁继电器 KT₁ 有电吸合，KT 接点断开，1KT 断电释放。1KT 接点延时闭合，加速接触器 1KMA 有吸合。1KMA₁ 接点闭合，切除绞车电动机转子第一段电阻；1KMA₂ 接点闭合，为 2KMA 接触器接通做准备；1KMA₃ 接点断开，2KT 断电器断电释放。2KT 接点延时闭合，2KMA 接触器有电吸合，切除第二段电阻……直到 5KMA 接触器有电吸合，转子电阻全部切除，绞车开始等速运行。

运输容器运行到减速点时，减速接点 1SS 短时闭合，电笛 HA 发出减速音响信号。司机将主令控制器 SM 手柄拉回零位，正转接触器 KMF 释放，绞车电动机断电；加速接触器 1KMA～5KMA 绞车电动机转子接入全部电阻。此后，通过制动手柄调节制动力，实现机械制动减速，直到容器达终点位置时，用工作制动闸制动停车。

# 3.2 TKD-A 单绳提升机电气控制

矿井提升机是矿山生产的主要设备，其运行性能的好坏，不仅直接影响到矿山的正常生产与产品产量，而且还与设备及人身安全密切相关。因此要求它应能按照预定的力图和速度图，在四象限实现平稳启动、等速运行、减速运行、爬行和停车，而且在运行过程中要有极高的可靠性。提升机电控系统控制性能的可靠性好坏是提升机能否安全运行的关键。

**1. 矿用提升机的工作图**

提升机属往复运动的机械。对于单水平提升系统,在每次提升循环中,容器的上升或下降的运动距离是相同的;对于多水平提升系统,每次提升循环,容器的运动距离不一定相同。

通常情况下,提升机大致都要求具有如图 3-8 所示的速度图和力图,在图 3-8 中,$t_1$ 区间为加速段;$t_2$ 为等速段;$t_3$ 为减速段(或称制动段);$t_4$ 为爬行段;$t_5$ 为机械闸制动段;$t_6$ 为二次运行间歇时间。在加速段和减速段的加减速度一般不得超过 0.75 m/s²,$t_4$ 段的爬行速度一般定为 0.3～0.5 m/s。除图 3-8 所示五段速度图外,有时为了启动平稳,要求如图 3-9 所示六段速度曲线,即在启动阶段增加一段缓慢变化的 $t_0$ 段。这是由于带箕斗的提升机其导轨存在曲轨的缘故。箕斗进入曲轨后卸载,退出时又得经过曲轨才进入垂直导轨,因而在启动时有一小段时间要求速度变化更缓慢些。对于罐笼提升机尽管不存在曲轨问题,但为了减少对钢丝绳的冲击,提高提升机运行的可靠性,并增加乘罐人员的安全感和舒适感,也采用图 3-9 所示的六段速度曲线。

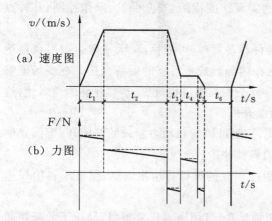

图 3-8　矿用提升机的五阶段工作图　　　图 3-9　矿用提升机的六阶段工作图

**2. 提升机工作图的工程要求及实现途径**

提升工艺要求电气传动系统能满足运送物料(达到额定速度)、运送人员(可能要求低于额定速度)、运送炸药(2 m/s)、检查运行(0.3～1.0 m/s)和低速爬行(0.1～0.5 m/s)等各种要求,所以要求提升机电气传动系统能平滑调速。对于调速精度提升机一般要求静差率较小($s\% = \Delta n_N/n_0 \times 100\%$),目的是使系统在不同负载下的减速段的距离误差较小,可以将爬行距离设计得尽可能短,从而在保证安全和准确停车的条件下获得较高的提升能力。

按照提升工艺的要求,电气传动系统的加、减速度应平稳。《煤矿安全规程》对提升机的加、减速度的限制如表 3-2 所示。

表 3-2　提升机加减速度限制(m/s)

| 提升对象 | 提物 | | 提人 | |
|---|---|---|---|---|
| 允许加减速度 | 加速度 | 减速度 | 加速度 | 减速度 |
| 竖井 | 1.2 | 1.2 | 0.7 | 0.7 |
| 斜井 | | | 0.5 | 0.5 |

继电器-接触器控制实现工作图的途径不同。图 3-8 所示提升机的加速和减速 S 形速度曲

线可以通过模拟电子电路按时间原则来产生,也可以由凸轮板控制自整角机电路按行程原则来产生,还可以用计算机按行程原则来形成。

另外,为了便于提升机司机操作,电控装置应设置可靠的提升容器在井筒中的位置显示装置(又称深度指示器)。老的深度显示常采用牌坊式指针或圆盘式机械深度显示装置;新的深度显示采用数字显示。

# 3.3　JTKD-PC 单绳提升机电气控制

目前,可编程控制器技术广泛应用于矿山生产中。JTKD-PC 单绳提升机电气控制系统是目前较先进的矿用提升机交流全自动控制系统,其高压主回路与 TKD-A 大体相同,不同的是用可编程控制器代替有触点控制器件,用软件功能实现速度检测、安全保护、操作控制,其特点如下:

(1) 用可编程控制器代替有触点控制器件,硬件设备简单,可靠性高(无故障运行寿命高达 30 万小时)。各控制参数设定后不会自行改变,已在内部形成了可靠的后备保护。在现场能够很方便地改变控制内容。如要改变多绳、多水平等复杂的控制过程,也是非常容易的。因此,这种电控系统可以适应各种形式和不同工作场合的提升机。

(2) 提升机制动时,用可调积分量的电子模块,控制可调闸和动力制动的开闭环,因而紧闸和松闸是柔性的,有效地避免了制动时对提升机的机械冲击。

(3) 双重化的行程、方向速度检测装置和用程序形成的按行程给定电路,保证了各阶段速度控制的可靠性。

(4) 安全回路的任一个参数变动后,均自动闭锁显示,且用语言反复报警,简化了故障判断过程。

(5) 电流信号的检测用电子模块,使控制准确可靠,参数调整容易。同时将提升负荷变换后送入 PC 机,使提升机可以在不同情况下投入程度不同的正力或投入相应的制动。

(6) 高低压接触器全部真空化,可靠性高,寿命长。

总之,利用 PLC 技术替代了有触点电器的逻辑控制功能,使得控制线路简化,自动化程度得到较大提升。同时,PLC 的低故障率、高可靠性等性能特点,大大减少了系统的维修量。但是也提出了一些新的任务:熟练掌握 PLC 故障指示信号、熟练掌握 PLC 与外围设备的接线、熟练掌握 PLC 的使用维护等,对现场技术人员的要求也提高了。

## 3.3.1　JTKD-PC 型交流提升机电控系统结构及特点

JTKD-PC 型交流提升机电控系统原理框图如图 3-10 所示。该系统主要由高压主回路和低压控制回路组成,其中高压主回路又由定子回路、转子回路组成;低压控制回路由主控逻辑电路、KT-DLZD 可调闸动力制动电路模块、TSZX-01 型提升机综合显示控制仪电路、YTX 语言报警通信电路、CL-1 型电流检测模块、安全保护电路及各种控制柜组成。由于 JTKD-PC 型交流提升机电控系统的高压主回路与 TKD 系统基本相同,本节重点介绍低压控制回路。图 3-11 为 JTKD-PC 型交流提升机电控系统原理图。

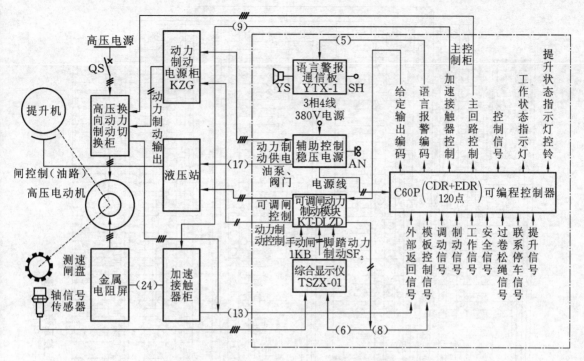

**图 3-10** JTKD-PC 型交流提升机电控系统原理框图

**1. 主控逻辑电路**

以 PLC 为主要控制器件,各项控制和保护功能之间的逻辑关系与 TKD 电控系统的工作过程和要求基本一致,PLC 控制的区别是结合现场实际情况采用编程方法解决。

各外设控制开关或传感器作为输入信号,接到 PLC 输入端子上,这些信号的工作状态被 PLC 调用,经逻辑、时序、微分、比较、计数等程序处理后,PLC 相应的输出继电器动作,控制安全继电器,加速接触器高压换向器、制动回路、信号回路等外部被控对象动作,完成提升机的加速、等速、减速、爬行、制动、停车、保护、信号显示等工作过程。手动开车时将工作方式转换开关 $SA_7$ 打开,自动开车时将 $SA_7$ 闭合(对高压换向回路进行手动或自动切换)。

**2. KT-DLZD 可调闸、动力制动电路模块**

本系统采用 KT-DLZD 可调闸、动力制动电路模块进行开环、闭环控制和减速段限制超速 10% 的保护控制。替代原 TKD 系统的磁放大器。

KT-DLZD 电路模块的基本控制作用包括三个方面:

(1) 对可调闸进行开环、闭环控制;

(2) 对动力制动的电源输出进行开环、闭环控制;

(3) 对减速段实际速度超过给定速度 10% 的控制。

KT-DLZD 工作原理如下:

(1) 电源:KT-DLZD 模块的整机供电电源为 AC220 V,执行电源为 DC240 V,信号处理电源为 ±12 V、AC220 V,经整流滤波后,变成直流电压,稳压后供给放大器和 Kds1 继电器,不稳压的部分供执行推动级用。另外,AC22 V 经降压、整流、滤波稳压后输出 ±12 V 两组直流电源,供各放大器做工作电源用。

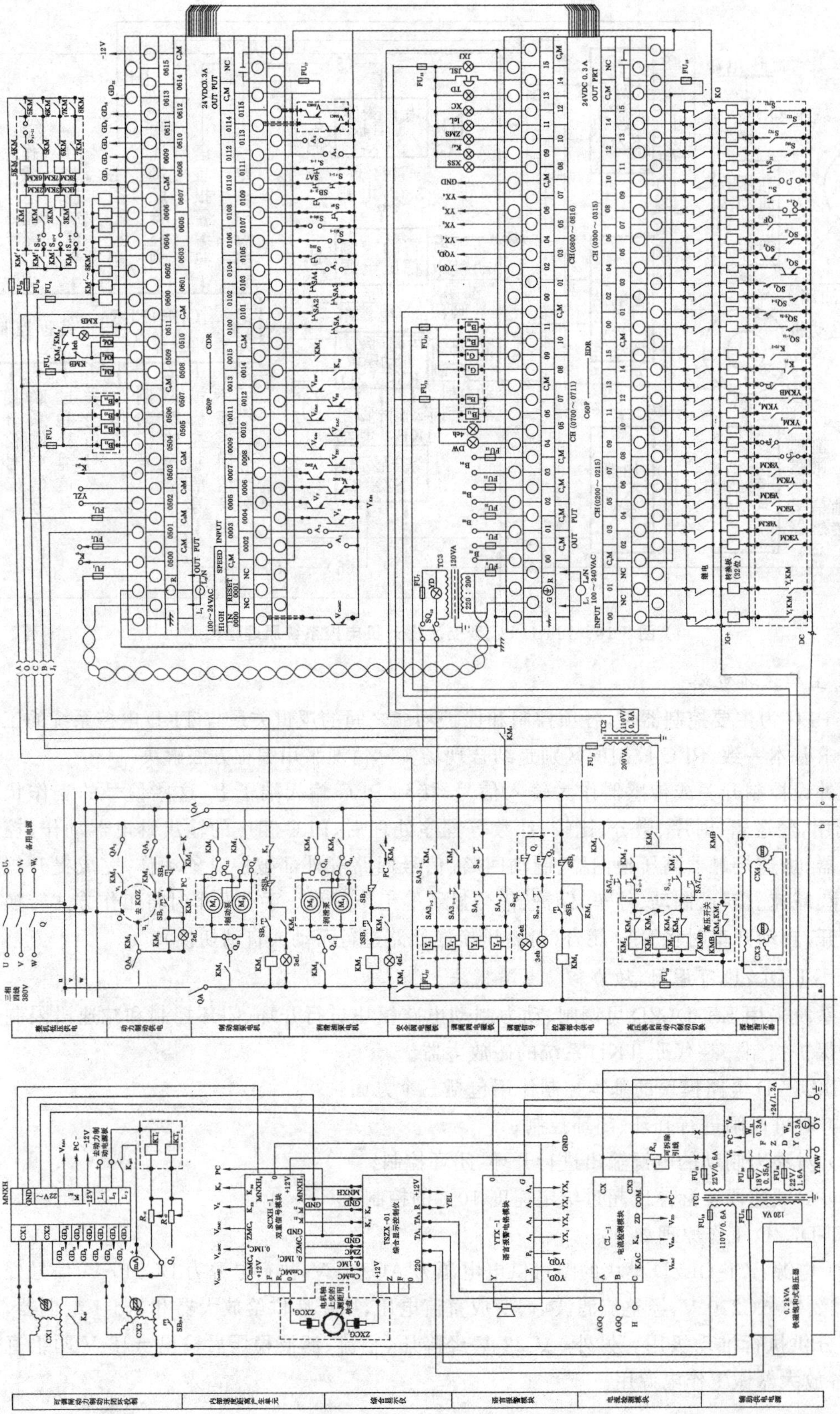

图 3-11　JTKD-PC型交流提升机电控系统原理图

（2）取样：模块的取样有 4 处。

① 给定取样：−12 V 根据 PC 机的输出情况，使 32、16、8、4、2、1 各端得电而取得不同幅值的给定电压（0～5 V），该电压代表了给定速度。

② 测速取样：测速取样是直接取自 TSZX-01 型提升机综合显示仪，该显示仪将各种速度信号都变成 0～5V 的直流电压，加到模块上。

③ 手动取样：从手动闸自整角机 $CX_1$ 来的电压，加到模块上作为手动闸控制信号；从脚踏动力制动自整角机 $CX_2$ 来的电压，加到模块上作为脚踏动力制动的控制电压。

（3）限速继电器：这是一个典型的单端输入比较器，正常时 Kds1 吸合，当测速信号高于给定信号的 10% 时，比较结果使限速继电器 Kds1 释放，实现安全保护。

（4）可调闸电路：测速信号和给定信号，在电路中求和后加到自动闸放大电路中。正常时，输出最大。当测速信号高于给定信号后，输出电压将由最大值向最小值变化，且变化的程度与测速信号比给定信号高出的部分成正比。该变化的电压送到最小值选择器处理。

手动闸的输出信号是随着手动闸的位置改变而变化的，也送到最小值选择器处理。最小值选择器的作用是将手动闸来的开环信号与自动闸放大器来的闭环信号相比较，根据谁的数值小输出谁的原则来工作。最小值选择器输出的信号经过放大器放大处理后输出，控制可调闸工作。

（5）动力制动电路：测速信号和给定信号求和后加到制动信号放大器中，正常运行时输出为 0，若测速信号比给定信号大，超速 2.5% 时，输出开始增大，超速 5% 时，输出达到最大。该变化电压送到最大值选择器处理。

脚踏动力制动的信号，是随脚踏位置的变化而变化的，该信号也送到最大值选择器处理。最大值选择器将开环信号与闭环信号相比较，根据谁的数值大输出谁的原则工作。最大值选择器输出的信号经放大器放大处理后输出，控制动力制动电源。为了保证该模块控制的优良特性，电路中还进行了积分和上升下降速度处理，既保证了控制的及时性，又保证了控制的平滑性。

3. TSZX-01 型提升机综合显示控制仪电路

本电路由电流、位置、速度、电源和压控变换五部分组成，用来代替测速发电机产生速度反馈信号的装置，同时，有窗口位置数字显示、提升速度数字显示、主电动机电流显示，以及其他必要的信号转换装置。

4. YTX 语言报警通信电路

该电路由专用的大规模语言集成电路形成。当安全回路任一参数变化后，首先由保持继电器闭锁，同时将 PC 机内部形成的保护程序以 8421 码的形式输出到语言电路中，发出报警信号。

5. CL-1 型电流检测模块

加速电流和深度指示自整角机励磁电流的检测，是用电子电路经采样、检测、控制等环节完成的，同时将代表电动机电流的信号，经 A/D 转换后送入 PC 机，PC 机根据负荷情况控制提升机的运行。

6. 安全保护电路

如煤位保护、松绳保护等电路，在主控柜内部由电子电路组成，外部直接使用传感元件即可。

**7. 加速电阻切换接触器柜**

采用 VS317(VS507)真空接触器作为切换元件,具有体积小,维护量小,控制可靠的明显优势,提高了整个系统运行的可靠性。

1) 真空接触器控制原理

真空接触器原理图如图 3-12 所示,其采用高电压大电流吸合,低电压小电流维持的工作方式,接触器的控制是采用切换控制电压的方式达到上述目的,每一台接触器配一个 15 VA/220 V 变 17 V 的变压器,吸合时因②③被常闭触头 KM 短路;故 220 V 直接整流后加到线圈两端,产生大的吸力使接触器 KM 吸合。其常闭触头 KM 打开,切断 220 V 电压,但 17 V 电源又通过闭合的常开触头 KM 加到整流桥上,保持吸合状态。

电源滤波回路在 220 V 作用期间是不投入的,接触器吸合后,1 000 μF/50 V 电容由⑧④接通而接入。MY-31/300 V 为压敏电阻,吸收线圈产生的过电压,0.1uF/630-V 为消弧电容,且保证电流不中断。

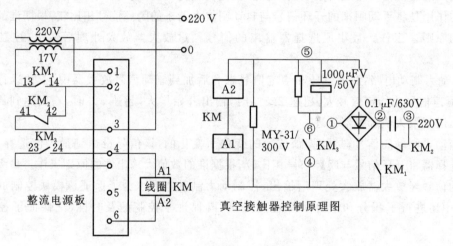

**图 3-12 真空接触器原理图**

2) 控制过程

本接触器柜受 PC 机控制,图 3-13 为控制线路图。PC 机输出的接点闭合后,电源经由熔断器和主令控制器的相应接点接到 CDR2 和 1KM~8KM 的相应端子,若上一级接触器辅助触点闭合,则本级接触器即可吸合完成控制作用。各级接触器闭合后,均有一组常开接点闭合,由 Y1KM~Y8KM 和 COMC 将该接触器是否在工作的情况送到 PC 机中去,CDR1 是试验电源,通过 SK1~SK8 可对 1KM~8KM 做单独试验。

**8. 高压换向动力制动切换柜**

高压换向由真空接触器完成。动力制动切换采用多断点小电流切换新技术,很好地解决了用真空接触器切断直流的问题。

(1) 高压换向回路:由主控柜送来的控制电压,如果是 KM 接触器控制电压,此时若 $KM_p$ 未吸合,则 $KM_z$ 和 ZFD 得电,$KM_z$ 吸合,$KM_x$ 吸合,高压电源经 $KM_x$ 和 $KM_z$ 加到主电动机上,使电动机正转。反之,则高压电源经由 $KM_x$ 和 KM 加到主电机上,使得电机反转。

在正反向接触器之间既有电气闭锁,又有机械闭锁,确保任何时候只能有一个接触器吸合,

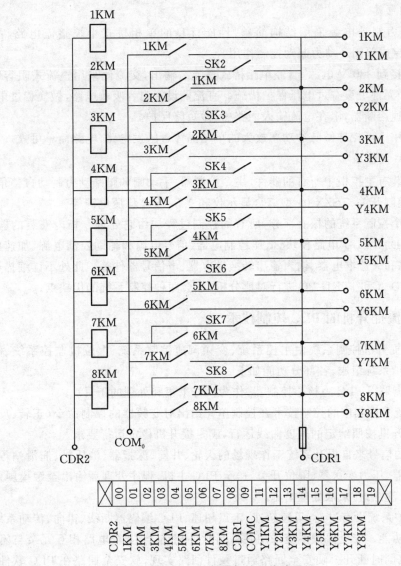

**图 3-13　接触器柜控制线路图**

避免造成相间短路。

（2）动力制动回路：由主控柜中送来的控制电压加到 $KM_B$ 和 ZFD 之间，此时若 $KM_z$、$KM$ 均不吸合，则 $KM_B$ 得电而吸合。$KM_B$ 是一个四极开关，每一路均经过两个断点才能将动力制动的直流电压加到高压电机上，且在刚接通和刚分断时基本上没有电流，故用真空接触器切断这样的直流是完全可行的。

动力制动接触器和线路接触器之间加有机械和电气两套闭锁装置，这样就确保 $KM_B$ 和 $KM_x$ 只能有一个吸合，不会造成串流。

（3）过电压吸收：为确保不因过电压而损坏设备，本电路采用双重吸收措施。其中一路由 $YM_1 \sim YM_3$ 三个压敏电阻组成，能保证足够吸收能量；另一路由 $C$、$R_1 \sim R_3$ 和 $RD_1 \sim RD_3$ 组成阻容吸收电路，有了这双重的过电压吸收措施，就确保了设备的安全。

9. 动力制动电源

电控系统动力制动电源采用结构简单、性能优良的单相桥式半控整流电路,配合 KT-DLZD 电路模块完成单闭环动力制动控制作用。

主回路直接接到 380 V 电源上,经单相桥式整流后输出,交流侧采用整流式阻容吸收过电压保护电路,每个元件上设有过电压保护措施。直流侧设有阻容吸收电路,做换相过电压保护,另外还有两只快速熔断器,串在电流输入回路中,做短路保护。

触发电路采用小可控硅做脉冲功率放大的单结晶体管触发电路,电路简单可靠。

10. 主控台与主控柜

主控台中安装有主控柜中所有的器件、主令控制器、手动闸和脚踏动力制动自整角机、各种指示仪表、各种控制开关、TSZX-01 型综合显示仪和 0.5 kVA 稳压电源等。

主控柜是整个控制系统的核心部分,所有的控制过程均由它处理。柜内安装的器件有 PC 机部分、KT-DLZD 和 CL-1 电路模块、低压控制电器、信号电源和辅助控制电源、加速电流继电器、负荷检测电路和失流继电器、输入输出转换继电器、声信号器件等。此处不详细描述各部分电路,请对照 TKD-A 和 JTKD-PC 进行对比分析,领会两种控制系统的优缺点。

### 3.3.2 交流提升机的 PLC 控制技术

PLC 型矿井提升机控制系统由主控系统、变频调速控制系统、上位机监控系统、信号控制系统以及安全保护系统组成,各部分功能如下:

(1) 主控系统采用 PLC 为核心控制器,作为信号采集和处理的工具。

(2) 调速系统采用相应的控制技术在控制单元给出对变频器的控制命令(正转、反转、多段速等),即可使提升机按照给定的速度曲线运行,满足提升机稳定运行要求。

(3) 提升机的信号来自提升系统工作现场的天轮、井筒、深指器、液压站、润滑站等,这些信号通过旋转编码器、压力变送器、限位开关,送至 PLC 主机,程序处理后输出至触摸屏及声光报警,提醒操作人员注意,并采取处理措施。

(4) 安全保护系统设有过卷、等速超速、定点超速、PLC 编码器断线、错向、传动系统故障及自动限速等保护功能。安全保护系统采用硬件与软件相结合,安全电路相互冗余与闭锁,一条断开时,另一条也同时断开。硬安全回路通过硬件回路实现,软安全回路在 PLC 软件中搭建,与硬安全回路相同并且同时动作。

(5) 现场总线和通信协议实现上位机 PC 端与下位机 PLC 之间的实时通信,实现信息交换与共享,集中调度,使监视、控制同步进行。其控制系统结构原理如图 3-14 所示。

1. 提升速度图的实现

提升系统的运行过程,一般要经过初加速、加速、等速、减速和爬行五个阶段的变化,要完成提升机运行速度的控制,就必须有一个按上述要求确定的可靠的速度参考信号,即提升速度图。只有严格地按照提升速度图进行控制,才能保证安全可靠和准确高效地完成提升任务。在 JTKD-PC 型电控系统中由计算机软件来实现各阶段的速度控制,其程序流程如图 3-15 所示。

2. 提升机操作与安全保护的实现

提升机操作保护系统主要完成逻辑操作控制和故障安全保护两方面任务。来自提升系统各部分的运行状态和运行参数以及操作信号和保护信号引入操作保护系统中:一方面,操作保护

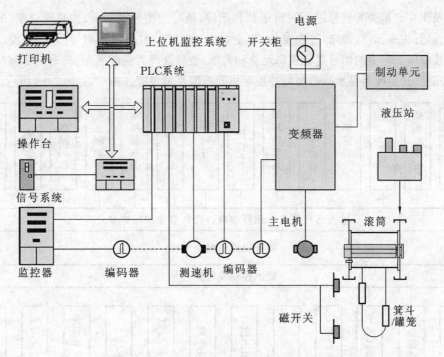

图 3-14　JTKD-PC 型提升机控制系统结构原理图

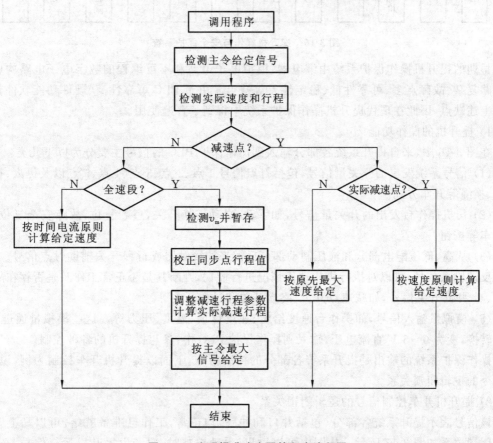

图 3-15　实现提升速度图的程序流程图

系统将与操作控制相关的信号进行逻辑运算和闭锁,最后产生控制指令,如高压合闸、低压合闸、安全回路、运行指令、运行方向、过卷复位、安全复位、电气制动、松闸紧闸等;另一方面,操作保护系统将与故障保护相关的信号进行逻辑运算和判断,最后处理为立即施闸、提升终了施闸、电气制动和报警四类,送监视器显示故障类型并控制声光报警系统报警并施闸,如图 3-16 所示。

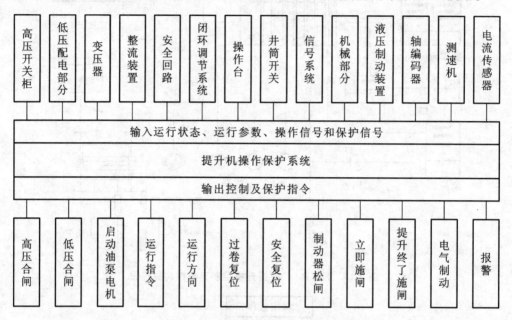

**图 3-16　提升机操作与安全保护系统**

早期的提升机操作保护系统由继电器、模拟电子电路和不可编程的数字电子电路构成,存在线路复杂、故障点多、可靠性低、稳定性差等缺点。由于 PLC 可靠性高、硬件功能软件化,能克服上述缺点,因此在现代提升机操作保护系统中得到了普遍使用。

1) 提升机的操作功能

在图 3-16 中,来自提升系统各部分输入到操作保护 PLC 的信号主要分为以下几类:

(1) 信号系统发出的开关量信号,包括打点信号 1 点、2 点、3 点、4 点、5 点以及提人、提物、检修、换绳等开车方式。

(2) 司机操作台发出的开关量信号,如手动、自动转换开关,过卷复位,故障安全复位和紧急停车等按钮。

(3) 从高、低压配电部分和液压制动部分反馈来的接触器或行程开关辅助触点信号。通过此类反馈输入信号,可以对执行机构动作情况进行监视,判断其是否正常工作及是否存在故障。

(4) 井筒开关信号,如减速点开关、终端开关和过卷开关等。

(5) 模拟量输入信号,如操作台速度给定、速度反馈、温度、压力等。这些模拟量通过 A/D 模数转换,变为 0~5 V 直流电压,输入到操作保护 PLC 中,参与提升机的各种控制。

操作保护系统的输出是提升系统各部分的控制指令,下面以提升机开车控制为例,说明控制指令的逻辑闭锁关系。

2) 提升机开车控制信号的逻辑闭锁关系

该信号表示提升系统各部分(包括井口和井底)均正常,工作已准备就绪,可以马上开车。逻辑闭锁关系如图 3-17 所示。从图中可以看出,手动控制时,要产生提升机运行信号,必须满足以下条件：

（1）开车前,主令手柄、可调闸手柄必须在零位,开车后,可调闸手柄和主令手柄均不在零位,这时通过运行信号的自保点,确保信号回路畅通。

（2）要具有提升信号,当打点信号 2 点、3 点、4 点、5 点任一信号为高电平时,说明井底、井口已具备开车条件,需要动车。

（3）控制系统没有任何故障,安全回路闭合。

（4）液压站油泵送电运转。

（5）要有手动操作方式,信号系统发出提人、提物、慢动、下大件、换绳等任一种提升方式信号并送入操作保护 PLC 中,或由司机在操作台上选择检修方式,同时,在操作台上选择手动开车方式,才能手动操作。

只有上面五种条件全部满足后,才能发出允许动车指令。

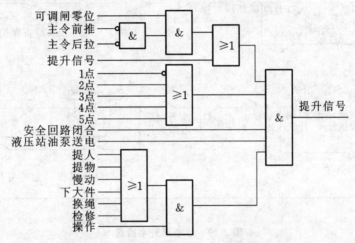

**图 3-17　提升机开车控制信号逻辑闭锁关系图**

3）提升机的保护功能及安全回路

（1）双线式提升机安全保护系统。

提升机由机械、液压和电气三部分构成,系统复杂,为保障提升机系统安全可靠,必须采用双线制安全回路,即 PLC 安全回路和继电器安全回路相结合,如图 3-18 所示。

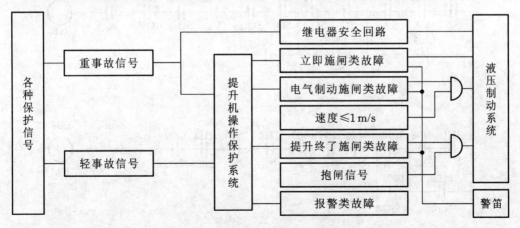

**图 3-18　双线式提升机安全保护系统**

对于一些需立即施闸停车的重大事故信号,如高压跳闸,提升容器过卷、超速等,接入继电器安全回路,当事故发生时,安全回路动作,实施安全制动停车,同时,故障点也接入操作保护PLC中,由软件实现故障的监视、闭锁及声光报警。

对于提升机的其他故障,如电气制动类故障和报警类故障,则直接由 PLC 控制和保护。

（2）继电器安全回路。

一种典型的提升机继电器安全回路如图 3-19 所示,在图中,KM$_a$ 是安全继电器,无故障时,安全回路触点均闭合,KM$_a$ 带电;有故障时,安全回路中相应触点断开,KM$_a$ 断电,通过液压制动系统的安全制动电磁阀实施紧急制动。故障排除后,安全回路触点又全部闭合,解除安全制动。

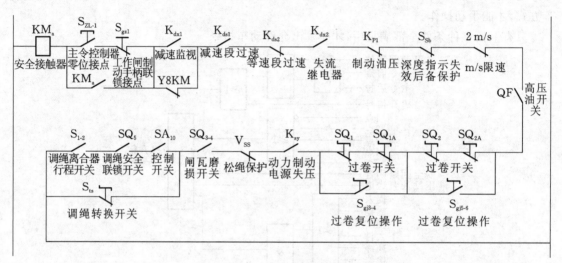

图 3-19　继电器安全回路

（3）PLC 安全回路。

PLC 将输入的保护信号分为立即施闸类故障、提升终了施闸类故障、电气制动类故障和报警类故障四种。每一种故障都通过输出模块输出,并在外部带一个中间继电器,如图 3-20 所示。

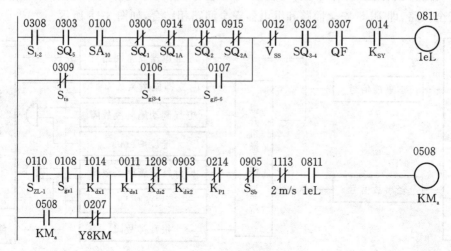

图 3-20　PLC 安全回路

3. 液压制动系统 PLC 控制原理

液压制动系统 PLC 控制器如图 3-21 所示,主要完成以下功能:

(1) 采集液压系统中压力、温度、油位等信号,对液压制动系统实施保护;

(2) 为液压制动系统中的各种电磁换向阀提供控制信号;

(3) 为液压制动系统中的可调闸 KT 提供控制电流信号。

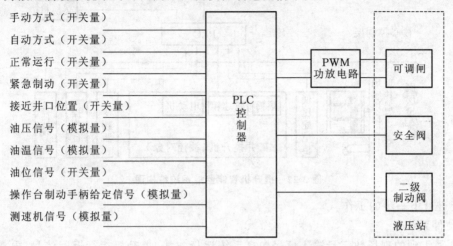

**图 3-21　液压制动系统 PLC 控制原理**

### 3.3.3　提升机远程监控

矿井提升机监控系统是针对提升机在运行过程中存在的各种问题,结合 PLC 控制器技术、通信技术、传感器技术、人机界面技术和故障诊断等,最大程度地满足煤矿的控制需求,对所有重要数据进行在线检测的强大的监控系统与故障诊断系统。确保提升机各部件的有效全程监控,故障诊断,提前预警,保证提升机系统的可靠运行。

1. 系统结构

提升机智能监控系统采用三层设备结构,即信息管理层、核心控制层和底层设备层。其结构图如图 3-22 所示。

信息管理层主要包含矿井提升机监控软件及其故障诊断系统、人机显示设备、打印设备、声光报警设备、信息数据库、远程发布、矿调度设备等,其中,矿井提升机监控系统以及故障监测与诊断功能是核心部分。提升机系统的各项运行参数、报警数据、控制信号、系统管理等都是通过上位机人机界面与操作员进行信息交互。在控制软件的连接下,工作人员的控制信息就可以传到底层设备中,实现远程监测与控制。在交换机的帮助下,提升机监控系统可以连接矿局域网等外网,实现更远更高级别的监控。

核心控制层包含 PLC 等核心控制设备。PLC 是整个监控系统的核心,负责现场传感器以及检测仪表的数据采集与控制、低压配电柜信号的采集与控制、提升机设备数据采集、提升机控制等。采用 PROFIBUS 通信协议,与变频器、操作台、其他设备和上位机进行通信,实现数据交互。通过交换机,能连接到外部网络,实现与外界的数据交换。

底层设备层主要是现场设备,如所有参与提升工作的现场传感器以及监测仪表等、低压配电柜、矿井提升机及其辅助设备、变频器、操作台和其他辅助设备。底层设备层中的现场传感器以及检测仪表在故障诊断过程中充当着重要角色。通过这些传感器及仪表采集数据,故障诊断

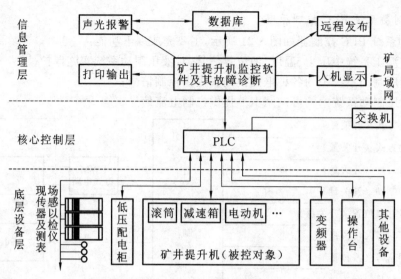

图 3-22　提升机智能监控系统结构图

系统才能进行下一步的工作。

1）硬件系统

PLC 采集到的现场数字量输入信号包括系统运行方式、提升机运行返回信号、电源返回信号、各种开关控制信号等，模拟量输入信号主要是传感器信号，如油温、油压、偏摆值，还有电压、电流信号等。PLC 采集到的开关量信号传入数字量输入模块，模拟量信号送到模拟量输入模块，CPU 在每个扫描周期实时读取信号模块中的信号值。

PLC 的输出信号经数字量输出模块，发出 24 V 直流电压脉冲信号，用来驱动指示灯或继电器的线圈，包括系统状态指示、系统报警指示、确认指示、开停电机等信号等。系统 CPU 使用 PROFIBUS 通信接口和工业以太网接口，分别实现与变频器、上位机的通信。其原理结构框图如图 3-23 所示。

由图 3-23 可以看出，硬件系统主要包括：上位机，处理器，信号采集、信号执行和外接设备。虚线框中，处理器部分主要由 CPU、输入输出模块、通信模块和供电电源模块组成。

2）软件监控画面

监控界面为该控制系统的人机交互界面。其中，提升机系统包含监控流程主界面、实时曲线界面、故障显示界面、历史曲线界面、报警窗口界面、行控校正界面、保护试验界面和配电系统。监控界面显示提升机的工作流程、电枢电流、提升高度、提升速度、励磁电流、控制方式、各传感器数据等重要信号。如图 3-24 所示为提升机监控主界面。

3）远程监控实例

（1）钢丝绳损伤在线监测。

通过钢丝绳损伤在线监测系统进行远程监测，能够提高监测效率，降低煤矿人员伤亡和不必要损失，推进矿井行业的智能化建设，提升矿山行业的生产效率和管理水平。钢丝绳损伤在线监测界面如图 3-25 所示。

（2）提升机深度指示系统。

提升机深度控制是按深度原则控制提升机的速度。提升系统的安全、可靠程度在很大程度上取决于深度控制环节的精度和可靠性。传统的矿井提升机电控系统，其深度指示系统多采用机械式实现行程控制和跟踪，包括牌坊式和圆盘式两种，共同点都是从主轴获取数据推测提升容

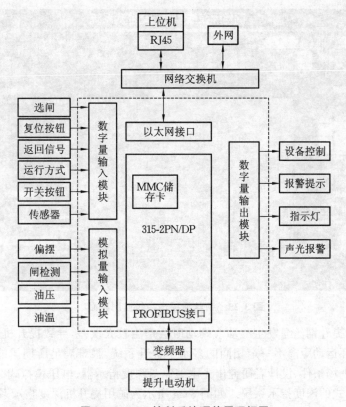

图 3-23　PLC 控制系统硬件原理框图

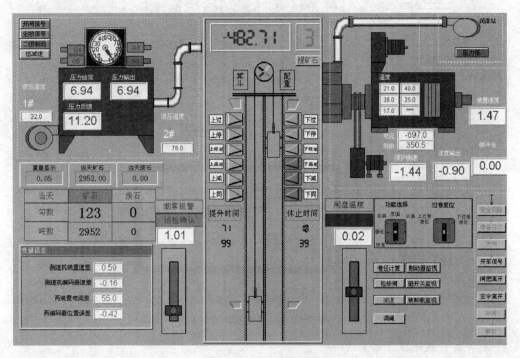

图 3-24　提升机监控主界面

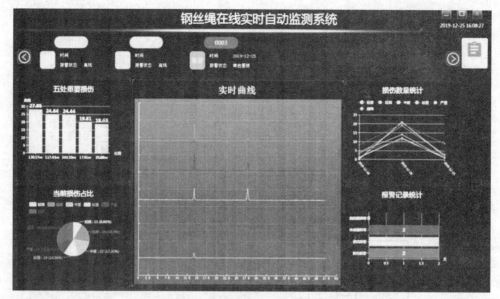

图 3-25　钢丝绳损伤在线监测界面

器位置。此方式在提升钢丝绳发生滑动或蠕动时会产生较大误差,导致提升机存在安全隐患,另外,对每次提升循环运动距离不一定相同的多水平提升系统,很难满足所期望的行程控制和保护要求。因此,根据现场条件,设计者研究出光电编码盘深度指示器、电压模拟式、钢丝绳充磁式、光电测距式等多种形式的深度指示系统。如图 3-26 所示为矿用提升机深度指示系统监测界面。

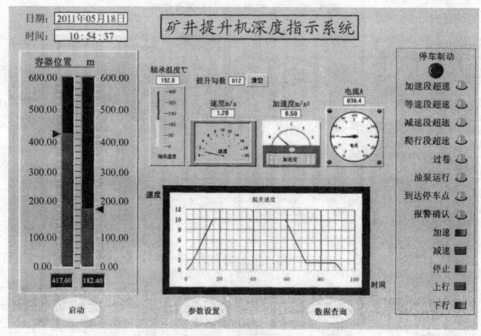

图 3-26　矿用提升机深度指示系统监测界面

2. 矿井提升机故障诊断系统

1) 故障诊断分类

矿井提升机的状态监测与故障诊断系统提供提升机运行过程主要参数持续检测,并结合理论研究和使用经验对主要零部件进行故障诊断和预警。提升机系统故障主要分为行程监视类、速度监视类、减速监视类、位置监视类与同步校正类等,分类下又分为众多子故障系统,诸如等速度段超速故障、爬行段过速故障、钢丝绳振动故障等,如图 3-27 所示。

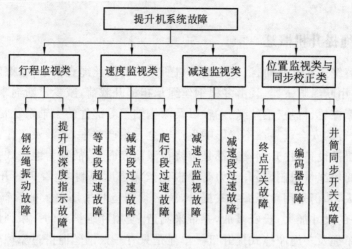

图 3-27　提升机系统故障分类图

2) 故障诊断专家系统

故障诊断专家系统是指以人类专家级水平进行故障诊断的智能计算机程序。由于提升机系统的复杂性,导致故障来源多、故障形式多样,对实施诊断人员的知识结构要求高,因此,借助专家经验和计算机技术解决提升机故障诊断中的复杂问题非常重要。故障诊断专家系统利用专家知识、经验、推理、技能综合后形成计算机程序,再利用计算机系统帮助人们分析解决只能用语言描述、思维推理的复杂问题,使计算机系统具有一定的思维能力,通过推理方式提供专家级的决策建议,提高提升机的安全性与可靠性。故障诊断专家系统一般由数据库、知识库、人机接口、推理机等组成,各个模块之间相互协调、互补工作,以达到最优效果。矿井提升机故障诊断专家系统结构如图 3-28 所示。

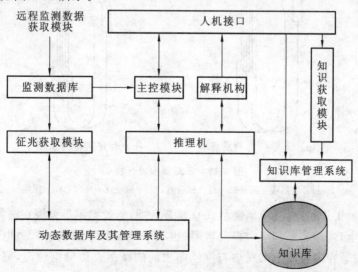

图 3-28　故障诊断专家系统结构

# 3.4 多绳提升机电气控制

### 3.4.1 多绳提升机概述

相较于单绳缠绕式提升机而言,多绳提升机所采用的钢丝绳直径小,摩擦轮直径小,提升机尺寸小,也无须采用断绳防坠器,且由多根钢丝绳承担提升载荷,减少了断绳事故发生的可能性与严重性。包括摩擦轮、衬垫、钢丝绳、主轴以及两侧轴承等部件的主轴系统是多绳提升机的重要组成部分,其运行的安全可靠性不仅影响生产安全与生产效率,还涉及工作人员的生命安全。

前面介绍的提升设备,提升钢丝绳都是缠绕在滚筒表面上,故称为缠绕式提升机,这种设备的提升高度受滚筒容绳量限制,提升能力受单根钢丝绳强度限制,随着矿井开采深度的增加和一次提升量的增大,如仍采用单绳缠绕式提升,就必须制造和采用更大的滚筒和直径更粗的钢丝绳,从而使设备的尺寸加大,投资增加,并带来制造、使用和维护上的一系列问题。

因此出现了单绳及多绳摩擦式提升机。单绳是只有一根钢丝绳搭过摩擦轮,它只解决了滚筒宽度过大的问题,其他矛盾没有解决。如我国某矿单绳摩擦式提升机,钢丝绳直径达 70 mm。没有广泛发展。目前广泛使用的是多绳摩擦式提升机,如图 3-29 所示,它是用数根(一般是四根或六根)钢丝绳搭在摩擦轮上进行提升的。

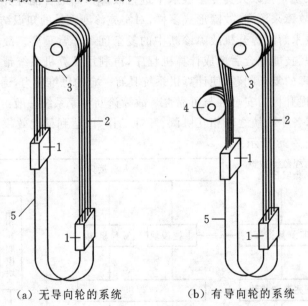

（a）无导向轮的系统　　　　（b）有导向轮的系统

**图 3-29　多绳摩擦提升机**

1—提升容器或平衡锤;2—提升钢丝绳;3—摩擦轮;4—导向轮;5—尾绳

摩擦式提升的工作原理,与单绳缠绕式有显著区别,钢丝绳不是缠绕在滚筒上,而是搭放在主导轮(摩擦轮)上,两端各悬挂一个提升容器(也有一端悬挂平衡锤的),当电动机带动主导轮转动时,借助于安装在主导轮上的衬垫与钢丝绳之间的摩擦力传动钢丝绳,完成提升和下放重物的任务。

摩擦式提升设备根据布置方式不同可分为井塔式和落地式两种类型。井塔式是把提升机安装在井塔上,其优点是布置紧凑、节省工业广场占地、没有天轮、钢丝绳不暴露在雨雪中,改善了钢丝绳的工作条件,但是建造井塔费用较高。落地式是把提升机安装在地面上,其优点是井架建造费用少,减少了矿井的初期投资,并且可提高抵抗地震灾害的能力。我国过去多用井塔式,近年来开始采用落地式。

塔式多绳摩擦提升可分为无导向轮的和有导向轮的两种,有导向轮的优点为:①两提升容器的中心距不受摩擦轮直径的限制,可减小井筒断面;②可加大钢丝绳在摩擦轮上的围包角。缺点是使钢丝绳产生反向弯曲,影响其使用寿命。因此,在设计时尽可能优先考虑无导向轮系统。

### 3.4.2 多绳提升机结构特点

多绳摩擦提升设备的工作原理与单绳缠绕式提升设备不同。因为是"多绳",就产生了数根钢丝绳的张力如何平衡的问题,又因为其传动原理为"摩擦传动",也产生了如何防滑的问题,以上两个方面构成了多绳摩擦提升的特殊问题,因而其机械结构也有其特殊性。多绳摩擦提升机由主轴装置、制动装置、减速器、深度指示器、车槽装置及其他辅助设备组成,如图 3-30 所示。其制动装置、操纵台等与 JK 型单滚筒提升机相同,在此,仅介绍其他部件的主要结构特点。

**图 3-30 矿用多绳摩擦提升机**

1. 主轴装置

主导轮采用普通低合金 16 mm 钢板焊接结构,钢板厚度为 $20\sim30$ mm。大型提升机主导轮带有支环以增加其刚度,小型提升机不带支环可使结构简单,制造方便。

主导轮轮毂热装在主轴上,主轴支承在滚动轴承上,滚动轴承的优点是较滑动轴承效率高、密度小、维护简单、使用寿命长。

摩擦衬垫用铸铝或塑料制成的固定块压紧在主导轮壳表面上,不允许在任何方向有活动。为安放提升钢丝绳,衬垫上车有绳槽,衬垫之间的间距,与钢丝绳和提升容器间连接装置的结构尺寸有关,一般取钢丝绳直径的十倍左右。

主轴与减速器输出轴采用刚性联轴器连接。

制动盘焊在主导轮的边上,根据使用盘形制动器副数的多少,可以焊有一个或两个。为更换提升钢丝绳、摩擦衬垫和修理制动器的方便和安全,在一侧轴承梁上或地基上,装有一个固定主导轮用的锁紧器。

**2. 主导轮的摩擦衬垫及车槽装置**

主导轮的筒壳上有摩擦衬垫,摩擦衬垫用固定衬块固定在筒壳上,在摩擦衬垫上刻有绳槽,钢丝绳搭在绳槽中。

摩擦衬垫是摩擦提升机中的重要部件,它承担着提升钢丝绳、容器、货载、平衡尾绳的重力及运行中产生的动载荷与冲击载荷的作用,所以它必须具有足够的抗压强度和较高的耐磨性。此外。为防止提升过程中发生滑动,它与钢丝绳之间还必须具有足够的摩擦系数。

**3. 多绳摩擦提升深度指示器的调零机构**

多绳摩擦提升深度指示器上增加了一个自动调零机构。所谓"调零"就是每次运行后,消除由于钢丝绳的滑动、蠕动和伸长等原因引起容器实际停车位置与深度指示器指针预定零位之间的误差。目前我国设计的调零机构有两种,一种是用于 JKM 型提升机上立式深度指示器的,另一种是用于 JKD 型提升机上带水平选择器的调零机构。

**4. 多绳摩擦提升防过卷装置**

当提升容器过卷时首先动作安装在深度指示器上的过卷开关,提升机立即进行安全制动,防止发生过卷事故。但是由于控制失灵或误操作,提升速度没有及时减慢下来,再加上钢丝绳的蠕动、滑动与伸长等原因,因此要保证容器过卷 0.5 m 即进行安全制动,必须依靠安装在井塔上的过卷开关。但是,实践证明,只有通过井塔过卷开关的速度低于 2 m/s 时,过卷开关才能保证在过卷 2 m 距离内使提升容器停住。如果速度过高,其制动距离必然较大。或者提升机虽已闸住,但安全制动减速度常常超过防滑要求的数值而产生滑动,这时,容器会继续过卷。因此,多绳摩擦提升设备一般在井塔和井底设置两套楔形罐道,以保证在较高速度过卷时,提升容器冲入楔形罐道,罐耳对罐道产生挤压和摩擦,使提升容器得以制动,防止严重过卷事故发生。

**5. 多绳摩擦提升钢丝绳张力平衡装置**

多绳摩擦提升机的几根钢丝绳,在悬挂和提升过程中,必然出现长度偏差,钢丝绳的材质和加工精度的不同会导致弹性模数和断面积不同,在主导轮表面上加工绳槽时,各绳槽直径有加工误差,而在提升过程中各绳槽的磨损程度也不相同。这些构成了各条钢丝绳的张力不平衡因素,会造成几根钢丝绳受力不均匀。如此长期作用,各绳槽的磨损就更不均匀了。这是多绳摩擦提升的一个特殊问题。如何使各钢绳达到均匀受力,是增加钢丝绳和摩擦衬垫使用寿命、提高生产率的一个重要问题。

**6. 导向轮**

对于塔式多绳摩擦提升系统,当两个提升容器或提升容器与平衡锤之间的距离小于主导轮直径时,必须采用导向轮。导向轮由轮毂、轮辐和轮缘组成。轮缘绳槽内装有衬垫,导向轮的个数与提升钢丝绳的根数相等,其中一个导向轮固定在轴上,其余采用动配合套在轴上,可以相对于轴自由转动。

### 3.4.3 JKMK/J-A 型多绳摩擦提升机电控系统组成

JKMK/J-A 电控系统是多绳摩擦式提升机的典型控制线路,由于多绳提升机在机械传动上与单绳提升机的传动原理不同,因此电控系统所实现的功能也有所不同。

JKMK/J-A 型多绳交流提升机电控系统为了防止提升过程中钢丝绳的滑动,安全规程对平均加速度和瞬时加速度都有一定的限制。在加速过程中采用时间、电流平行控制原则,才能满足摩擦提升的防滑要求,并且其加速级数与单绳交流提升机相比更多,在系统的安装调试和检修时要充分考虑这些特点。

多绳摩擦提升机除了要满足缠绕式提升机对电控系统的要求外,还应满足摩擦提升的防滑要求。根据摩擦提升的运行特点,提升机在加速过程中,除了要保证平均加速度不能超过允许值外,还应保证瞬时加速度不能太大,这样才能满足摩擦提升的防滑要求。因此在提升机启动过程中一般采用时间、电流平行控制原则,同时还应增加启动过程的加速级数,以便使提升机在重载时由电流继电器控制,可防止切换转矩过大而产生滑动,轻载时改由时间继电器控制,可防止加速太快而引起打滑。

# 3.5　提升机直流控制原理及系统

直流他励电动机具有良好的运行性能,机械特性好,可以实现无级启动和调速,通常用于调速性能要求较高的大功率提升机电气控制系统中。

## 3.5.1　提升机直流控制系统的组成

提升机直流控制系统从原理上分主要由供电主回路,数字调速系统,系统操作保护系统,上位机监控系统,装、卸载控制系统以及操作台和监视器等六部分组成,如图 3-31 所示。

(1) 主回路由高压配电系统、整流变压器、晶闸管整流装置、快开、电抗器等构成,采用电枢电流换向(电枢可逆)、磁场电流单向的方式,也可采用电枢电流单向、磁场电流换向的方式。为减少电网的无功冲击的高次谐波的干扰,电枢回路配置成串联 12 脉动顺控。

(2) 数字调速系统。数字调速系统主要由全数字调速装置和晶闸管整流装置组成。通常有两种配置方式,一种是调速装置和晶闸管装置;另一种是小型全数字调速装置。根据用户实际需要,晶闸管装置可以配置成 6 脉动、串联 12 脉动或并联 12 脉动,如图 3-32 所示。对于 12脉动,在一组晶闸管装置发生故障的情况下,可以切换成 6 脉动运行。一般情况下,功率在1 500 kW 以下主回路建议采用电枢可逆,1 500 kW 以上采用磁场可逆。随着单只晶闸管容量的增大,功率大于 1 500 kW 的场合,有将主回路设计成电枢可逆的趋势。数字调速系统具有以下功能:

① 主回路过压、过流保护;

② 冷却风机故障保护;

③ 主回路接地、晶闸管缺相保护;

④ 励磁欠流、过流保护;

⑤ 测速反馈故障保护;

⑥ 手动、半自动、全自动速度给定控制;

⑦ 启动过程防冲击的 S 曲线控制;

⑧ 速度、电流双闭环控制;

⑨ 参数的显示和调整通过菜单指示设定；

⑩ 具有转矩、电流限幅功能；

⑪ 根据电流给定值、电机反电势、电流断续(连续)等情况,对电流调节回路进行预控制,从而改善系统动态性能；

⑫ 自优化电流调节器、速度调节器；

⑬ 装置本身故障自诊断并有报警功能；

⑭ 对于串联 12 脉动,进行顺序控制以减少无功冲击及无功功率。

(3) 系统操作保护系统。

(4) 上位机监控系统。

(5) 装、卸载控制系统。

(6) 操作台和监视器。

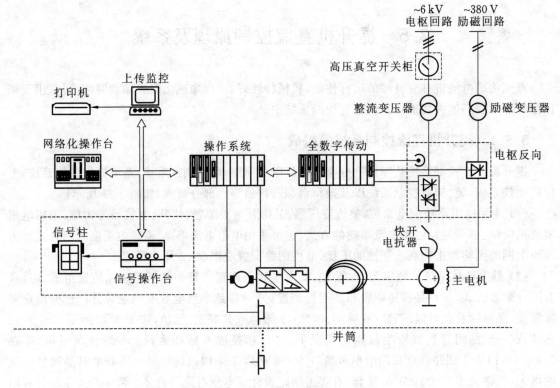

图 3-31　提升机直流控制系统的构成

### 3.5.2　提升机直流控制系统的控制原理

下面以磁场换向电枢串联顺序控制方案为例进行说明,如图 3-33 所示。

1. 电流控制

在多环拖动控制系统中,电流给定通常是转速调节器的输出,电流反馈信号经 A/D 转换获得。电流调节器根据给定与反馈信号的差值对晶闸管的控制角进行控制,从而实现对电枢电流的控制。

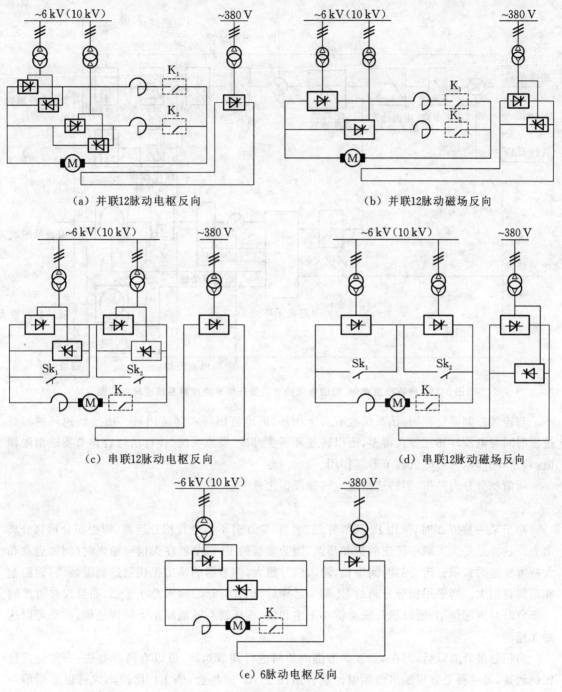

（a）并联12脉动电枢反向　　　　　　　　　　　（b）并联12脉动磁场反向

（c）串联12脉动电枢反向　　　　　　　　　　　（d）串联12脉动磁场反向

（e）6脉动电枢反向

**图 3-32　6 脉动、12 脉动晶闸管变流装置**

2. **转速控制**

在直流调速系统中,转速是主要的被控制量。在进行转速控制时,为了限制电枢回路的电流,存在着一个大输入信号下的恒流加速问题,所以要求转速控制运算具有非线性特性。在控制方式上一般都把大信号输入的恒流加速过程与稳定运行分开控制,而且采用不同的算法。本系统采用的是:双闭环结构的积分分离的 PI 调节算法。

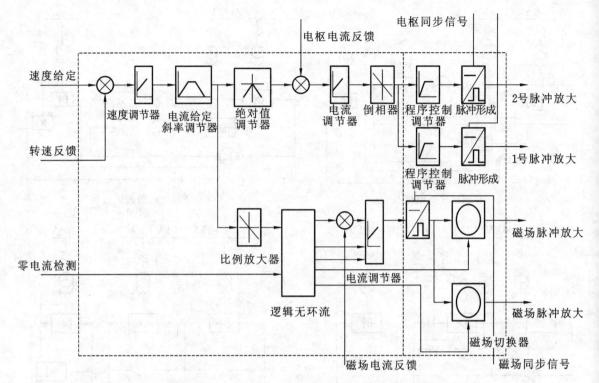

**图 3-33　电枢电流单向、励磁电流换向的提升机直流控制系统原理结构图**

与连续控制系统相同,该系统也有两个闭环,即电流闭环和转速闭环。由于转速环的过渡过程时间与电流环相比要长得多,所以转速环通常都按"模拟系统"设计法综合调节器输出限幅值,转速环开环,只有电流调节器起作用。

所谓积分分离是指,当转速给定与转速反馈之差

$$e=U_{gn}-U_{fn}$$

小于某一数值 $\Delta$ 时,采用 PI 调节算法,而当 $e \geqslant \Delta$ 时不再进行积分运算,即把积分运算分离出去。这样做是为了减小转速的饱和超调,因为常规的 PI 调节器在大信号输入时(例如启动和大幅度变速时),积分运算的时间很长,输入信号很大,调节器的输出很快就达到限幅值,因而饱和超调将很大。当采用积分分离的 PI 调节运算后,积分运算的输入总小于 $\Delta$,而且仅在过渡的一部分时间内起作用,所以积分输出将小于饱和值,这样就有效地减小了转速超调,甚至可以达到无超调。

当积分被分离以后,即在 $e \geqslant \Delta$ 的范围内如何进行调节运算,可以有两种办法:一种是进行比例运算,另一种是直接输出限幅值。前者适用于 KP 的场合,当 KP 比较小时可以采用后一种方法。

3. 励磁电流控制

磁场电流控制由比例放大环节、无环流逻辑切换、PI 调节和数字触发四部分程序构成,在电流给定斜率调节器输出为正极性情况下,其输出送比例放大器放大 4 倍。这说明电枢回路电流为 25% 左右时,磁场电流即达到额定励磁电流,这样磁场响应会快一点。比例放大器的输出送到磁场无环流逻辑切换器,其极性为负极性。磁场切换输出送入磁场电流调节器,保证磁

电流给定值为负值,同时磁场切换器的输出还分别送到磁场可控硅装置脉冲触发通道,使一组桥导通,另一组桥处于封锁状态。

在磁场电流调节器输入电流给定信号后,由于磁场回路的电磁时间常数很大,磁场电流建立得很慢,也就是磁场电流负反馈建立得很慢,这样使电流调节器输出很快达到限幅值,使磁场电压很高,强迫磁场电流快速建立,提升系统采用磁场换向的关键问题是要解决磁场电流建立的速度问题,建立的快慢决定了提升系统的换向死区,即失控区。一般要求失控时间不大于 1 s,而正常情况下磁场电流建立时间要 2~3 s,消磁也要 2~3 s,这样换向失控时间可能达到 4~6 s,这时提升系统电压倍数太大,电机往往不允许,本系统采用 4 倍强励电压,这样电流调节器开始时就输出限幅值,磁场可控硅工作在 $a_{min}$ 状态。

本系统由软件构成的无环流逻辑控制环节,其设计包括以下内容:

(1) 先判断磁场电流是否过零。磁场控制系统采用磁场可控硅两组桥反并联组成无环流准备切换系统,在切换系统时,磁场回路电流必须为零,这样才能保证无环流,磁场回路有无环流是通过磁场零电流检测元件来实现,它是通过检测工作组桥可控硅是否全部关断来进行判断,如果关断了,也就没有电流了,磁场电流切换器应严格保证只有在无电流的情况下才能切换。

(2) 判断转矩极性。根据速度调节器的输出值极性可以判断拖动系统期望的转矩极性,根据这个极性确定开放哪一组的脉冲通道,若本次采样速度调节器的输出值极性与上一次采样极性相同,且极性为正,应开放正组桥的脉冲通道,封锁反组桥脉冲通道。若本次采样极性与上次采样极性不同,且输出值 $|U_{ASR}| \geqslant 0.02 U_{ASRmax}$,则需进行逻辑切换。若本次采样极性虽与上次采样极性不同,但 $|U_{ASR}| < 0.02 U_{ASRmax}$,则不需进行逻辑切换,仅需根据 $U_{ASR}$ 极性确定开放哪一组脉冲通道。

(3) 延时封锁控制。若本次采样 $U_{ASR}$ 极性与上次采样极性不同,且 $|U_{ASR}| \geqslant 0.02 U_{ASRmax}$,则需极性逻辑切换。逻辑切换控制的第一步是极性延时封锁。延时封锁的时间 $t_1$ 为 6 ms 左右,延时 $t_1$ 后封锁原工作桥的脉冲。在延时封锁期间,要封锁脉冲,同时令 $U_{cts}=0$。

(4) 延时开放控制 $t_1$ 之后开始第二级延时,延时开放时间 $t_2$ 约为 3 ms,亦由同步中断信号实现。延时 $t_2$ 后开放另一组的触发脉冲。

# 3.6　提升机常见故障分析与处理

## 3.6.1　机电设备故障分析的原则

机电设备常见故障涉及机械、电气、液压等多方面,非常复杂。不同子系统的故障排查均是根据不同表征完成。如机械系统故障一般表现出噪声异常,可以利用传感器采集振动物理量,按照机械结构的特点选用速度、加速度或位移传感器可以获得机械部分的振动表征信号,在时域、频域或时频域进行分析,不但可以判定故障,还可以对故障进行精确定位,从而为排查故障,甚至预知维修提供技术支撑。机器学习、迁移学习等智能诊断方法的应用是这方面发展的热点。而对液压系统同样可以通过安装压力、流量等传感器对泵、阀,以及管路工作状态进行监测,实现故障判定。

### 3.6.2　电气系统的常见故障

**1. 电源故障**

电源主要是指为电气设备及控制电路提供能量的功率源,电源参数的变化会引起电气控制系统的故障,在控制电路中电源故障一般占到故障总数的 20％ 左右。如电压的异常升高或者降低;系统的部分功能时好时坏,屡烧保险;故障控制系统没有反应,各种指示全无;部分电路工作正常,部分不正常;电压去耦不良产生的干扰等。由于电压种类较多,且不同电压具有不同的特点,不同的用电设备在相同的电压参数下有不同的故障表现,因此电压故障的分析查找难度很大。

**2. 线路故障**

导线故障和导线连接部分故障均属于线路故障。导线故障一般是由于导线绝缘层老化破损或导线折断引起的;导线连接部分故障一般是由连接处松脱、氧化、发霉等引起的。当发生线路故障时,控制线路会发生导通不良、时通时断或严重发热等现象。接触不良是一种常见而又使维护人员头痛的故障,故障症状类似于开路,但却具有一定的偶然性,故障的初期极难被发现。造成接触不良的常见原因有插件松动、焊接不良、接点表面氧化、端子接线不牢固(有时为环境震动大造成的)、接触簧片弹性退化等。

**3. 元器件故障**

在一个电气控制电路中,所使用的元器件种类有数十种甚至更多,不同的元器件发生故障的模式也不同。就元器件功能而言,可将元器件故障分为两类。

1) 元器件损坏

元器件损坏一般是由工作条件超限、外力作用或自身的质量问题等原因引起的,它能造成系统功能异常,甚至瘫痪。这种故障特征一般比较明显,往往从元器件的外表就可看到变形、烧焦、冒烟、部分损坏等现象,因此诊断起来相对容易一些。

2) 元器件性能变差

元器件性能变差是一种"软故障",故障的发生通常是由工作的变化、环境参量的改变或其他故障连带引起的。当电气控制电路中某个元器件出现性能变差的情况,经过一段时间发展,会发生元器件损坏引发系统故障。这种故障在发生前后均无明显征兆,查找难度较大。

### 3.6.3　提升机电气控制系统故障分析与排查

电气控制是机械、液压系统的控制中枢,其故障与具体控制电路密切相关,表现更为复杂。本节以提升机为例,对其控制电路常见故障进行分析和排查训练,为矿用电气控制系统的运行维护与检修奠定基础。

**1. 小型提升机控制线路常见故障的分析处理**

图 3-7 是以时间为函数进行加速控制的电路图,为小型提升机(绞车)五级磁力站控制。

1) 按启动按钮后,安全回路接触器不动作,红灯 RD 不亮

(1) 原因分析。

① 主令控制器 SM 手柄不在零位;

② 绞车门没关严,限位开关没有合上;

③ 过卷恢复开关 S 没有置中间位。

（2）处理方法。

① 把主令控制器 SM 手柄置于零位；

② 关严绞车门，压合限位开关；

③ 把过卷恢复开关 S 置于中间位。

2）主令控制器 SM 手柄移到正向位置，正转接触器 KMF 不吸合

（1）原因分析。

① 反向接触器 KMB 常闭接点损坏；

② KM 没有可靠闭合；

③ 时间继电器 1KT2 没有闭合。

（2）处理方法。

① 换一个反向接触器 KMB 常闭接点；

② 换一个 KM 接点，或更换 KM3；

③ 检查时间继电器 1KT2 线圈是否吸合。

3）绞车到达减速点电笛 HA 没有鸣响

限位开关 1SS 损坏，需要更换。

2. TKD-A 单绳提升机电气控制线路常见故障分析与处理

TKD-A 单绳提升机电气控制线路常见故障分析与处理方法如表 3-3 所示。

表 3-3　TKD-A 单绳提升机电气控制线路常见故障分析与处理方法

| 故障特征 | 主要原因 | 处理方法 |
|---|---|---|
| 1. 合上电源后，提升机安全接触器 KMA 没有吸合 | 安全保护回路中，任一触点接触不良或断线，或某项保护动作 | 用灯泡法或万用表的直流电压挡逐次检查各触点，查找故障点 |
| 2. 合上电源刀闸，加速延时继电器 1KT～8KT(10KT) 不吸合 | 1. 铁磁稳压器没有输出或输出很小；<br>2. 整流器（$UR_1$ 或 $UR_8$）元件损坏；<br>3. 7KM、8KM（9KM、10KM）常闭触点接触不好 | 1. 修理稳压器；<br>2. 更换损坏元件；<br>3. 清扫灰尘，打磨触点 |
| 3. 合电源刀闸后，前一部分延时继电器不吸合，后一部分吸合 | 前一序号加速接触器常闭触点接触不好或连线断开 | 打磨触点，检查连线 |
| 4. 合上电源刀闸仅 1KT 不吸合 | 1. 继电器本身线圈损坏或连线断开；<br>2. 消弧继电器或 1KM 常闭触点接触不好 | 1. 更换线圈，检查连线；<br>2. 打磨触头 |
| 5. 合上电源刀闸 2KT～8KT(10KT) 中有一个不吸合 | 1. 继电器本身线圈损坏或连线断开；<br>2. 与其串联的同序号接触器的常闭触点接触不好 | 1. 更换线圈，检查连线；<br>2. 打磨触头 |

续表

| 故障特征 | 主要原因 | 处理方法 |
|---|---|---|
| 6. 主令控制器手柄在中间位置，工作闸手柄在抱闸位置，合上油开关后安全接触器KMA不吸合 | 1. KMA本身线圈损坏；<br>2. KMA线圈回路中串联的各触点有接触不好的；<br>3. KMA回路各闭锁触点间连线断开 | 1. 更换线圈；<br>2.3. 可用灯泡或万用表顺着线路各触点逐个测量，寻找故障点。配有微机监控时可直接显示出来 |
| 7. KMA吸合后安全电磁铁不吸合 | 1. 电磁铁线圈损坏或连线断开；<br>2. 活动铁芯不灵活，被卡住 | 1. 更换线圈，检查连线；<br>2. 拆开修理 |
| 8. 主令控制器手柄移到启动位置后，正、反向接触器KMZ或KMF都不吸合 | 1. KMZ、KMF线圈损坏；<br>2. 正向（反向）线圈回路中各串联元件的触点接触不好或没有吸合；<br>3. 正（反）向回路中的各主令电器（主令控制器、复位开关等）触点有接触不好的；<br>4. 各触点间连线断开 | 1. 更换线圈；<br>2.3. 打磨触头，检查触点不闭合的原因并消除之；<br>4. 检查连线 |
| 9. 提升机在最大速度运行中，安全闸突然抱闸 | 1. 供电线路失压，失压脱扣器动作；<br>2. 等速过速保护继电器Kgs2动作；<br>3. 限速保护或深度指示器断线保护动作；<br>4. 制动油过压保护动作；<br>5. 高压换相器栅栏门被打开，闭锁开关SL打开；<br>6. 低压电源失压；<br>7. 电动机过负荷，油开关跳闸；<br>8. 安全接触器、安全电磁铁线圈烧毁 | 1. 检查失压原因并处理；<br>2. 检查过速原因；<br>3. 检查断线原因和连线；<br>4. 检修液压站；<br>5. 关好栅栏门；<br>6. 查找低压失压原因并处理；<br>7. 查找重负荷原因并消除；<br>8. 更换线圈 |
| 10. 提升机在减速运行中安全闸突然抱闸 | 1. 除第9项2、7两点外，其他均与第15项的各个原因相同；<br>2. 减速过速继电器Kgs1动作；<br>3. 过卷 | 1. 同第9项；<br>2. 检查过速原因；<br>3. 过卷复位 |
| 11. 运行中工作闸突然抱闸 | 1. 工作闸继电器线圈烧毁；<br>2. 提升方向继电器回路故障；<br>3. 液压站故障 | 1. 更换线圈；<br>2. 检查提升方向继电器回路、信号接触器等回路；<br>3. 检查液压站 |
| 12. 限速回路继电器全都不动作或动作不正确 | 1. 测速发电机有故障；<br>2. 测速发电机的传动皮带断了或太松打滑；<br>3. 测速发电机引出线断开；<br>4. 励磁回路断线 | 1. 检查处理；<br>2. 调整或更换皮带；<br>3. 检查连线；<br>4. 检查连线 |

| 故障特征 | 主要原因 | 处理方法 |
|---|---|---|
| 13. 动力制动接触器不吸合 | 1. 本身线圈损坏；<br>2. 1KT 没有吸合；<br>3. 动力制动接触器回路内触点接触不好或连线断开 | 1. 更换线圈；<br>2. 检查 1KT 并处理之；<br>3. 打磨触点,检查连线 |
| 14. 动力制动电流上不去或没有电流 | 1. AM3 测速绕组回路断线；<br>2. AM3 没有输出；<br>3. 没有触发信号；<br>4. 插件接触不好；<br>5. 整流元件损坏；<br>6. 快速熔断器烧断 | 1. 检查该回路连线；<br>2. 检查各绕组及连线；<br>3. 检查触发回路；<br>4. 重新插接；<br>5. 更换元件；<br>6. 更新熔丝 |
| 15. KT 线圈没有电流,可调闸不能松闸 | 1. 工作闸继电器没有吸合；<br>2. AM$_1$ 工作绕组没有电源电压；<br>3. 整流器损坏；<br>4. 自整角机 B$_1$ 没有输出 | 1. 检查继电器及其回路；<br>2. 检查电源电压；<br>3. 更换损坏元件；<br>4. 检查 B$_1$ 一次、二次电源 |
| 16. KT 线圈电流降不下来,可调闸不能抱闸 | AM$_1$ 截止负反馈绕组断线或与负偏移绕组同时断线或没有电流 | 检查该回路,并处理之 |
| 17. 提升容器到达终点不能断电停车 | 1. 提升方向继电器故障；<br>2. 提升方向继电器回路断线；<br>3. 终端开关触点接触不好 | 1. 修理或更换继电器；<br>2. 检查连线；<br>3. 打磨开关触点 |
| 18. 润滑油泵不能启动 | 1. 低压电源没有电压；<br>2. 接触器 KMZ 有故障；<br>3. 控制按钮 3SB$_1$、3SB$_2$ 接触不好；<br>4. 接触器 KM2 控制回路连线断开；<br>5. 转换开关 Q$_4$ 接触不好 | 1. 检查电源电压；<br>2. 检修接触器；<br>3. 打磨触点；<br>4. 检查连线；<br>5. 打磨触点 |
| 19. 制动油泵不能启动 | 1. 与 17 项原因相似；<br>2. 制动油过压继电器常闭触点接触不好 | 1. 与 17 项相同；<br>2. 打磨触点 |

3. ITKD-PC 型单绳提升机电气控制线路使用维护

以图 3-11 所示 JTKD-PC 型交流提升机电控系统原理图为例。

（1）JTKD-PC 一般不会发生故障。若运行中出现何题,一般是外部各传感器和控制开关引起的。在查找故障时,应首先观察 PC 机各输入输出指示是否正常,指示不正常就检查有关外设,若各外部输入指示均正常还有问题,再通过编程器调出内部程序,一个节点一个节点地观察,根据梯形图分析后再做处理。

（2）PC 机所有输出电路,均按每一路设一个保险管处理,因此当某一路输出不工作时,应先检查保险管是否熔断,根据主控柜门上的对应表格查到相应编号的保险管,按容量相同的原则更换即可。

（3）由于 JTKD-PC 采用了可编程控制器,因而在处理问题时一定要注意,不能用常规接线的概念处理,一定要把每个节点独立地处理好,再分析逻辑关系图。只要保证各输入和输出没有问题,控制结果也就正常了。

**【思考题】**

1. 矿井提升机的分类有哪些?

2. 矿井提升机的组成结构是什么?

3. 矿井提升机的控制要求有哪些?

4. 简述 TKD 型电控系统的组成、型号及含义、主要电气设备和装置的作用。

5. 如何根据电控系统选择制动方式与制动电源装置?

6. TKD 型电控系统常见设备故障有哪些,应该如何处理?

7. 用提升机正向加速特性曲线分析提升机启动、加速及正力减速停车过程。

8. 分析提升机安全回路各保护装置的保护原理。

9. JTKD-PC 型提升机相比于继电器控制的提升机有什么特点?

10. 分析 JTKD-PC 型提升机控制电路的控制原理,它是如何实现六段调速的?

11. JTKD-PC 型矿井提升机的监控系统主要由哪几部分组成,请简要介绍。

12. 如何实现矿井提升机的钢丝绳的损伤检测?

13. 多绳提升机电控系统与单绳提升机电控系统在组成与操作上有哪些主要特点?

14. 分析 JKMK/J-A 型多绳提升机电控系统的加速操作过程。

15. 简述提升机直流控制系统的控制特点。

# 第4章 煤矿采掘运设备电气控制

## 【知识与能力目标】

掌握煤矿综采综掘系统的采、掘、运等核心设备、开采工艺及其电气控制技术,了解采、掘、运等核心设备的自动化、智能化关键技术,具备进行相关设备的电气控制系统方案设计的能力。

## 【思政目标】

通过学习本章知识,培养学生树立利用自动控制技术实现矿山设备智能控制的理念,增强对煤矿艰苦采煤作业的认同感,树立利用智能化的煤矿采掘运装备促进煤矿智能化开采与掘进发展的信心。

## 4.1 采掘工作面设备及工艺

### 4.1.1 综采工作面设备及工艺介绍

综合机械化开采是 20 世纪煤矿开采技术的重大革命,综采工作面成套装备技术是综合机械化开采的核心技术。我国自 20 世纪 70 年代初开始大规模引进国外综采成套装备,发展综合机械化采煤,经过 50 多年的发展,中国已成为世界第一产煤大国和第一大煤机生产国。

1. 综采工作面设备

一个完整的综采工作面主要由采煤机、可弯曲刮板输送机、液压支架、转载机、破碎机、可升缩带式输送机、液压泵等设备组成。其中采煤机、可弯曲刮板输送机、液压支架是综采工作面的主要设备,俗称"三机"。除工作面设备外,还有上述供电的移动变电站、高低压屏蔽电缆及高低压控制开关设备,以及工作面的通信及安全监控设备等。综采工作面布置示意图及设备组成如图 4-1、图 4-2 所示。

2. 综采工作面采煤工艺

采煤机的进刀与割煤方式是综采工艺的重要组成部分,对于综采工作面的生产效益有较大影响。目前,已有不少关于综采工作面采煤机的进刀与割煤方式的研究,综合起来主要有三种:综采工作面端部斜切进刀,割三角煤,往返一次割两刀;综采工作面端部斜切进刀,不割三角煤,往返一次割一刀;综采工作面中部斜切进刀,不割三角煤,往返一次割一刀。

(1)综采工作面端部斜切进刀,不割三角煤,往返一次割一刀。

① 如图 4-3(a)所示,当采煤机割至工作面端头时,其后的刮板输送机槽已移近煤壁,采煤机机身处尚留有一段下部煤。

② 如图 4-3(b)所示,调换滚筒位置,前滚筒降下、后滚筒升起并沿刮板输送机弯曲段反向割入煤壁,直至刮板输送机直线段为止,然后将刮板输送机移直。

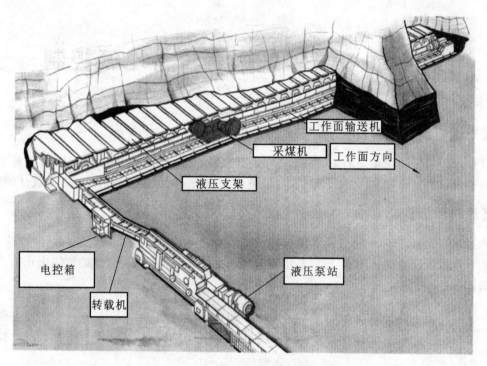

图 4-1  综采工作面布置示意图

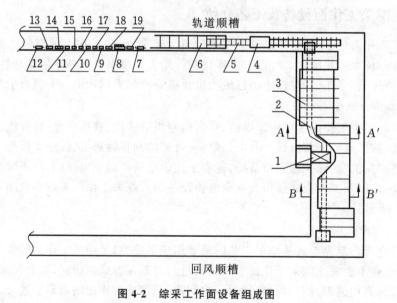

图 4-2  综采工作面设备组成图

1—采煤机;2—刮板输送机;3—液压支架;4—破碎机;5—转载机;6—可升缩胶带;7,12—绞车;
8—六组合开关;9—喷雾泵;10,16—乳化液泵;11—清水过滤器;13,19—电缆车;14—电站;
15—自动配比装置;17—喷雾泵箱;18—自动控制室

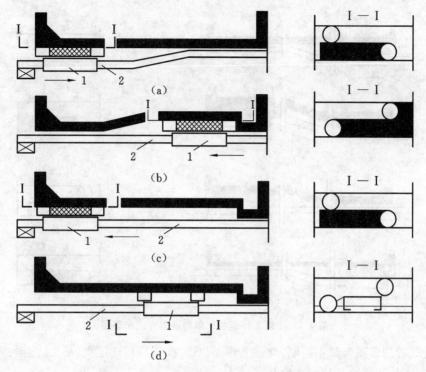

图 4-3 综采工作面端部斜切进刀方式示意图

③ 与割三角煤不同的是此时采煤机不用返回割三角煤,而是沿刮板输送机正常割煤。

(2) 综采工作面端部斜切进刀,割三角煤,往返一次割两刀。

① 如图 4-3(a)所示,当采煤机割至工作面端头时,其后的刮板输送机槽已移近煤壁,采煤机机身处尚留有一段下部煤。

② 如图 4-3(b)所示,调换滚筒位置,前滚筒降下、后滚筒升起并沿刮板输送机弯曲段反向割入煤壁,直至刮板输送机直线段为止,然后将刮板输送机移直。

③ 如图 4-3(c)所示,再次调换两滚筒上下位置,重新返回割煤至刮板输送机机头处。

④ 如图 4-3(d)所示,将三角煤割掉,煤壁割直后,调换上下滚筒,返程并正常割煤。

(3) 综采工作面中部斜切进刀,不割三角煤,往返一次割一刀。

① 如图 4-4(a)所示,采煤机割煤至综采工作面左端,其后的刮板输送机槽已移近煤壁。

② 如图 4-4(b)所示,采煤机空牵引至综采工作面中部,并沿刮板输送机弯曲段斜切进刀,继续割煤至综采工作面右端。

③ 如图 4-4(c)所示,移直刮板输送机,调换两滚筒上下位置,采煤机空牵引至综采工作面中部。

④ 如图 4-4(d)所示,采煤机自综采工作面中部开始割煤至综采工作面左端,综采工作面右半段输送机移近煤壁恢复初始状态。

## 4.1.2 综采工作面设备控制需求

现阶段我国煤矿开采进入自动化综合采煤阶段,以采煤机记忆截割、液压支架自动跟机及可视化远程监控为基础,以生产系统智能化控制软件为核心,实现在地面(巷道)综合监控中心

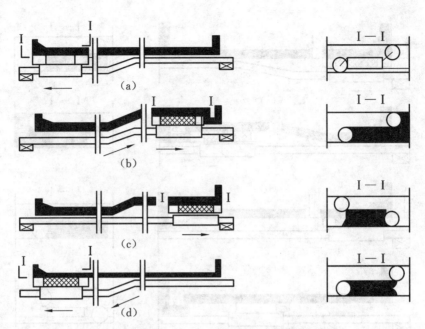

图 4-4　综采工作面中部斜切进刀方式示意图

对综采设备的智能监测与集中控制,确保工作面割煤、推移刮板输送机、移架、运输、灭尘等智能化运行,达到工作面连续、安全、高效开采。

综采工作面"三机"协同控制是指工作面的采煤机、刮板输送机和液压支架相互交换信息,根据三者当前的状态相互配合并紧密协同工作,其原理如图 4-5 所示。

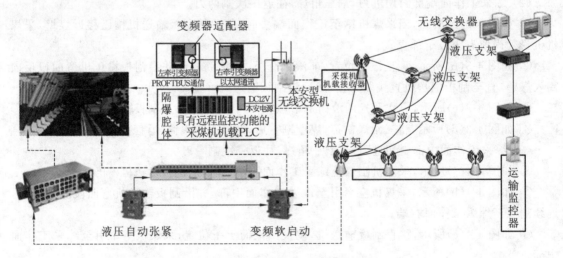

图 4-5　综采工作面"三机"协同控制

"三机"协同控制器包括以下 4 个模块:

(1)"三机"传感信息集成模块,通过多传感信息的融合和集成,实现对"三机"工作状态的正确判断和故障诊断;

(2)"三机"工作参数匹配模块,基于对"三机"工作状态和环境参数的实时准确感知,实现采煤机、液压支架和刮板输送机的运行参数优化匹配设置;

（3）"三机"协调控制决策模块，实现"三机"协调作业的自适应调控；

（4）工作面环境参数集成模块，实现工作面环境和"三机"关键参数的实时显示、存储，设置故障状态预警参数以及实时报警等。

### 1. 综采设备联动控制

（1）采煤机与支架联动：支架可以及时获得采煤机的位置和方向信息，并依此自动控制支架的动作。

（2）自动化信息通信：通信系统及时将设备运行状况数据传输至主控计算机，主控计算机根据所接收的数据，工作面运输机机头工作人员根据视频成像系统和计算机显示数据控制相应设备的动作。

（3）设备状态监测：通过设备状态监测计算机，操作人员能够及时准确判断设备状态并及时采取相应措施。

（4）液压支架采用电液控制系统，具备跟机自动拉架、推溜功能。支架控制系统通过红外线发射、接收装置或与 JOS 通信来获取煤机位置信息，工作面支架根据采煤机运行信息（位置、牵引方向、牵引速度等）按照程序自动完成编组拉架、成组推溜等动作。

液压支架与采煤机、刮板机相互之间进行通信，防止采煤机割支架前梁或刮板运输机，以及采煤机速度过快时压死刮板机。

### 2. 液压支架与采煤机联动控制

通过支架与采煤机联动，实现采煤机通过后，支架滞后一定距离按照设定的程序完成自动移架和自动推移刮板输送机；并在工作面两端头，支架配合采煤机实现斜切进刀。

（1）支架与采煤机联动的基本条件。

采煤机和支架之间的信息传输、电液系统的自动控制功能是实现支架与采煤机联动的关键。实现采煤机与支架联动的三个基本条件：

① 准确获取采煤机位置信号。获取煤机位置信号有两种方式：一是通过红外线设备来确定采煤机的位置；二是通过与采煤机通信来获取其位置信息。

② 保证工作面整体工作状态正常。包括电液控制系统连接完整，工作面设备与主控计算机通信正常，所有跟机自动化支架液压系统工作正常。

③ 主控制计算机参数配置正确。

（2）采煤机与液压支架的信息传输方式。

采煤机与液压支架的信息传输，目前采用红外线传输方式和脉冲码传输方式。红外线传输方式相对简单，但受环境如煤尘状况、设备状态、底板变化等影响较大。脉冲码传输方式不受使用环境影响，但技术要求较高，传递过程较复杂。

（3）电液控制系统功能的实现。

要实现液压支架与采煤机的联动作业，需将支架电液控制装置在全工作面形成网络系统。在该网络系统中，工作面支架上都装有支架控制器，工作面机头安设主控装置。主控装置可控制整个工作面设备的运行，并形象化地显示支架在工作面的位移情况、系统的主要参数、采煤机行走方向和位置等。主控装置可与工作面和监控系统进行通信，将工作面参数实时传输到地面控制室，实现地面控制室对井下工作面的监控。

电液控制系统具有全自动、成组工作、邻架操作和手动操作等工作方式。支架控制装置通过控制电磁阀来操作功能阀，实现支架的各种操作功能。红外线接收器接收来自采煤机的红外线信号,检测采煤机的位置和方向,提供支架与采煤机联动信息。通过控制系统实现支架与采煤机的联动。

3. 刮板输送机与采煤机联动控制

欲使刮板输送机保持额定恒负荷运行,当采煤机由机头向机尾方向牵引时,牵引速度应逐渐减小。当采煤机停止采煤时,刮板输送机应自动停止。

图 4-6 为采煤机与液压支架联动示意图。在自动化工作面控制程序中,开始推溜位置可以设定,液压支架可以依据采煤机的位置实现对刮板输送机的自动推溜,推溜方式依据采煤工艺确定。

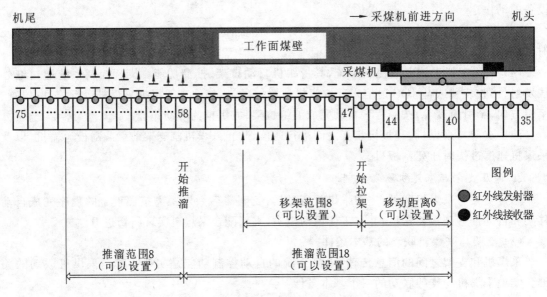

图 4-6 综采工作面设备联动示意图

### 4.1.3 掘进工作面设备及工艺

综合机械化掘进在我国国有重点煤矿得到了广泛应用,主要掘进机械为煤巷悬臂式掘进机。我国煤巷悬臂式掘进机的研制和应用始于 20 世纪 60 年代,经过几十年的消化吸收和自主研发,目前,我国已研制生产了数十种型号的掘进机,主要有五种掘进方式:第一种是炮掘,主要应用于硬岩巷道、竖井等机械化无法使用的巷道;第二种是综合机械化掘进,这种方式在国有重点煤矿得到了广泛应用,主要设备为煤巷悬臂式掘进机;第三种是掘锚一体机,为掘锚一体化掘进,主要设备为掘锚机组或基于悬臂式掘进机的掘进支护一体机;第四种是连续采煤机与锚杆钻车配套作业线,在神东、万利等矿区及鄂尔多斯地区进行了推广应用,主要设备为连续采煤机,采取多巷掘进,交叉换位施工;第五种是快速掘进系统,系统采用掘、支、运三位一体的快速掘进模式,可实现掘进、支护、运输平行连续作业,为矿井提供煤巷掘进、支护、运输、通风、除尘、供电、给排水、控制通信的成套解决方案。

煤巷综合机械化掘进系统由悬臂式掘进机、转载机、单体锚杆钻机、通风除尘设备及供电系统等设备组成。悬臂式掘进机是煤巷综合机械化掘进的关键设备,掘进机的性能对于提高掘进工效和掘进进尺具有重要作用。目前我国煤巷掘进大多采用大马拉小车设备配套方式,以半煤岩巷掘进机代替煤巷掘进机,提高设备工作可靠性。我国煤巷掘进机的代表机型是如图 4-7 所示的 EBZ 型掘进机。悬臂式掘进机在我国重点煤矿已普遍使用,发挥了重要作用。但由于是单巷掘进,且采用单体锚杆进行锚杆支护,掘进和支护不能平行作业,影响了掘进速度的进一步提高。

图 4-7　EBZ 型掘进机

　　根据巷道形状和参数以及巷道地质条件,确定掘进机截割工艺路径,常见断面截割工艺有三种方式,分别为矩形断面、梯形断面以及半圆拱形断面,如图 4-8 所示。掘进机操作人员根据巷道施工工艺进行选择,并且确定进刀方式,在按照轨迹完成掘进作业后,进行刷帮扫底工作,保证掘进断面的施工要求。

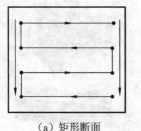
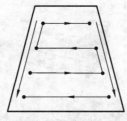
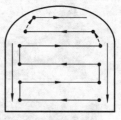

　（a）矩形断面　　　　　　　（b）梯形断面　　　　　　　（c）半圆拱形断面

图 4-8　常见断面截割工艺路径设计

　　"快速掘进系统"是用于煤巷快速掘进的成套装备,系统集掘、支、运、除尘、自动控制、安全监测于一体,可实现掘进、支护、运输平行连续作业,可大幅提升掘进效率,如图 4-9 所示。

　　快速掘进成套装备智能化控制系统应能适应不断变化的巷道环境,能有效地预测和处理随机出现的各种工况,并实时地将整个系统的运行状况传送至工作面集控中心和地面监控中心,能以安全可靠的方式按照生产计划执行相应的生产工序,从而达到预定的生产目标。将快速掘进工作面的设备作为整体进行设计,可以从快速掘进工作面的地质条件、整个系统的工作性能、生产能力等方面综合考虑,主要包括单机智能控制技术、多机协同控制技术、智能截割技术、无线数据网络通信技术、集中控制技术等一系列技术。

　　近年来,国内研发了一种新型护盾式掘进机器人系统,其主要由截割机器人、临时支护机器人、钻锚机器人、锚网运输机器人、电液控平台、运输及通风除尘系统等组成,可以实现自动截割、自动定位、自动行驶、自动布网、人机协同钻锚、多机器人协同并行作业、虚拟现实远程测控等功能,如图 4-10 所示。

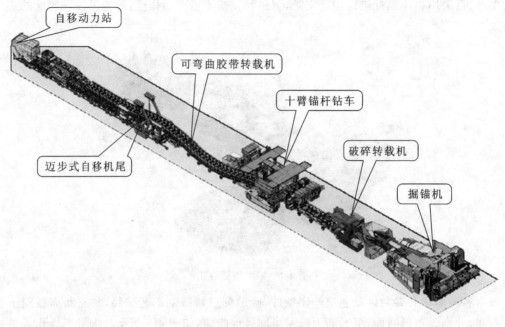

图 4-9  快速掘进系统

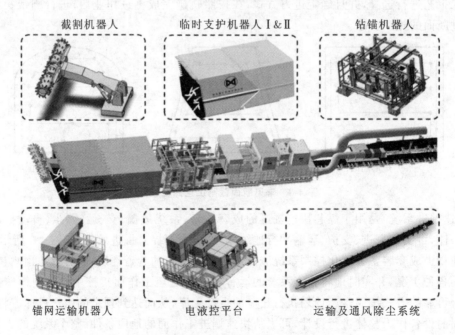

图 4-10  快速掘进机器人

未来,煤矿掘进要实现无人化,掘进机器人融合云计算、大数据、5G 传输和人工智能等技术,让每个设备都具有自主感知和智能控制能力,通过搭建工业互联网平台,让掘进机器人群组协同工作,完成探-掘-支-锚-运等环节的一体化,最终实现无人化巷道开拓。

# 4.2　电牵引采煤机电气控制

## 4.2.1　采煤机概述

采煤机是一个集机械、电气和液压为一体的大型复杂系统，是机械化采煤作业的主要机械设备，其功能是落煤和装煤。采煤机的分类方法很多，按工作机构的工作原理和结构形式可分为截框式采煤机、滚筒式采煤机、立滚筒采煤机和钻削式采煤机四种；按适用的煤层厚度可分为极薄、薄、中厚和厚煤层采煤机四种；按适用的煤层倾角可分为缓斜、中斜和急斜煤层采煤机三种。

早期的电牵引采煤机大多采用直流调速系统，进入 20 世纪 90 年代后，交流调速技术和装置飞速发展，交流调速系统被迅速推广使用，成为今后电牵引采煤机的发展方向，且两台牵引电机由两个变频器分别拖动的一拖一的牵引系统也正被逐步采用，成为电牵引技术的又一特点。

在未来，滚筒采煤机发展趋势有以下几点。探索新的破煤工作原理和新型工作机构，以改善产品煤的块度构成，增加大块煤比例；贯彻标准化、系列化和通用化原则，加速开发适合不同地质条件的新机构；扩大适应范围，研制产量高、性能好的极薄煤层和薄煤层采煤机及急斜煤层采煤机；采用微电子技术，实现机电液一体化的采集、工况监测、故障诊断和自动控制；提高自动化程度，与其他配套设备共同组成自动化采煤工作面设备，并实现无人采煤工作面。

## 4.2.2　采煤机机械结构特点

1. 滚筒采煤机的组成

如图 4-11 所示，双滚筒采煤机一般由电动机、牵引部、截割部和附属装置组成。

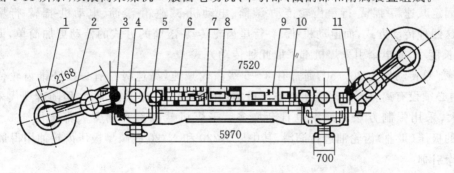

**图 4-11　双滚筒采煤机**

1—滚筒；2—摇臂；3—电气系统及附件；4—外牵引；5—牵引传动箱；
6—泵站；7—辅助部件；8—高压控制箱；9—牵引控制箱；10—主机架；11—调高油缸

电动机是滚筒采煤机的动力部分，通过两端输出轴分别驱动两个截割部和牵引部。采煤机的电动机都是防爆的，且通常采用定子水冷。牵引部是采煤机的行走机构，使采煤机沿工作面移动。左右截割部牵引传动箱 5 将电动机的动力经齿轮减速后传给摇臂 2 的齿轮，驱动滚筒 1 旋转。滚筒 1 是采煤机落煤和装煤的工作机构，滚筒上焊有端盘及螺旋叶片，其上装有截齿。螺旋叶片将截割下的煤装到刮板输送机中。弧形挡板装在滚筒的一侧，可根据不同采煤方向来回翻转 180°,以提高螺旋滚筒的装煤效果。主机架 10 是固定和承托整台采煤机的底架,通过其下部的滑靴将采煤机骑在刮板输送机的槽帮上,其中采空区侧两个滑靴套在输送机的导管上,以保证采煤机的可靠导向。调高油缸 11 可使摇臂连同滚筒升降,以调节采煤机采高。电气控制箱内部装有各种电控元件,用于采煤机的各种电气控制和保护。

2. 截割部

截割部是采煤机直接落煤、装煤的部分,其包括滚筒和截齿等工作机构以及固定减速箱、摇臂齿轮箱等传动装置。

1)截割部工作机构

截齿是采煤机直接落煤的刀具,要求其强度高、耐磨、几何形状合理、固定牢靠,其齿身常用 30～35CrMnSi,30～35SiMnV 或 40Cr 制作,齿头部镶嵌碳化钨硬质合金。滚筒采煤机用的截齿有扁形和镐形两种。

螺旋滚筒由螺旋叶片、端盘、齿座、喷嘴及筒毂组成。螺旋叶片用来将截落的煤推向输送机;端盘紧贴煤壁工作,从而切出新的整齐的煤壁,端盘边缘的截齿向煤壁侧倾斜,可防止端盘与煤壁相碰,端盘上截齿截出的宽度 $B_t$＝80～120 mm。齿座的孔中安装截齿。叶片上两齿座间布置有内喷雾嘴,内喷雾水则由喷雾泵通过供水系统引入滚筒并通向喷嘴。筒毂与滚筒轴连接。滚筒的螺旋叶片有左旋和右旋之分,为向输送机推运煤,滚筒旋转方向必须与其螺旋方向一致,符合通常所说的"左转左旋,右转右旋"规律。双滚筒采煤机的滚筒直径较大时,两个滚筒的转向一般采用前顺后逆方式;当滚筒直径较小时,滚筒转向采用前逆后顺方式。滚筒转速一般限制在 30～50 r/min(薄煤层 60～100 r/min),相应截齿速度为 3～5 r/min,其上螺旋叶片的头数一般为 2～4 头,以双头用得最多,3、4 头只用于直径较大的滚筒或用于开采硬煤。

2)截割部传动装置

由于截割消耗采煤机总功率的 80%～90%,因此要求截割部传动装置具有高的强度、刚度、可靠性、传动效率以及良好的润滑密封、散热条件。其具有电动机-固定减速箱-摇臂-滚筒、电动机-固定减速箱-摇臂-行星齿轮传动-滚筒、电动机-减速箱-滚筒、电动机-摇臂-行星齿轮传动-滚筒这四种传动方式,而电动机-摇臂-行星齿轮传动-滚筒的方式的传动更加简单,调高范围大、机身长度小,故电牵引采煤机都采取此种传动方式。

截割部总传动比为 30～50,通常有 3～5 级齿轮减速,高速级总有一级圆锥齿轮传动且传动系统中必须设有离合器。采煤机截割部最常用的润滑方法是飞溅润滑,但随着现代采煤机功率的加大,采用强制方法的润滑也日渐增多。采煤机截割部和摇臂大都选用 150～460cSt(40 ℃)的极压(工业)齿轮油进行润滑,其中以 N220 和 N320 硫磷型极压齿轮油用得最多。

3. 牵引部

牵引部包括牵引机构及传动装置两部分,牵引机构分为有链牵引和无链牵引两种类型,传动装置有机械传动、液压传动和电传动等类型。

1)链牵引机构

链牵引机构包括牵引链、链轮、链接头和紧链装置。牵引链采用高强度(C 级或 D 级)矿用圆环链,是由 23MnCrNiMo 优质钢经编链成形后焊接而成,采煤机常用的牵引链为 $\phi22\times86$ 圆环链。链轮形状较特殊,通常用 35CrMnSi 制成,主动链轮的齿数 $Z$＝5～8。紧链装置产生的初拉力可使牵引链拉紧,并可缓和因紧边链转移到松边时弹性收缩而增大紧边的张力。液压紧链器是利用泵站的乳化液工作的,其优点是松边拉力恒为常数,从而紧边拉力也能维持较稳定的数值。链牵引的缺点是牵引速度不均匀,致使采煤机负载不平衡。

　　2)无链牵引机构

　　齿轮-销轨型以采煤机牵引部的驱动齿轮经中间齿轮与铺设在输送机上的圆柱销排式齿轨(销轨)相啮合,使采煤机移动;滚轮-齿轨型由装在底托盘内的两个牵引传动箱分别驱动两个滚轮(销轮),滚轮与固定在输送机上的齿条式齿轨相啮合而使采煤机移动,这种牵引机构是一种无链双牵引系统,牵引力大,可用于大煤层工作;链轮-链轨型由牵引部传动装置的驱动链轮与铺设在输送机采空侧挡板内的圆环链相啮合而移动采煤机,这种牵引机构采用了挠性好的圆环链作齿轨,适合在底板起伏大并有断层煤层条件下工作。

　　无链牵引机构移动平稳,振动小,降低了故障率,延长了机器使用寿命,可采用多牵引,可实现工作面多台采煤机同时工作,可消除断链事故,增大安全性,但对煤层地质条件变化的适应性差且加大了支架的控顶距。

　　3)牵引部传动装置

　　牵引部传动装置按传动形式可分为机械牵引、液压牵引和电牵引三类。机械牵引是指全部采用机械传动系统装置的牵引部,其特点是工作可靠,但只能有级调速且结构复杂,目前已很少采用。液压牵引是利用液压传动来驱动的牵引部,其可以实现无级调速,变速、换向和停机等操作,保护系统较完善且能随负载变化自动调节牵引速度。电牵引采煤机是将交流电输入可控硅整流、控制箱控制直流电动机调速,然后经齿轮减速装置带动驱动轮使机器移动。

　　电牵引采煤机调速性能好,抗污染能力强,寿命长效率高,维修工作量小,响应快,易于实现各种保护、检测和显示且结构简单,机身长度大大缩短,提高了其通过性能和开缺口效率。电牵引采煤机近年来发展较快,被认为是第四代采煤机。

　　4.液压系统

　　液压系统主要包括液压油箱、液压泵、液压管路系统和控制阀组等,能够控制摇臂、防护顶板以及外喷雾装置的抬升与降低,其水路系统可以对截割电机、牵引电机、泵电机等进行冷却,还能通过滚筒、防护顶板和摇臂上的喷雾装置进行降尘。

　　5.附属装置

　　1)调高和调斜装置

　　为了适应煤层厚度的变化,在煤层高度范围内上下调整滚筒位置称为调高。摇臂调高和机身调高都是靠调高液压缸(千斤顶)来实现的。为了使下滚筒能适应底板沿煤层走向的起伏不平,使采煤机机身绕纵轴摆动称为调斜。调斜通常用支撑滑靴上的液压缸来实现。

　　2)喷雾降尘装置

　　喷嘴把压力水高度扩散,使其雾化,形成将粉尘源与外界隔离的水幕。雾化水拦截飞扬的粉尘而使其沉降,并能冲淡瓦斯、冷却截齿、湿润煤层及防止截割火花。

　　3)防滑装置

　　常用防滑装置有防滑杆、制动器、液压安全绞车。

　　4)电缆拖移装置

　　采煤机上、下采煤时,需收放电缆和水管,通常把电缆和水管装在电缆夹里,由采煤机拖着一起移动。

### 4.2.3 采煤机电气控制系统

**1. 采煤机电气系统的组成**

如图 4-12 所示为 MG300/720-AWD 型采煤机的电气系统框图,该型采煤机的电气系统分为电气控制系统和变频调速系统两个部分。采煤机的动力由 2 台 300 kW/3 300 V 截割电动机、2 台 55 kW/380 V 牵引电动机、2 台 7.5 kW/380 V 油泵电动机提供。

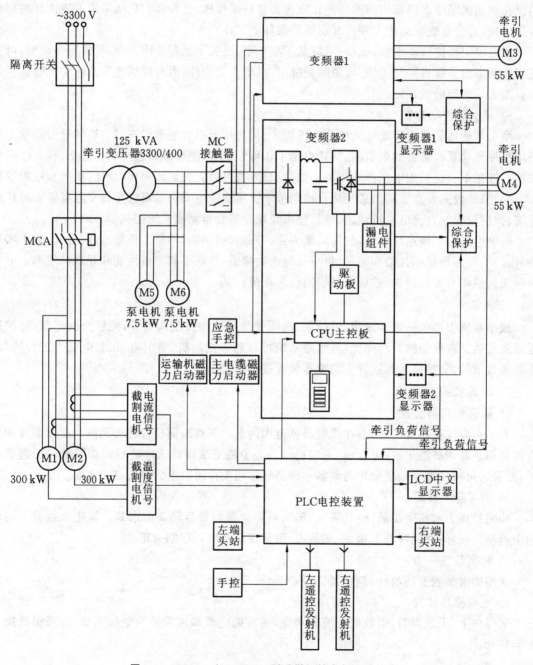

**图 4-12　MG300/720-AWD 型采煤机的电气系统框图**

2．采煤机电气控制类型

1）PLC 控制型

PLC 控制型是主控器以 PLC 为控制核心，采集电机电流、温度、油压、水压、倾角、瓦斯含量等各种工况信息，接收来自端头站和遥控器的控制信息，进行逻辑判断，控制系统运行，并在端头站和工控机屏幕上显示系统运行状态。

（1）开关量信号的采集。

PLC 对开关量信号的识别是通过其开关量输入模块完成的。PLC 控制机电设备时，设备中的压力、温度、液位、行程开关及操作按钮等开关量传感器与 PLC 的输入端子相连，每个输入端在 PLC 的数据区中分配有一个"位"，每个"位"在内存中为一个地址。输入位电路的工作原理，如图 4-13 所示。

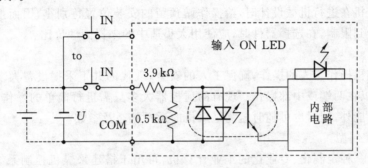

**图 4-13　PLC 输入位电路原理图**

在图 4-13 中，IN 为开关量输入，COM 为信号公共端。IN 为 ON 时，光敏三极管饱和导通，否则截止，故 PLC 的内部电路可以"感知"开关信号的有无，读取 PLC 输入位的状态值可作为开关量故障信号的依据。

（2）模拟量信号的采集及故障诊断和处理。

PLC 对模拟量信号的识别是通过 PLC 的模拟量输入输出模块来完成的。模拟量输入输出模块采用 A/D 转换原理，输入端接收来自传感器或信号发生器的模拟信号，输出端输出的模拟信号作用于 PLC 的控制对象。PLC 诊断模拟量故障的过程，实质就是将在相应 A/D 通道读到的监测信号模拟量的实际值与系统允许的极限值相比较的过程。如果比较的结果为实际值远离极限值，则表明机电设备对应的受监控部位处于正常状态，如果实际值接近或达到极限值，则处于不正常状态。判断故障发生与否的极限值根据实际系统相应的参数变化范围确定，利用 PLC 上的模拟量设定开关可精确设置该极限值。当模拟量的实际值达到模拟量设定开关的设定值，PLC 还能按照一定的逻辑关系启动开关量模块上的输出位，或者从 PLC 的通信口主动发起通信，从而输出故障诊断的结果来实现对机电设备的控制。

2）微机控制型

采煤机微机控制系统一般包括主控器、操作站、遥控器三大部分，采煤机需要检测、控制多项参数。对采煤机操作有两种方式，一种是采用固定操作站方式，此方式是在采煤机的左右两侧各有一个操作站，利用它可对采煤机的各种动作进行操作，同时也可监测采煤机的各项运行参数。另一种操作方式是利用遥控器进行操作，其功能与固定式操作站相同。

（1）主回路。

主回路主要是由隔离开关、真空接触器、牵引变压器、截割电机、泵电机、破碎电机等组成，主回路的操作位置在电控箱前面板。

（2）主控器。

主控器主要负责对采煤机各种量的采集与控制，包括模拟量采集、开关量采集、开关量输出、速度控制、与操作站通信调度、截割电机的恒功率控制等功能。其中模拟量输入为左右截割电机电流、左右牵引电机电流、采煤机牵引速度等模拟量。开关量输入为左右截割电机温度保护开关、左右牵引电机温度保护开关、左右截割电机启动开关等开关量输入。开关量输出为左右截割电机升降，左右截割电机启动，左右牵引电机启动、制动、急停、自保等。通信电路为通信信道，可与两台左右操作站交换信息。

（3）操作站。

操作站的主要功能是通过按键控制采煤机的各种动作，同时还要显示采煤机的运行参数状态等。由于采煤机在进行机械设计时，给操作站预留的安装位置特别小，因而按键的大小及显示器的大小均受到限制，在选择器件时，应使用大小适中的来提高性价比。

（4）遥控器。

为便于采煤机操作工人的操作，确保工人的安全，现代的井下采掘设备大多都采用遥控方式操作，工人可以在两端或中部操作。现有的遥控器大多只需进行简单的操作，遥控器除了具有常规的遥控功能外，同时也可随时监测采煤机的运行状态及参数。

3）工控机控制型

工控机作为一种定制化、专业化的工业计算机，可用于搭建采煤机控制系统，如图 4-14 所示。采煤机控制硬件系统架构以工控机作为主控计算机，通过数据采集卡和接线盒采集不同类型传感器信息、面板按钮与遥控发射器信息，并输出采煤机的数字控制信号。通过 RS232 串行通信接口与惯性导航传感器和激光雷达传感器连接实现传感器的配置和采煤机姿态传感器数据的采集。通过 MODBUS-TCP 通信协议实现与触摸屏之间的数据显示和指令下发，代替现有 PLC 人机交互界面，实现工作面的采煤机状态检测与控制。通过 MODBUS-RTU 通信协议实现与变频器的数据读取和运转控制，控制采煤机牵引。通过以太网顺槽监控中心进行数据交互，实现远程检测与控制。

3. PLC 型采煤机电气控制实例

1）电气系统

MG300/720-AWD 型交流变频电牵引采煤机电气系统原理如图 4-15 所示。

（1）组合电气箱。

组合电气箱置于采煤机的中间框架内，由 5 个隔爆腔体组成。其中 4 个位于采空区侧，为变压器腔、高压控制腔、电气控制腔、变频控制腔，这 4 个腔在采空区侧开盖。剩下的 1 个是用于连线和分线的接线腔，此隔爆小腔上部开盖。各隔爆腔体之间通过穿墙套管、穿墙接线端子及进出线喇叭口连接。

① 高压控制腔。

高压控制腔主要用来放置高压箱。高压箱盖板上有 1 个隔离开关手柄、1 个显示窗口、4 个按钮。4 个按钮的功能为：主起、主停（带机械闭锁）、截割送电、截割断电（带机械闭锁）。高压箱内装有 1 个 3 300 V 隔离开关、1 台真空接触器、2 套电流互感器组件、1 个行程开关、1 套显示器、1 套电控装置等部件。

高压隔离开关 QS 作为采煤机的电源进线开关，主要用于检修时隔离电压，在紧急情况下可

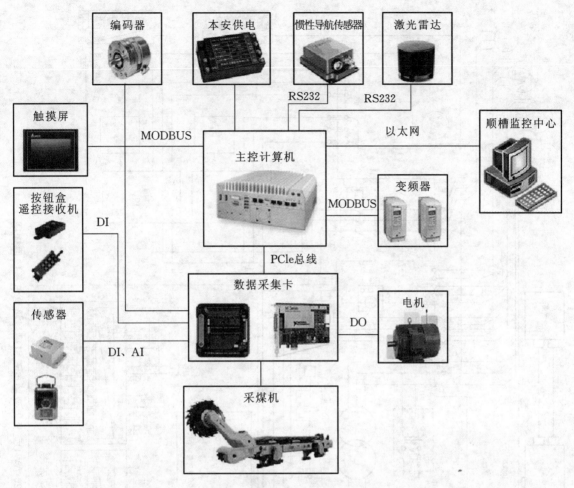

**图 4-14　工业控制型采煤机系统架构**

以通过它使巷道开关跳闸,切断电源。即隔离开关转轴边有一机械联锁装置,带动一行程开关,该开关的接点串联在控制采煤机巷道磁力启动器的控制回路中,以保证隔离开关不带负荷操作。

电流互感器 $TA_1$、$TA_2$ 用来检测左右截割电动机主回路的电流,作为截割电动机恒功率控制和过载保护的传感信号源。共有 4 个行程开关,分别对应于面板上的 4 个按钮。真空接触器 MCA 控制左右截割电动机的启动、停止。控制变压器 TK 将 400 V 变为 220 V,给真空接触器控制回路提供电源。

② 电气控制腔。

电气控制腔内装有电源组件、显示器、电控装置和 PLC 控制器。电源组件包括控制变压器、熔断器、整流桥、非本安电源模块、本安电源模块等。

(a) 控制变压器。输入电压:AC400 V,50 Hz;输出电压:AC220 V/0.6 A、AC160 V/1 A、AC190 V/0.2 A,AC28 V/4 A,AC18 V/1 A(两组)。

(b) 熔断器。高压熔断器 $F_1$:400 V/1.5 A;低压熔断器 $F_5$:220 V/1,$F_6$:220 V/0.5 A,$F_7$、$F_2$、$F_3$:28 V/4 A。

(c)非本安电源模块。额定容量:±12 V/0.8 A,±24 V/1 A。

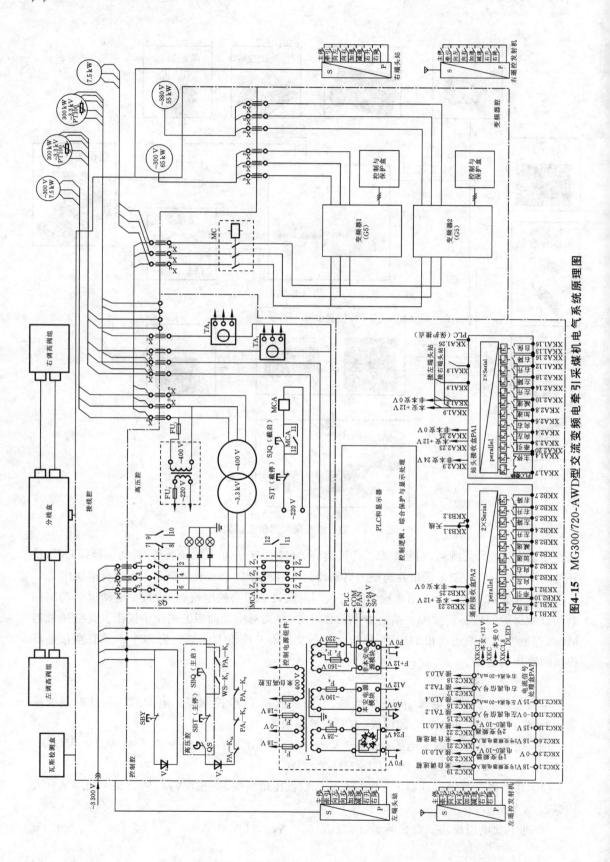

图4-15 MG300/720-AWD型交流变频电牵引采煤机电气系统原理图

(d) 本安电源模块。额定容量：±12 V/0.8 A。

显示器安装在按钮开关面板上，采用液晶图形界面，通过 PLC 通信可实时显示系统的各种工作参数、工作状态和各种信息：

全中文操作提示，防止误操作；实时显示截割电动机的功率和温度；实时显示牵引电动机工作电流、牵引方向和给定速度；显示摇臂的动作情况；显示日期和时间；记忆工作参数的显示；异常及故障状态显示：截割电动机重载＞110％、截割电动机过载＞130％、牵引电动机重载＞110％、牵引电动机过载＞150％、左截割电动机过热＞135 ℃、右截割电动机过热＞135 ℃、左截割电动机过热＞155 ℃、右截割电动机过热＞155 ℃。

电控装置安装在电控箱内，它由 PLC 和 3 个控制盒组成：PA$_1$——端头站接收盒；PA$_2$——遥控接收盒；PA$_7$——电流、瓦斯信号处理盒。

③ 变频控制腔。

变频控制腔内主要装有真空接触器、2 个变频器、变频器外围电路等。变频器箱盖板上装有显示窗 1、显示窗 2、近控方向开关、近控速度开关。

(2) 变频器系统。

变频器的主要技术参数：额定输出功率 100 kW；额定电流 212 A；输入电压/频率 400 V/50 Hz；输出电压(最大)380 V；输出频率 3～100 Hz；控制方式(V/F 控制)3～50 Hz，V/F 恒定，50～100 Hz，V＝Max；过载能力 150％/min；变换效率＞95％。

保护功能：过载/过流/过热/过压/欠压/对地短路/漏电闭锁/漏电保护。变频器箱为水冷隔爆腔体，变频器运行过程中产生的热量经外壳由冷却水带走。

① 变频器。

变频器电气系统设有 2 个变频器，分别拖动左右 2 台牵引电动机，实现"一拖一"的调速方式，如图 4-16 所示。它主要由主回路、主控板、驱动板、显示和控制盘、漏电保护板、控制变压器及风扇组成。

两变频器均为四象限运行，是交-直-交电压型变频器。来自牵引变压器的 400 V、50 Hz 三相交流电源经真空接触器 MC 送入变频器输入端 R、S、T。在变频器内部，400 V 交流电压经快速熔断器、三相交流接触器主触头、电流互感器、三相限流电抗器，由变频器输入侧绝缘栅双极型晶体管 IGBT 的反并联二极管组成的整流电路整流，向滤波电容器充电。为限制起始充电电流，这部分电路工作顺序是：首先交流接触器不吸合，电源的 R、T 两相经与接触器触点并联的限流电阻、IGBT 的反并联二极管整流后向滤波电容器充电，以限制起始充电电流，当充电电流小到一定值，直流回路建立了足够电压时，三相交流接触器吸合，将限流电阻短接。此时，电路建立起稳定的直流电压，然后再经过输出侧 IGBT 组成的逆变电路，输出交流电源，接到牵引电动机上，实现牵引调速。变频器输入侧和输出侧各有 6 个 IGBT 管组成三相桥式电路。输入端的 6 个 IGBT 管组成三相整流桥，其输出直流电压可调。逆变器输出侧的 6 个 IGBT 管组成逆变桥，输出变频、变压的三相交流电源。IGBT 管工作在开关状态下，其导通与关断由驱动信号来控制。驱动信号由主板形成，经驱动板放大后加到 IGBT 的门极上，控制 IGBT 的导通与关断。

主控板即为微机板，是变频器控制系统的核心，各种信息的处理、控制以及指令的发送都由主控板来完成。驱动板主要用于放大主控板产生的驱动信号。

变频器的控制盘上设有数码管及发光二极管显示部分。数码管显示正常工作频率，也可选择显示输出电流等参数和故障信息。发光二极管共有 4 个:"12 V"(黄色)——＋12 V 电源指示;"漏电"(红色)——漏电闭锁、漏电保护显示;"FU$_1$"(绿色)——变频器输入侧 R、S 相快速熔断器正常显示;"FU$_2$"(绿色)——变频器输入侧 T、S 相快速熔断器正常显示。

控制盘上的多个按键,主要用于变频器参数设定、变频器实施控制操作。进行以上操作时,只需打开变频器上小盖就可操作。上述操作一般用于检修作业,一般不要轻易操作。

漏电保护板主要用于完成变频器输出漏电闭锁、漏电保护、输入信号电路和输出显示处理电路。除此之外,板上还有松闸指令执行电路以及快速熔断器检测显示电路。

变频器顶部装有 2 个冷却风扇,增强变频器运行产生的热量经外壳水冷却的效果。

② 变频器外围电路。

变频器外围电路的作用是完成其控制和保护功能。该电路主要由真空接触器、控制变压器、两变频器控制盒、显示器、控制开关组、近控开关和按钮组成。

控制变压器原边电压为交流 400 V,副边电压有 13 V、6 V、18 V(4 组),分别用于公共控制盒＋12 V 电源、变频器输入电源电压 LED 显示、输入电压异常保护的检测电源。

公共控制盒含有真空接触器的先导控制回路、制动器电磁阀控制电路、输入电压异常保护电路。

该显示器含有输入电源电压 LED 显示以及 4 个发光二极管。发光二极管显示内容为:"＋12 V"(黄色)——公共控制电路＋12 V 电源显示;"牵电"(绿色)——真空接触器吸合显示;"油路失压"(红色)——总油路油压低于正常工作值显示;"电压异常"(红色)——输入电源电压异常显示。

控制开关组共有 3 个按钮开关,B$_1$、B$_2$ 为"远控/近控"切换开关,正常状态为"远控"位置。远控包括电控箱面板操作、端头站控制和无线电遥控。近控则为变频器调速箱面板操作控制,它不受电脑箱面板控制而独立运行,一般只在检修变频器等特殊场合使用。B$_3$ 为漏电闭锁试验和漏电保护试验切换开关,正常状态为漏电闭锁位置。

操作按钮共有 6 个,分别为漏电试验 1 按钮、漏电试验 2 按钮、复位按钮、牵引急停按钮、牵引复电按钮和 1 个备用按钮。2 个操作开关,为变频器检修时使用。面板上标有"停、1、2、3"为近控速度开关,近控共有 4 挡速度转换,"1、2、3"三挡速度依次递增。面板上标有"左牵、停、右牵"为近控方向开关,停牵引时,将方向开关打在"停"位置。

(3) PLC 控制器。

PLC 控制器安装在电控箱左边,在其旁边有一冷却 PLC 的风扇。采用 GE-Fanuc 系列 PLC,具有可靠性高、性能好的特点。PLC 可编程序控制器组成如图 4-17 所示。

① 电源模块。

型号:IC693PWR3;负载容量:30 W;输入电压:220 V(AC);输出:＋5 V/50 W,＋24 V/20 W(隔离),＋24 V/20 W(继电器)。

② CPU 模块。

CPU 模块安装在第 1 个插槽中,采用 331 型 CPU,最大 1024 个开关量 I/O 点和 128IN/64OUT 模拟通道,具有 2 K 寄存器和 16 K 字节的用户存储器。

③ 开关量输入模块。

开关量输入模块共有 32 个 24 V(DC)的输入点,所有的输入按每组 8 个排列成 4 排,每组共用一个公用端,由 2 个 24 针插头连接器完成输入的连接。

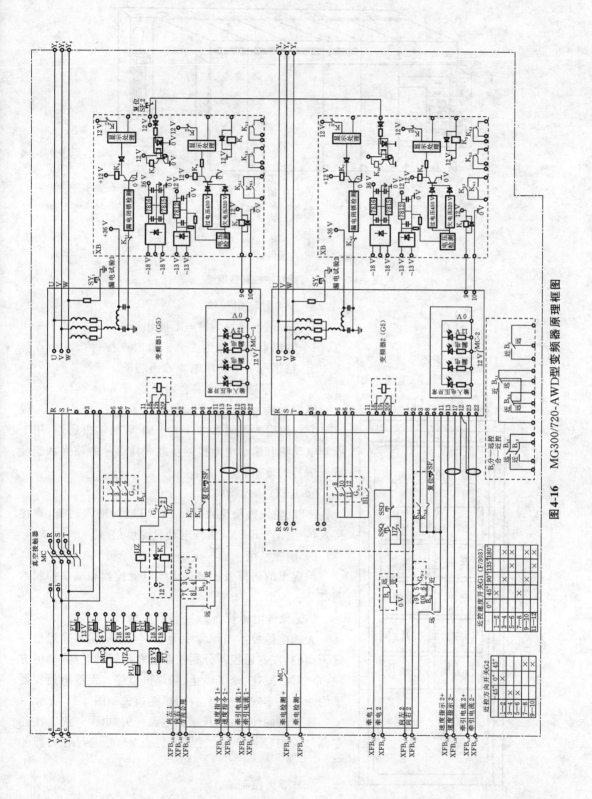

图 4-16　MG300/720-AWD型变频器原理框图

121

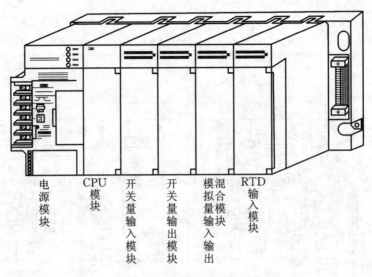

图 4-17　PLC 可编程序控制器组成

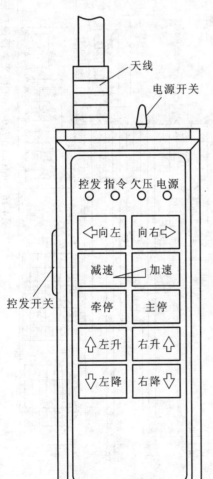

图 4-18　无线电遥控器板面按键布置

④ 开关量输出模块。

开关量输出模块为继电器输出型模块,有 16 个输出点,每个输出点的容量为 2 A。输出点按每组 4 个点分成 4 组,每组有一个公用电源输出端子。

⑤ 模拟量输入输出混合模块。

模拟量输入输出混合模块提供了 4 个 4~20 mA 或 0~10 V 的输入通道和 2 个 0~10 V 的输出通道,用于截割电动机和牵引电动机的负载采样信号的输入和速度指令信号的输出。

⑥ RTD 输入模块。

RTD 输入模块提供了 6 路 RTD 的输入通道,直接接入传感元件 Pt100,测得电动机温度信号。

2)遥控系统

采煤机的遥控系统包括无线电遥控器和端头控制站两部分。

(1)无线电遥控器。

无线电遥控器工作频率为 150 MHz,在离采煤机一定距离内,左右遥控器分别控制左右摇臂的升降、牵引方向、牵引加/减速、牵引停止、采煤机急停。无线电遥控器采用手持式本安型结构,板面按键布置如图 4-18 所示。

遥控器的使用:打开顶部电源开关,电源灯亮。按住左侧的胶皮轻触开关,"控发"灯点亮,可进行各功能的操作。

(2)端头控制站。

端头控制站采用数据编码技术,将端头控制站的指令传至电控箱,经过解码后送入 PLC,控制采煤机牵引方向、牵引加/减速、牵引停止、采煤机急停、左右摇臂的升降。端头控制站放置在左右牵引减速箱上,面板按键布置如图 4-19 所示。

3）采煤机启动控制原理

（1）先导控制。

① 先导控制回路。

采煤机的先导控制回路如图 4-15 所示,主电缆的控制芯线接于采煤机的控制回路中,SBQ 为"主起"按钮,SBT 为"主停"按钮（兼闭锁）,QS 为隔离开关的辅助常开接点,$PA_1—K_1$ 为"主起"自保接点,$WS—K_1$ 为瓦斯传感器接点,$PA_1—K_{14}$ 为 PLC 保护接点,$PA_1—K_3$ 为端头站急停接点,$PA_2—K_8$ 为遥控急停接点。

② 停止工作面刮板输送机控制回路。

主电缆另外两条控制芯线接于采煤机上,用于在紧急情况下停止工作面输送机。SBY 为停止按钮,兼闭锁。二极管 $V_1$、$V_2$ 为远方整流二极管。

（2）油泵电动机启动控制。

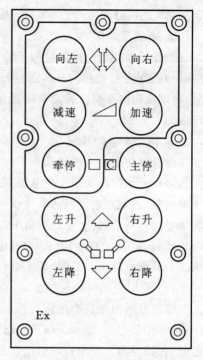

图 4-19　端头控制站面板按键布置

当采煤机具备了启动条件后,合上隔离开关 QS,按下先导控制回路中的"主起"按钮 SBQ,巷道开关启动,采煤机上电,电源指示灯亮。同时,牵引变压器得电,两台油泵电动机启动。按下先导回路中"主停"按钮 SBT,巷道开关跳闸,采煤机断电,油泵电动机停止。

（3）截割电动机启动控制。

按下"截起"按钮 SJQ,截割电动机接触器 MCA 吸力线圈得电吸合,主触头闭合,两台截割电动机启动。如果按下"截停"按钮 SJT,接触器 MCA 断电释放,主触头断开,两台截割电动机停止。

（4）摇臂调节。

① 左摇臂升降控制。

在左端头站或者左遥控发射器上均可操作,按"左升"按钮,左摇臂升起;按"左降"按钮,左摇臂下降。

② 右摇臂升降控制。

可在右端头站或右遥控发射器上进行操作,按"右升"则右摇臂升起;按"右降"则右摇臂下降。

4）采煤机电气系统保护

左右截割电动机具有过热保护、过载保护和恒功率自动控制功能,左右牵引电动机具有过负荷保护功能,变频器具有短路保护、漏电保护等功能。

（1）截割电动机的保护。

① 截割电动机的过热保护。

在左右截割电动机定子绕组端部内埋设有 Pt100 热敏电阻,热敏电阻接入 PLC 的 RTD 模块。当任何一台电动机温度达到 135 ℃时,控制系统将截割电动机电流保护整定降低 30%。当任意一台截割电动机温度达到 155 ℃ 时,PLC 输出控制信号便将先导控制回路切断,使整机停电。

② 重载反牵保护。

重载反牵功能的设置是为了防止采煤机严重过载而设置的一种保护功能。当任意一台截割电动机负荷大于 130% 时,通过 PLC 的反牵定时电路使采煤机以给定速度反向牵引一段时间后,再继续向前牵引。若反牵阶段结束后,截割电动机的负荷仍大于 $130\%I_N$ 时,系统将断电停机。

③ 恒功率自动控制。

设置恒功率自动控制是为了有效利用截割电动机的功率,既不使截割电动机过载,又不会欠载运行。该控制采用 2 个电流变换器分别检测左、右截割电动机的线电流,并经配套的信号处理电路,将截割电动机的电流信号变换成 4~20 mA 的信号,送入 PLC 的模拟量混合模块,将信号处理后再送给 PLC 控制中心,PLC 进行比较,得到欠载、超载信号。当任意一台截割电动机超载,即 $I>110\%I_N$($I_N$ 为额定电流)时,发出减速信号,直至电动机退出超载区。然后,当第二台截割电动机欠载时,即 $I<90\%I_N$ 时,牵引速度会自动增加,最大增至给定速度。

(2)牵引电动机的保护。

变频器输出侧装有电流变换装置(装设在变频器内部),将左右截割电动机的电流转换成 0~10 V 的信号后,送入 PLC 系统进行数据处理、比较,然后进行左右牵引电动机的负荷平衡、超载、欠载控制。当左右牵引电动机负荷差悬殊时,PLC 发出信号,由两台变频器分别调整两电机的速度,从而使两台牵引电动机负荷基本平衡。

当任意一台牵引电动机超载,即 $I>110\%I_N$ 时,PLC 发出减速信号降低牵引速度,直至电动机退出超载区。当左右牵引电动机都欠载,即 $I\leqslant90\%I_N$ 时,牵引速度自动增加,最大增至给定速度。当牵引电动机严重超载,即 $I>150\%I_N$ 且持续时间超过 3 s 时,PLC 输出信号将使牵引启动回路断开,停止牵引。

(3)变频器的保护。

① 过热保护。

当变频器内部温度超过 +85 ℃ 时,PLC 发出警告信号或断开变频器的电源。

② 过电流保护。

当变频器输出电流超过额定电流的 3.75 倍时,PLC 控制使变频器瞬时跳闸。

③ 相不平衡保护。

当主电源缺相或相不平衡时,使变频器断电跳闸。

④ 过电压、欠电压保护。

当变频器整流桥输出电压超过标称值的 1.3 倍时,变频器跳闸。当变频器动力回路直流电压低于 65% 标称值时,变频器瞬时跳闸。

⑤ 漏电保护。

在变频器的负荷侧装有接地漏电保护装置,它能够实现漏电闭锁和漏电跳闸功能。

5)采煤机的操作

采煤机整个系统操作点包括组合电气箱、左右遥控发射机、左右端头站等。按功能分为:采煤机"主起"SBQ、"主停"SBT(带闭锁);运输机停止 SBY(带闭锁);截割操作有截割送电 SJQ、截割断电 SJT;牵引操作有牵起 SQ、牵停 ST、加速 SVU、减速 SVD、向左 SL、向右 SR 方式,左右摇臂升/降操作;变频器操作有漏电试验操作、复位操作、检修时的操作。

（1）启动程序。

① 启动操作。

打开冷却水阀,其流量压力符合要求值时,可以启动采煤机。合上采煤机的高压隔离开关,并将高压开关箱上的"主停"SBT 按钮解锁,按下高压箱面板上"主起"按钮 SBQ,巷道磁力启动器启动,采煤机的 3 300 V 电源接通,牵引变压器得电,油泵电机启动,同时控制系统得电,电控箱显示器上出现提示。左右摇臂调整到合适高度。按下"截起"按钮 SJQ,两台截割电动机启动。根据显示器提示进行牵引操作。

② 停止操作。

采煤机的停止有 5 处可以操作:组合电气箱(兼闭锁)、左右端头站(不闭锁)、左右遥控发射机(不闭锁)。正常情况下的停止过程为,先停止牵引,再按"主停"按钮,采煤机断电。

（2）牵引操作。

当按下采煤机的"主起"按钮,采煤机上电后,牵引变压器得电,变频调速箱控制回路有电。按下"牵起"按钮,变频调速箱真空接触器吸合,牵引主回路得电,电控箱显示屏及变频调速箱显示窗有显示,可以进行牵引控制操作。牵引控制操作分为正常操作和电控装置出现故障时的检修操作。

① 正常操作。

正常状态操作可以在 5 处进行:电控箱、左/右端头站、左/右遥控发射机。但是,牵引操作只能在电控箱进行,操作如下:

（a）牵引启动。按下电控箱上的"牵起"按钮,显示屏上有中文提示:左截割电机功率、温度;"牵引送电后,请按牵起!"。

（b）速度给定。初始状态给定速度为零,由加/减速按钮设置给定速度指令,显示"选择牵引方向!"等。

（c）选择牵引方向。按下向左或向右按钮,采煤机开始牵引,当速度达到要求值,松开按钮,采煤机在该速度下运行。牵引过程中的换向,可直接按下相应的方向按钮,采煤机可自动完成换向。

（d）方式选择。按下方式按钮,采煤机运行于调动状态,采煤机的速度可在 $0 \sim 14.5$ m/min 之间调节。显示"调动速度 13.8 m/min"等信息。调动速度只能用于空车时调车操作,严禁用于割煤操作。

（e）牵引停止操作。可以在电控箱、左右端头站或遥控发射机处操作,执行此操作后牵引速度自动降为零,显示在显示屏上。

（f）显示操作。按下显示按钮可循环显示存储器的工作参数,连续按下可循环显示,放开后可自动返回到正常屏幕。

② 检修操作。

检修操作在检修变频器或某些特定场合使用,如检修采煤机的牵引部、检修变频器等。此操作可以不受电脑箱的控制而实现变频器的运行。

打开变频器箱的中间盖板,将拨钮开关 $B_1$、$B_2$ 拨向"近控"位置,然后盖好盖板;用速度旋钮 $G_1$ 选择牵引速度;用方向旋钮 $G_2$ 选择方向;牵引停止,将方向旋钮 $G_2$ 打在"停"位置。注意:操作时,必须先选择速度,再选择方向。

③ 变频器的其他操作。

(a) 漏电试验操作,即在变频器未启动之前,按下"试验 1"或"试验 2"按钮不放,应使变频器主回路真空接触器跳闸,显示器上"牵电"灯熄灭。同时,相应变频器的指示器上显示"漏电"灯点亮,数码管显示"EF"。松开试验按钮,再按下复位按钮,即可恢复原来状态。

(b) 变频器复位操作,即当变频器发生故障或者出现漏电、电压异常等故障时,保护装置动作,排除故障、关断牵引操作后,按下"复位"按钮,消除故障记忆。

**4. 采煤机远程控制**

采煤机控制系统多数以 PLC 控制为核心,其通过 PLC 控制器输出接口控制截割电动机启停、牵引变频器启停、正反转、加减速、摇臂升降及电磁制动器开关。另外,PLC 控制器通过通信接口实现与触摸屏、变频器和远程控制端的计算机进行通信。

但是,由于采煤机在线检测与故障诊断算法复杂,且 PLC 系统在煤矿井下适应性差,使得采煤机上的检测传感器和外围设备通信接口设计困难。即便引用专用的接口转换器或 PLC 扩展模块也难以满足工作面智能化的需求,导致系统数据实时运算处理能力差。随着远程控制技术研究的推进,出现了基于 DSP 和基于 5G 通信实现远程控制等方法。

图 4-20 所示是基于 DSP 的电牵引采煤机远程控制系统通信模块设计方案,此通信模块包含了 RS232 总线接口、RS485 总线接口以及 CAN 总线接口,实现了主控器与外围设备的通信,并使用 Modbus 协议和 CAN 协议实现了 DSP 控制器与触摸屏、变频器及远程控制计算机的通信。

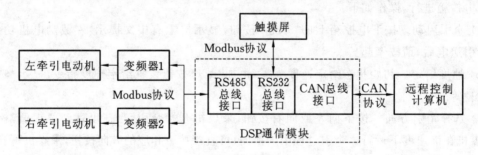

**图 4-20　采煤机远程控制系统通信模块设计方案**

1) RS232 接口线路

采煤机使用触摸屏来实时显示其工作状态,触摸屏通过 RS232 接口与 DSP 控制器连接和通信,接口线路如图 4-21 所示。DSP 控制器 TMS320F2812 的串行通信接口 SCI 是一个双线的异步串行接口,它具有 2 个相同的异步串行通信接口 SCIA 和 SCIB。现将 SCIA 接口利用 MAX3232 芯片设计成 RS232 接口。$V_{CC}$ 电压为 3.3 V,SCITXDA 与 SCIRXDA 分别为 DSP 控制器的 SCIA 发送引脚和接收引脚,TXD、RXD 外接触摸屏接口。

2) RS485 接口线路

利用 MAX3485 芯片将 TMS320F2812 的 SCIB 接口设计成 RS485 接口。MAX3485 芯片是低电压、低功耗的单双工 485 通信芯片。RS485 接口线路如图 4-22 所示。$V_{CC}$ 电压为 3.3 V,SCITXDB 与 SCIRXDB 分别为 DSP 的 SCIB 发送引脚和接收引脚。GPIOD0 是 DSP 控制收发引脚,当 GPIOD0 为低电平时,MAX3485 芯片处于接收状态;当 GPIOD0 为高电平时,MAX3485 芯片处于发送状态。

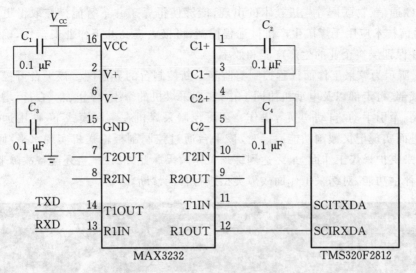

图 4-21 RS232 接口线路

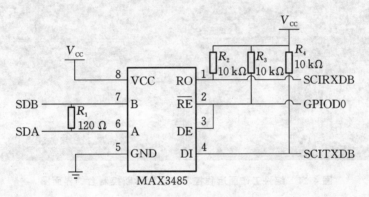

图 4-22 RS485 接口线路

3) CAN 接口线路

在设计 CAN 总线通信接口线路时,为了使 TMS320F2812 的 eCAN 模块电平符合高速 CAN 总线电平特性,在 eCAN 模块和 CAN 总线间增加了 CAN 的发送接收器 SN65HVD230,为防止总线信号的反射影响,在总线终端节点增加 120 Ω 的终端电阻,如图 4-23 所示。$V_{cc}$ 电压为 3.3 V,CANTXA、CANRXA 为 eCAN 模块收发引脚,CANH 和 CANL 接到远程控制计算机 CAN 总线接口上。

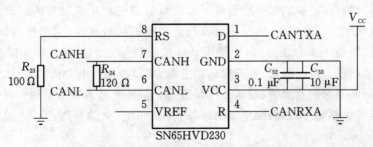

图 4-23 CAN 总线通信接口电平变换线路

目前,5G 通信、物联网等先进技术的出现,能够使得煤矿井下智能操控取得更好的应用效果,将 5G 通信技术应用于煤矿生产机械远程控制,可极大提高井下作业安全性,确保井下作业人员安全,并保证煤炭企业的生产产能和效率。

图 4-24 所示为综采工作面远程控制与监测诊断控制台的界面图。该平台可控制采煤机的截割部、装载部、行走部以及电动机协同工作,实现采煤机的牵引/停止、左/右行、增/减速、牵引送/断电控制、牵引手动/自动切换等操作。还可控制采煤机在学习模式下,使用远程控制进行煤层截割,进而实现记忆截割功能。同时,该平台通过控制刮板输送机实现水平/倾斜运输,控制液压支架来支护采煤工作面,最终达到综采工作效果。此外,该平台还配备故障监测、故障预警以及状态评估功能,对综采工作面故障类型进行智能诊断。

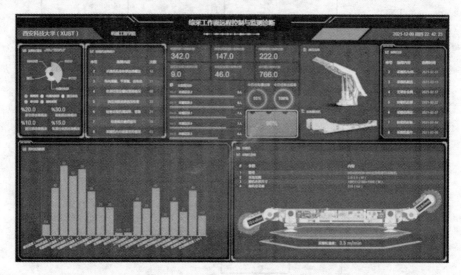

图 4-24　综采工作面远程控制与监测诊断控制台的界面图

# 4.3　掘进机电气控制

## 4.3.1　掘进机概述

掘进机结构如图 4-25 所示,其主要由装运机构、行走机构、液压系统、喷雾除尘系统及电气系统等组成。装运机构:将截割机平台破碎下来的煤岩通过耙爪或刮板的运动集装,并由刮板输送机运到转载机上。行走机构:既是掘进机行走调动的执行机构,又是整台机器的链接支撑基础。液压系统:以高压油为动力,驱动液压马达或液压油缸的运转。喷雾除尘系统:用以除尘、冷却截齿和电动机。电气系统:掘进机的动力源,用以控制各电动机的运行,并提供过载、失压、断相、短路、漏电等保护及照明、发送工作预警等。掘进机器人除了截割头由电机驱动外,其余动作均由液压马达驱动,液压系统主要由泵站、控制阀组、驱动马达、液压缸及辅助液压元件组成。

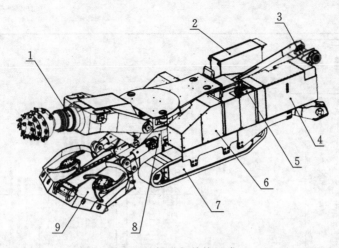

**图 4-25　掘进机结构组成**

1—截割机构；2—电气系统；3—第一运输机；4—液压系统；5—水系统、润滑系统；
6—后支撑；7—行走机构；8—本体部；9—铲板部（装载机构）

## 4.3.2　掘进机电气控制系统

掘进机电气控制系统原理图如图 4-26 所示，其是整机的重要组成部分，与液压控制系统配合，可自如地实现整机的各种生产作业。同时对截割电机、油泵电机、二运电机的工况及回路的绝缘情况进行监控和保护。掘进机电控系统电路主要由电控箱、操作箱、矿用隔爆电铃、隔爆型照明灯、隔爆型急停按钮、矿用本安型瓦斯传感器以及各工作机构电机组成，如图 4-27 所示。

掘进机电控设备主要是由矿用隔爆兼本质安全型开关箱（以下简称开关箱）和矿用本质安全型操作箱（以下简称操作箱）两部分组成，和矿用隔爆电铃；隔爆型照明灯；隔爆型压扣急停按钮以及油泵电机、截割电机、二运电机、风机电机等组成了掘进机电气系统。掘进机电气系统各电机均采用双电压电机，工作电压为 660 V 或 1 140 V，通过改变电机接线方式选择工作电压。掘进机电控系统以可编程控制器（以下简称 PLC）为核心，对油泵、截割、二运、风机四个电机的过压、欠压、短路、超温、过载、过流、三相不平衡、电机绝缘进行监控和保护，并具有低压漏电检测、瓦斯保护、水流异常检测等功能。操作箱与开关箱之间通过工业上常用的 RS485 通信，稳定性高，仅用两芯信号线便可实现对油泵、截割、二运、风机的开停以及显示各电机运行状态、截割电机负荷、工作电压和各种故障信息，大大减少了操作箱与开关箱之间的连线，操作箱电缆采用快速接头连接方式，安装方便，可靠性高。

1. 主要电路工作原理

1）主回路

主回路主要是由断路器、熔断器、真空接触器、中间继电器、阻容吸收电路以及电压传感器、电流传感器等组成。

断路器作为电源开关，当其闭合时主回路得电。真空接触器分别控制截割电机高速、截割电机低速、油泵电机、二运电机和锚杆（或水泵）电机的运转。利用阻容吸收电路吸收主回路电动机断电瞬间的反向电势。电流、电压传感器分别采集回路电流及电压信号并输入至 EPEC 专用控制器，通过编程实现对电机的过流、过载、断相、漏电检测以及电源的过压及欠压等保护作用。

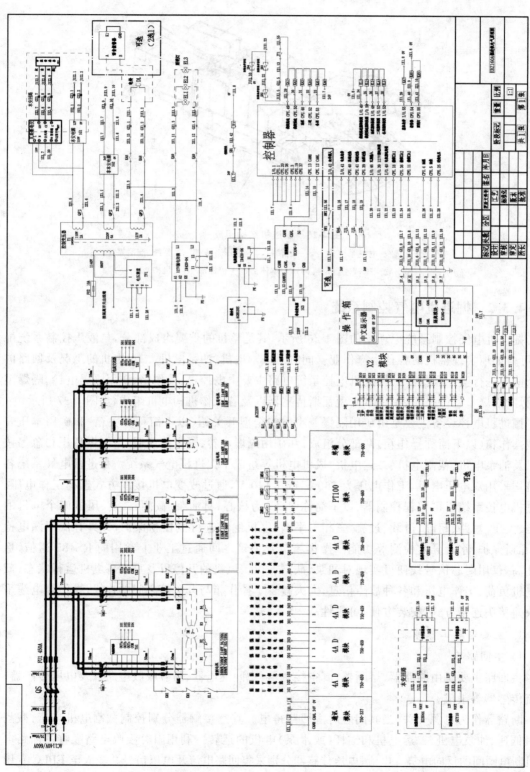

图4-26 EBZ-160掘进机电气控制系统原理图

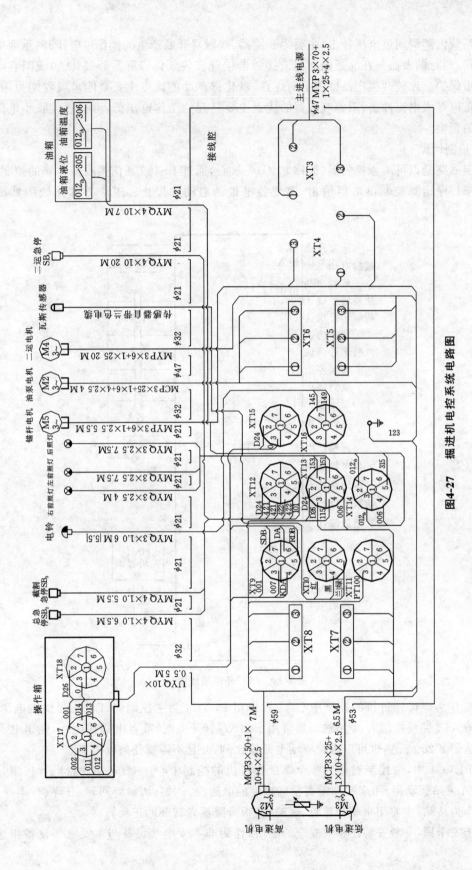

图4-27　掘进机电控系统电路图

为防止系统内部瞬间过电压冲击（主要为断路器、接触器开断产生的操作过电压）对重要电气设备的损伤，通行的做法是在靠近断路器或接触器位置安装氧化锌避雷器（MOA）或阻容吸收器进行冲击保护。比较两类产品性能上的优点，氧化锌产品的优点主要是能量吸收能力强，可以用于防雷电等大电流冲击；阻容吸收器的优点主要是起始工作电压低，可有效吸收小电流冲击对设备的影响。

2）控制回路

控制回路是以可编程控制器（简称 PLC）为核心，通过 RS485 通信接收操作箱的控制信号，通过内部程序运算控制继电器输出，实现各电机的启动和停止。PLC 外部接线图如图 4-28 所示。

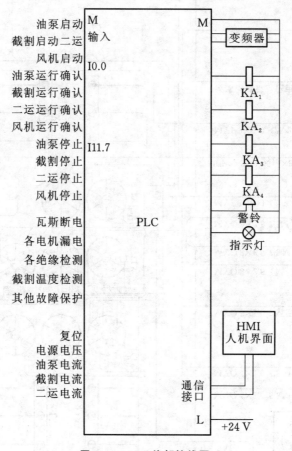

**图 4-28　PLC 外部接线图**

PLC 作为煤矿掘进机的控制中心，一般选用 PLVC4 为主控制器，DC24 为供电电源，有 3 路数字输入，4 路模拟输入，4 路输出通常用于 IPWM（开关阀）或者电磁铁比例，输出电流最大时可以达到 2 200 mA，也可以直接驱动电磁铁比例，并且不需要任何放大器。

在 PLVC4 中，主控制器作为整个煤矿掘进机的控制中心，一般选用两台进行控制。一台为 IPWM 主站驱动型，用来驱动需要精确速度的电磁阀，例如：切割臂回转、升降、行走等；另外一台则作为从站，主要用来驱动星轮、运输、铲板升降或者转载的正反转。

对于安全栅，一般安装在相对安全的场所，作为非本安电气设备与本安电气设备相连的设备,能够直接传入现场设备的安全值内部,进而不断保障现场人员、设备、生产的安全性。在操作站模块中,一般采用本质的安全性操作,缩短操作空间,电控箱和操作站的连接方式一般为通信方式,在减小电控箱和操作站控制设备和连接线的同时,缩短掘进机高度,方便系统维护进程。操作站的主要内容包括:机型故障、标志、文本显示、时间显示、当前动作、最后动作、电动机故障特征、电动机数据、传感器数据、通信接收、数据接收、警告、报警指示灯等。该系统既可以显示电动机故障代码、停止原因,还可以为相关工作人员提供维护者参考,从而让故障解决过程更加快速、方便。

另外,在漏电模块检测中,煤矿掘进机工作电压被分成 1 140 V 或者 660 V 两种情况,同时在两种电压等级下,闭锁值也不一样,在等级为 1 140 V 中,动作值为 40 kΩ,返回值为 60 kΩ;在等级为 660 V 的情况下,返回值为 33 kΩ,动作值为 22 kΩ。并且 PLVC4 和漏电模块检测为主要的通信连接方式,PLVC4 通过煤矿控制系统决定闭锁功能关闭或者开启,以及 660 V、1 140 V 电压切换。为了有效控制电压出现漏电模块检测现象,可以进行漏电检测,一旦发现有漏电检测或者通信异常时,启动闭锁电动机。

PLC 接收电流互感器信号、瓦斯继电器信号、漏电检测信号、$KM_1 \sim KM_4$ 反馈信号、电机温度保护信号,通过程序实现整个电控系统的保护功能。$SB_1 \sim SB_3$ 为紧急停止按钮,$SB_1$ 装在操作箱上,和设在整机油箱前侧的紧急停止按钮 $SB_2$ 一样作为总急停按钮,按下总急停主控器端子 CZ2-25 无 AC220 V 输出,$KM_5$ 断电,切断 220 V 供电,各电机将不能启动。截割紧急停止按钮 $SB_3$ 设在整机左侧,司机席前部,按下 $SB_3$,截割电机将不能启动。PLC 接收瓦斯传感器动作信号,断开 CZ2-19、CZ2-20,停前级电源。控制回路原理图如图 4-29 所示。

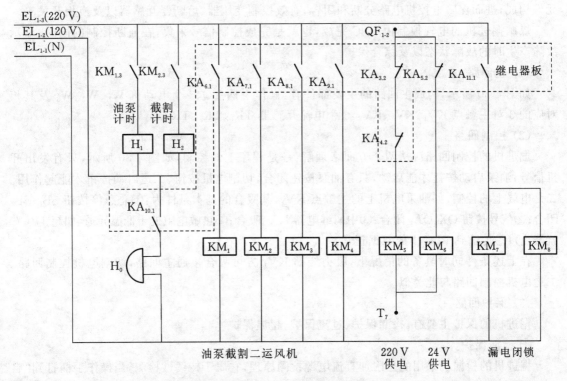

**图 4-29　控制回路原理图**

系统送电后,液晶屏显示生产公司的信息,同时开关箱视窗内的指示灯齐亮,检查指示灯有无损坏,稍后熄灭,PLC 检测真空管是否粘连,若正常主控器端子 CZ2-27 输出 AC220 V,漏检继电器 $KM_7$、$KM_8$ 吸合,进行各回路漏电、粘连检测,如系统正常则按顺序进行操作。

在操作箱上、机体油箱前侧和二运电机附近装有三个紧急停止按钮,按下其中的任意一个,机器将立即停止运行。在机体左侧的司机席的前部设有一个截割紧急停止按钮,其作用是立即停止截割头工作。转换开关有自动复位和自锁式,它们作为控制器的指令输入开关安装在操作箱面板上。

本电气系统设置接地保护,所有可能引起人体触电的部件都接到地线上。控制系统设置连续接地监视,可断开任何有接地故障的线路。

各电动机线路均设置熔断器及热继电器保护,在电动机不工作时,检测其对地绝缘情况(即漏电闭锁)。

各电动机绕组均装有 PTC 热敏电阻,当绕组温度超过 136 ℃时,PTC 阻值突变,使保护插件动作,电动机断电。

3) PLC 电控系统设计

在硬件设计中,PLC 控制根据信号控制主回路、采集中的通断控制故障状态或者综合保护显示,主要包括:主腔门盖、回路单元、操作箱以及接线箱等。

主腔门盖主要包括:SPU(稳压电源)、PLC(可编程控制系统)、S 传感器、R 继电器、EM 扩展模块、RPB 中继电源板等相关部件。

操作箱主要由万能开关、显示屏以及行程开关构成。最后,主回路单元则由真空交流接触元件构成,进而保障电控机电路分断和闭合,有效控制变压器、熔断器互感器以及换相开关等。

煤矿掘进机的电气控制由 PLC 完成,也就是完成控制信号采集,在通断控制的同时,显示故障产生时的故障状态以及综合保护。

(1) 主回路。

如图 4-30 所示,构成主回路的主要部件有:操作手柄 TQ,3 个电动机 $W_1$、$W_2$、$W_3$ 及其相对应的 3 对主触点 $KV_1$、$KV_2$、$KV_3$,3 个电流互感器 $TR_1$、$TR_2$、$TR_3$。

(2) 控制回路。

掘进机的控制回路应从两个方面来理解:一是程序上的控制,如图 4-30 所示,只有发出开机信号,油泵启动按钮才能启动,只有油泵按钮闭合,切割电机按钮、二运启动按钮才能起作用。二是电气上的控制,如油泵电机上的主触点 $KV_1$,其吸合的基本条件为:①总急停按钮 $SB_1$、$SB_2$ 闭合;②信号按钮 QX、QA 闭合;③中间继电器 $KA_2$ 吸合;④热敏电阻处于低温导通(如超 170 ℃ 就截止);⑤传输到 PLC 中的数据正常。

在上述条件同时具备的情况下,吸力线圈 $KV_1$ 方可吸合接通主回路,切割电机控制回路、二运电机控制回路与此类似。

(3) 保护回路。

掘进机的保护主要有:检漏保护、过流保护、超温保护。

① 检漏保护。

掘进机的检漏仍采用的是附加直流电源检测原理,它属于持续性检测,当操作手柄打到"启动"位置时控制变压器得电运行后,即可检测,线路及电机绝缘下降或漏电时,仪表显示,同时继电器动作,LJ 触点断开。

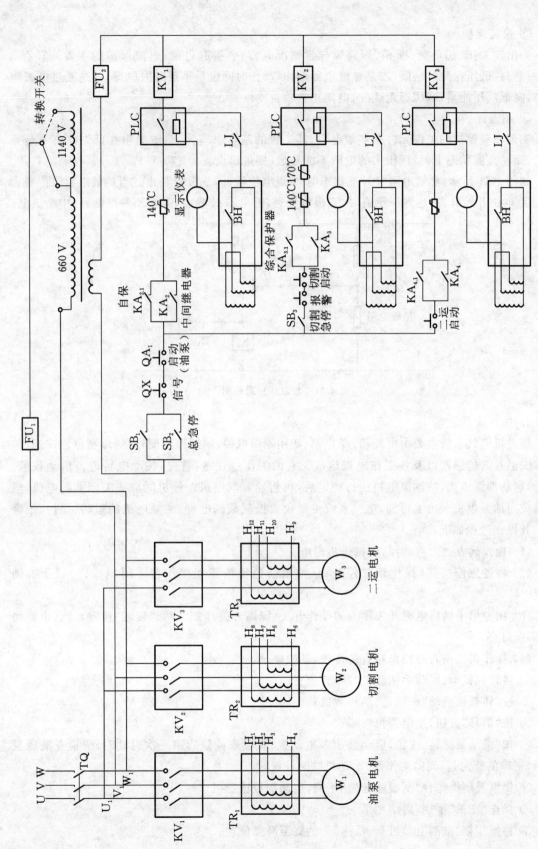

图4-30 掘进机PLC电气控制电路图

② 过流保护。

当出现欠压、超负荷、断相、短路等异常情况时,均会引起过流,过流保护的主要途径有 3 条:一是高、低压保险丝熔断;二是热继电器动作,动作时间也是呈反时限原理;三是通过电磁阀动作,降低液压能量,减缓行走速度,电流正常后自动恢复。

③ 超温保护。

实现超温保护的关键元件是热敏电阻,其工作的基本原理为:热敏电阻在低温状态下是导通的,而在高温状态下,呈现很大的电阻不能导通(掘进机设置为 170 ℃)。

如图 4-31 所示,热敏电阻呈导通状态时,1 点电位很低,三极管截止。当热敏电阻阻值变大时,2 点电位开始升高,达到一定值时,三极管导通,继电器 K 吸合,其常闭触点断开,中断供电。

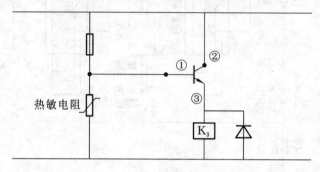

**图 4-31　超温保护原理图**

2. 操作过程

掘进机电气系统主要由电控箱、操作箱、矿用隔爆电铃、隔爆型照明灯、隔爆型急停按钮、矿用本安型瓦斯传感器以及各工作电机组成。它的工作过程是:首先,按动电铃进行启动预警。然后,启动油泵电机,待油泵电机运行稳定后,再启动截割电机。停机时应先关闭截割电机,然后再关闭油泵电机。由上可知,电气系统主要负责控制截割电机、油泵电机的运转、保护、报警等。其操作过程如下:

(1) 操作远方磁力启动器,向掘进机送电。

(2) 将各急停按钮(操作箱急停按钮、油箱前急停按钮和操作台下闭锁按钮)置于解锁位置。

(3) 用专用手柄将电磁开关箱上的操作开关(隔离开关)向上转到"接通"位置,这时电源闭合,照明灯亮。

(4) 操作司机座右侧操作箱有关按钮,其顺序是:

① 将转载机单、联动手柄旋至"联动"位置;

② 按"转载机启动"按钮,启动转载机;

③ 按"信号"按钮,发出警报鸣响;

④ 按"液压泵运转"按钮,启动液压泵电动机(安装或检修后第一次启动时,应检查液压泵旋向,正确的旋向是:面向工作面,电动机顺时针旋转)。

⑤ 操纵液压操作台"刮板输送机"手柄,启动刮板输送机。

⑥ 操作"耙爪"手柄,启动耙爪。

⑦ 将操作箱"截割电动机高、低速"手柄旋至高速位置。

⑧ 按"截割警报"按钮,警报鸣响。

⑨ 启动喷雾泵,进行喷雾冷却。

⑩ 按"截割运转"按钮,启动截割电动机。至此,启动工作全部完毕,可以进行截割操作。

3．工作流程

掘进机各电机的作用与功能不同,它们启停也存在一定的顺序,其中,启动顺序:信号—油泵电机—转载电机—报警信号—截割电机。停止顺序:截割电机—转载电机—油泵电机。

掘进机工作流程如图 4-32 所示。

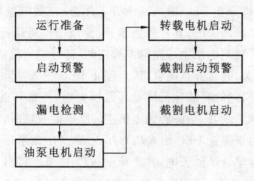

图 4-32　掘进机工作流程图

1）启动控制

电控箱通电,并未与显示屏 PLC 通信时,显示屏将闪烁显示设备自检提示画面;当与 PLC 通信时将闪烁显示掘进机型号生产厂家等基本信息;数秒之后出现待机监测画面,显示各电机及其他状态信息。

按下启动报警开关,其常开点闭合,PLC 信号输入端常开点闭合,电铃警报输出端得电,同时继电器线圈得电,其常开触点闭合,电铃回路接通电源,电铃鸣响。

电铃鸣响后,将对油泵电机进行漏电检测,检测时间为 4 s。如有漏电发生所有电机都不能启动,显示屏显示油泵漏电闭锁提示。

漏电闭锁检测完毕后,PLC 程序控制油泵电机自动启动,油泵启动输入端常开点闭合,油泵运行输出端得电并自锁,同时油泵运行继电器线圈得电,其常开点闭合,从而使真空接触器线圈得电,真空接触器主触点闭合,使油泵电机主回路接通电源,油泵电机启动。在无故障时,显示屏将显示油泵电机启动正常提示。当油泵电机出现过载、过流、断相等故障时,显示屏将立刻弹出其相对应的故障画面。

按下转载电机启动转换开关,如有漏电发生,转载电机不能启动,显示屏出现转载电机漏电闭锁提示。漏电闭锁检测完毕后,PLC 程序控制转载电机启动,转载运行 PLC 输出端得电并自锁,同时转载运行继电器线圈得电,其常开点闭合,从而使转载真空接触器线圈得电,真空接触器主触点闭合,使转载电机主回路接通电源,转载电机启动。在无故障时,显示屏将显示转载电机正常启动提示。当转载电机出现过载、过流、断相等故障时,显示屏将立刻弹出其相对应的故障画面。备用电机启动与转载电机相同。截割电机启动前要求必须先发出报警信号。

油泵电机启动后,按下截割电机启动报警开关,其常开点闭合,启动警报输入端常开点闭合。这时电铃警报输出端得电,同时继电器线圈得电,其常开点闭合,电铃回路接通电源,电铃发出报警鸣响。待延时 5s 后,PLC 程序控制截割电机自动启动,截割电机运行 PLC 输出端得电,同时截割电机运行继电器线圈得电,其常开点闭合,从而使截割电机真空接触器得电,真空接触器主触点闭合,使截割电机主回路接通电源,截割电机启动运行。

在无故障时,显示屏将显示正常启动提示。当截割电机出现过载、过流、断相等故障时,显示屏将立刻弹出其相对应的故障画面。高速与低速启动情况相同,但需注意的是电机的两种速度运行是互锁关系。

2) 停止控制

停机顺序与启动顺序相反。先关闭截割电机,最后关闭油泵电机。按下截割电机停止开关,其常开点闭合,截割电机停止 PLC 输入端常开点闭合,使截割电机运行 PLC 输出端失电,其常开点打开,同时继电器线圈失电,其常开点断开,使截割电机运行真空接触器线圈失电,真空接触器主触点断开,最终截割电机主回路电源被切断,运行中的截割电机停止运行。

按下转载停止转换开关,其常开点闭合,转载停止 PLC 输入端常开点闭合,转载运行 PLC 输出端失电,其常开点打开,同时转载运行继电器线圈失电,其常开点断开,使转载真空接触器线圈失电,真空接触器主触点断开,最终转载电机主回路电源被切断,转载电机停止运行。

按下油泵停止开关,油泵停止 PLC 输入端常开点闭合,使油泵运行 PLC 输出端失电,其常开点打开,同时油泵运行继电器线圈失电,其常开点断开,使真空接触器线圈失电,主触点断开,最终油泵电机主回路电源被切断,运行中的油泵电机将停止运行。

3) 总急停

机器运转过程中,按下紧急停止按钮,PLC 停止所有输出继电器,使运行中的各电机立刻停止。在正常情况下,按下紧急停止按钮,并顺时针旋钮自锁,机器各电机不能启动。

4) 电气联锁

在控制回路中主要的电气联锁有以下六处。

(1) 油泵启动前必须发出信号,油泵才可以启动。

(2) 只有油泵电机启动后,截割电机和转载电机才可以启动,油泵电机停止运行,运行中的截割电机和转载电机也随之停止运行。

(3) 截割电机高低速互锁不能同时启动。

(4) 不发出报警信号,截割电机不能启动。

(5) 利用限位开关,确保在无负荷情况下,隔离开关停、送电。

(6) 电源联锁和门闭锁。

# 4.4 矿用运输机电气控制

## 4.4.1 矿用运输设备概述

煤矿运输是煤炭生产的关键性环节之一,其运输形式多样,对煤矿的发展具有重要意义,包括主要运输及辅助运输。主运输方式是指煤炭的运输,煤矿运输的机械设备主要有工作面的带式输送机、刮板输送机、无轨胶轮车等,提高运输设备的智能化水平成为煤矿企业未来发展的方向。

### 4.4.2　矿用带式输送机电气控制

1. 带式输送机结构

煤矿带式输送机输送能力大、输送距离长,是煤流运输的首选方式。从工作面巷道至地面煤仓,不同功率、不同驱动方式的带式输送机直接搭接或通过中转煤仓组成煤流运输系统,作业线路长,是煤矿井下生产系统的一个关键环节。带式输送机的结构主要包括以下几个部分:输送带、托辊、驱动部分(包括传动滚筒)、机架、拉紧装置和清扫装置等。其中,驱动部分、卸料装置、传动装置、拉紧装置、制动装置、逆止器及电控部分均布置在带式输送机的机头位置。输送机的整体结构如图 4-33 所示。在第二传动滚筒与张紧滚筒之间设 3 组托辊滚筒,带式输送机尾部采用固定式机尾改向装置,回程段的托辊滚筒单独设置机架,落地安装。

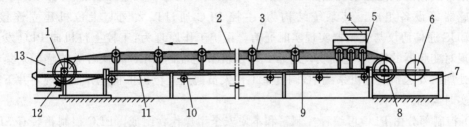

**图 4-33　带式输送机结构简图**
1—驱动滚筒;2—输送带;3—上托辊;4—漏斗;5—缓冲托辊;6—改向滚筒;7—机尾;
8—螺旋张紧装置;9—空段清扫器;10—下托辊;11—中间架;12—弹簧清扫器;13—头罩

1) 输送带

输送带的主要作用是承载和运输物料,其贯穿整个带式输送机全长,成本约占总成本的50%。输送带需有强度高、耐磨性耐腐蚀性好等特点。

2) 托辊

托辊可以减小运行阻力,并能支撑输送带,使输送带能够平稳运行。在输送机中,托辊的数量比较多,其占总重量的 1/3 左右,占整机价值 25% 左右。

3) 传动滚筒

传动转筒的主要功能是为带式输送机传递动力。其结构主要有铸钢或铸铁结构和钢盘焊接结构,并且新设计的产品基本上全部用滚动轴承。

4) 拉紧装置

拉紧装置其一能够保证在传动滚筒的绕出一端产生足够的张力以便于滚筒和输送带之间生成必要的摩擦力来阻止输送带打滑;其二,使输送带张力保持一定值之上,来限制输送带的垂度;其三,补偿运转过程中输送带所产生的伸长变化。

5) 制动装置

制动装置在整机中所占比例不高,但是其重要性是不言而喻的。当输送带发生顺滑或逆转等紧急状况时,必须通过制动装置使输送机实现制动。

6) 清扫装置

清扫装置是为卸载后的输送带清扫表面黏着物之用,最简单的清扫装置是刮板式清扫器。

7) 卸料装置

带式输送机可以使用头部滚筒进行卸料,也可以采用卸料小车或者卸料挡板在整机中间任意点上卸料。

2. 带式输送机控制系统

随着 PLC 控制技术的应用,带式运输机电气控制技术发展进入了一个新的发展阶段,带式运输机启动方式也由单台电机拖动到多台电机拖动,目前采用的驱动装置有:变频调速装置、CST 即差动轮系调速装置、液力调速装置。PLC 控制技术运用到带式输送机中,带式输送机运行的可靠性得到极大的改善。矿用带式输送机电气控制系统为主从式结构,以 PLC 作为核心控制部件,从站可以将采集到的数据信息发送给主站 PLC 并将相应的设备运行参数显示出来,通过主站控制台,操作人员可以实现对带式输送机的控制,而如果带式输送机在运行中出现问题,其能够在操作台和上位机上及时反映出来。

1) 单条带式输送机测控系统

单条带式输送机测控系统如图 4-34 所示,主要由工控上位机监控系统、主控 PLC、变频器、各类传感器等设备组成。其系统结构为:主控 PLC 通过以太网与上位机建立连接,通过 PROFIBUS 通信协议与变频器实现实时通信。系统工作原理为:工控上位机向 PLC 发送控制命令实现对变频器的控制,进而实现对带式输送机节能控制,PLC 将从各类传感器采集到的数据进行处理后发送到上位机系统中,调度室工作人员通过上位机可视化界面实现对井下输送机状态的实时监测。

(1)控制部分由 PLC 可编程控制箱和本质安全型操作台组成。PLC 控制箱装有 SIMENS CPU 模块及扩展功能模块、本安电源、本安隔离栅及中间继电器等。控制部分主要功能:采用模块化结构,可以提供本安电源,供操作台和主控制箱控制回路以及带速和电机转速检测单元使用;人机界面具有各部关联设备运行状态和参数显示功能,包括皮带的运行、停止、电机转速、电机电流、故障保护、近远控、电机温度、变频软启动控制器工作温度、变频软启动控制器直流电压、系统电压、电机运行功率、电机转矩、电机频率、运行时间等多个参数和故障及报警信息。

(2)操作部分在本安操作台上完成,操作台装有多种电流和速度显示仪表、显示灯、操作按钮,具有本地、手动和自动、集控等多种操作方式。

(3)变频器设有过压、欠压、过流、电机超(失)速、缺相、堵转及功率器件过热等保护功能。带式输送机运行各种保护:带式输送机的保护有启动预警信号、跑偏、急停、烟雾、速度、堆煤、撕裂、温度、张力等保护,并对井下的烟雾状态进行实时检测。

(4)采用工业环网将多台变频软启动控制器与 PLC 电气控制系统有效桥接,实现带式输送机的全程控制。系统接入工业以太网,进入地面调度中心集控平台,实现带式输送机远程一键式启动控制。

2) 多条带式输送机协同控制系统

带式输送机设备较多,并且工作环境恶劣,为保证系统运行的安全性和可靠性,需通过成熟的 PLC 技术和总线网络通信实现其控制功能,通过烟雾、温度、跑偏、急停、撕裂、速度等保护传感器对其监测与保护。基于视频 AI 的多机顺煤流控制系统工作原理如下:运输系统启动时先启动初始来煤方向上的第一条带式输送机,当机尾物料运动到机头时自动启动第二条带式输送机,以此类推。运输系统停止时先停止带式输送机供煤设备,等到初始来煤方向上的第一条带式输送机运行半圈后停车,同时给第二条带式输送机计算运行距离,同样运行半圈后停车,以此类推。在控制带式输送机顺煤流依次启动的基础上,利用 AI 相机识别来煤方向带式输送机上有无煤。无煤时按标准顺煤流启动,有煤时立即启动下一条带式输送机,防止堆煤。多条带式输送机协同控制系统如图 4-35 所示。

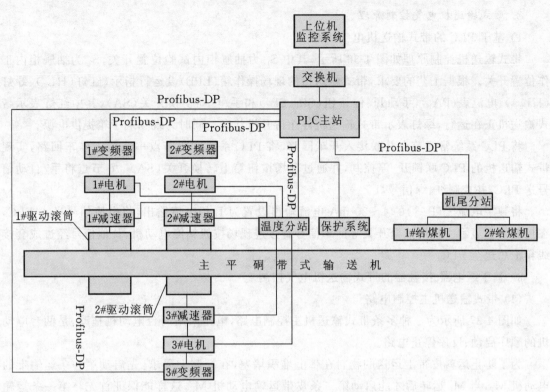

**图 4-34　单条带式输送机测控系统**

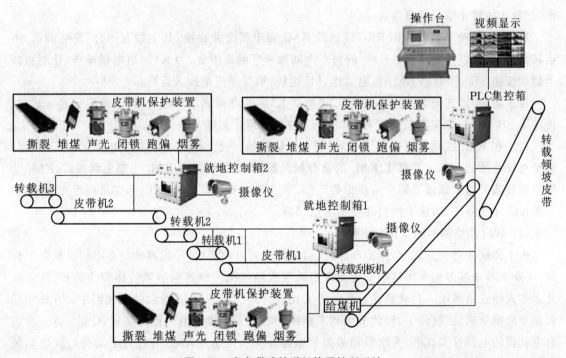

**图 4-35　多条带式输送机协同控制系统**

3.带式输送机电气控制原理

1)基于 PLC 的带式输送机电气控制

带式输送机控制原理如图 4-36 所示,其中 $S_1$ 为抽屉柜内试验位置开关,$S_2$ 为抽屉柜内工作位置开关。根据工艺的要求,带式输送机的现场操作箱(LPB)设运行指示(红灯($HL_4$)、绿灯($HL_2$))、电流表($PA_1$),手动开、停按钮($SB_1$、$SB_2$)和手/自动切换开关(SA),其中红灯表示带式输送机正在运行,绿灯表示带式输送机停止待开机状态。同时为现场端子箱提供电源。

将 PLC 系统常开节点并联接入开车回路,将 PLC 系统常闭节点串联接入停车回路,实现带式输送机的 PLC 联锁开、停控制,并通过现场按钮箱上转换开关(SA)5、6 节点将手/自动信号送 PLC,并控制红、绿信号灯。

将数字电流表($PA_2$)的 4~20 mA 电流输出设置为 B 相电流输出,将电流信号送入 PLC,在控制台上显示。现场拉绳开关等停车信号直接进现场按钮箱停电动机,其他信号经过成套接线箱汇总送至 PLC。

2)基于继电器-接触器的带式输送机电气控制

(1)带式输送机主控制电路。

如图 4-37 所示为一种多条带式输送机主控制电路,电路采用两台电动机拖动,是两台电动机的顺序启动、反序停止电路。

为了防止运料皮带上运送的物料在带上堆积堵塞,在控制上要求:先启动第一条运输带的电动机 $M_1$,当 $M_1$ 运转后才能启动第二条皮带运输电动机 $M_2$,这样能保证首先将第一条运输带上的物料先清理干净,来料后能迅速运走,不至于堵塞。停止皮带运输时,要先停止第二条皮带,然后才能停止第一条皮带。

启动时,先按下启动按钮 $SB_2$,接触器 $KM_1$ 得电吸合并自锁,其主触点闭合,使电动机 $M_1$ 运转,第一条皮带开始工作。$KM_1$ 的另一个辅助常开触点闭合,为 $KM_2$ 通电做准备,这时再按下启动按钮 $SB_4$,接触器 $KM_2$ 得电动作,$M_2$ 运转,第二条皮带投入运行。

停止运输时,先按下停止按钮 $SB_3$,接触器 $KM_2$ 断电释放,$M_2$ 停转,第二条皮带停止运输。再按下 $SB_1$,$KM_1$ 断电释放,$M_1$ 停转,第一条皮带也停止运输。

由于在 $KM_2$ 线圈回路串联了 $KM_1$ 的常开辅助触点,使得在 $KM_1$ 未得电前,$KM_2$ 不得电;而又在停止按钮 $SB_1$ 上并联上 $KM_2$ 的常开辅助触点,能保证只有 $KM_2$ 先断电释放后,$KM_1$ 才能断电释放。这就保证了第一条皮带先工作,第二条皮带才能开始工作;第二条皮带先停止,第一条皮带才能停止,防止了物料在皮带上的堵塞。

(2)软启动控制回路及控制电路。

由于传统的启动方式(全压启动、降压启动和变频启动等)已经很难满足多电动机复杂工作制,工业上越来越多地采用软启动装置来启动带式输送机。软启动装置价格较为昂贵,故采取几条带式输送机共用一台软启动装置的方式比较合理。在图 4-38 所示的主回路中,SS 软启动器是集电机软启动、软停车、轻载节能和多种保护功能于一体的电机控制装置,$QS_1$~$QS_4$ 为各台电动机的电源开关,$QS_5$ 为软启动装置的电源开关。$KM_1$~$KM_4$ 为各台电动机与软启动装置 SS 相连的接触器。$KM_{11}$~$KM_{41}$ 为各台电动机定子绕组与电源相连的接触器,$FR_1$~$FR_4$ 为各台电动机的过热保护继电器。

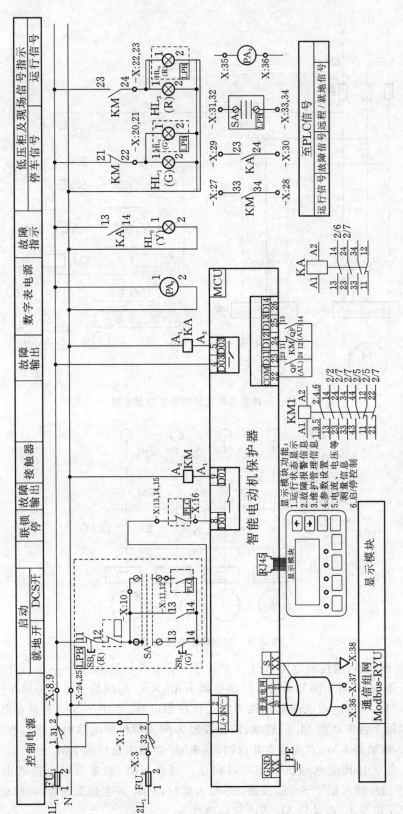

图4-36　带式输送机控制原理

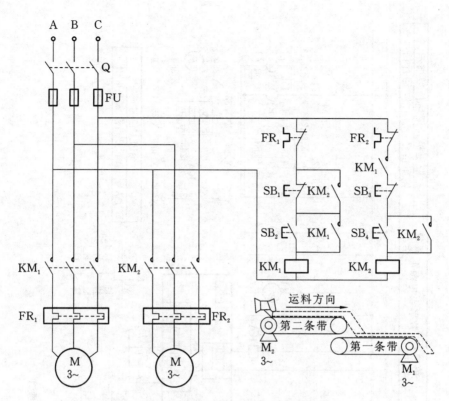

图 4-37　一种多条带式输送机主控制电路

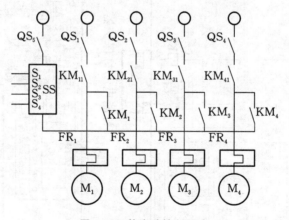

图 4-38　软启动控制回路

如图 4-39 所示,软启动控制电路可分为 3 部分。第 1 部分是由 $SB_1 \sim SB_4$ 及 $KM_1 \sim KM_4$ 所组成的启动互锁电器;第 2 部分是由中间继电器 $KA_1$、$KA_2$ 组成的启动和旁路单元;第 3 部分是由接触器 $KM_{11} \sim KM_{41}$ 组成的电动机正常工作控制电路。$SB_{11} \sim SB_{41}$ 为各台电动机的停止按钮。下面以第 1 台电动机 $M_1$ 的启动、停止控制为例说明控制电路的工作过程:启动时按下启动按钮 $SB_1$,接触器 $KM_1$ 首先通电并自锁,其 $KM_1$ 常闭接点切除 $KM_2 \sim KM_4$ 的通路,保证了电动机 $M_1$ 启动时其他电动机不能同时启动。同时 $KM_1$ 的常开触点接通中间继电器 $KA_1$,SS 的启、停信号输入端子 $S_1$、$S_2$ 接通,SS 投入运行,$KM_1$ 的主触头闭合,将软启动装置串接于电动机的定子电源上,电动机 $M_1$ 进入软启动状态。

　　到了设定的时间后,SS 的旁路信号输出端子 $S_3$、$S_4$ 接通中间继电器 $KA_2$、SS 旁路,电动机 $M_1$ 软启动结束。同时,接触器 $KM_{11}$ 控制电动机 $M_1$ 进入正常工作状态,其常闭触点使 $KM_1$ 失电,使 $KM_1$ 常闭接点闭合,为 $KM_2 \sim KM_4$ 线圈得电做好准备。按下 $SB_{11}$ 电动机 $M_1$ 停止运转。图 4-39 中 $KM_1 \sim KM_4$ 的常闭接点均为互锁接点,其作用是当 $KM_1 \sim KM_4$ 中有 1 个线圈得电时,其他接触器线圈均被切断,保证了在同一时间内只有 1 台电动机启动。

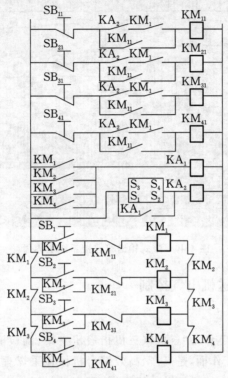

**图 4-39　软启动控制电路**

4. 带式输送机上位机监控软件

　　带式输送机上位机监控软件主要由数据采集系统、显示系统、控制系统和用户系统四大系统构成。上位机监控软件系统主要是将井下皮带实时运作情况及各个设备的运作参数呈现在整个监控系统中,通过向下位机发送命令实现控制操作,发生紧急事故时可以及时预警,以确保井下工作人员的安全。

　　带式输送机监控系统主界面如图 4-40 所示,可以分为三部分内容:

　　① 在界面上端主要显示的内容是电机、减速机、滚筒的参数数据表,以及输送带带速设定值和实际值,通过参数可以确定其是否为正常运行状态。

　　② 在界面中间部分呈现输送带结构简图,实时显示电机的转速、电流、功率数据,主要监测电机的运行状态并对其进行功率平衡的控制。

　　③ 在界面下端主要呈现内容有皮带监测状态、系统整体启动模块、电机投入或切除的选择及系统控制方式的选择。其中,皮带监测状态包括温度、烟雾、跑偏、煤位、撕裂和洒水状态,若显示绿色则表示其状态正常,若显示灰色则表示状态不正常;系统整体启动模块包括单级皮带启动条件、监测系统、上仓系统、皮带系统的启动状态,若显示绿色则表示启动状态,若显示灰色则表示未启动状态。

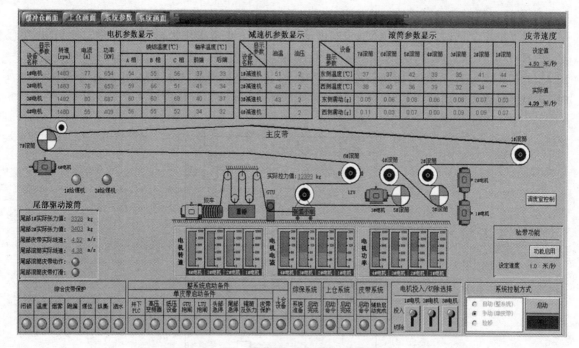

图 4-40　带式输送机监控系统主界面

### 4.4.3　矿用刮板输送机电气控制

1. 刮板输送机结构

刮板输送机是煤矿井下工作面"三机"(三机指液压支架、刮板输送机、采煤机)的重要组成部分,适用于煤矿井下综采工作面,是高产、高效综合机械化采煤理想的工作面运输设备,其工作原理是通过传动装置将动力传递给链轮组件,从而驱动封闭的刮板链循环运转,实现运输物料的功能。刮板输送机的类型很多,各组成部件的形式和布置方式也各不相同,但其主要结构和基本组成部分是相同的,刮板输送机的组成结构如图 4-41 所示。

刮板输送机的主要结构分为机头部、机身、机尾部和辅助装置四部分。

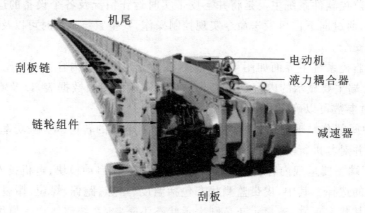

图 4-41　刮板输送机结构图

1—链轮组件;2—刮板链;3—机尾;4—电动机;5—液力耦合器;6—减速器;7—刮板

1）机头部

机头部是输送机的传动装置，由机头架、电动机、液力联轴器、减速器、机头主轴和链轮组件等组成。作用是电动机通过联轴器、减速器、机头主轴和导链轮，带动刮板在溜槽内运行，将煤输送出来。

2）机身

机身是输送机的送煤部分，由溜槽和刮板链组成。溜槽是输送机机身的主体，是荷载和刮板链的支承和导向部件，由钢板焊接压制成形，分为中部标准溜槽、开口槽、变线槽、调节溜槽和连接溜槽，溜槽之间用连接环连接，刮板链由链环和刮板组成。

3）机尾部

机尾部由机尾架、机尾轴、紧链装置、导链轮或机尾滚筒组成，导链轮用来改变刮板链方向，紧链装置用来调节刮板链松紧。

4）辅助装置

辅助装置包括紧链器、溜槽液压千斤顶和防滑装置等。

刮板输送机沿着采煤工作面平行布置，机头部电机经联轴器、减速器驱动其链轮组件运转，其中的电机将电网供给电能转换为机械能为系统提供驱动力，联轴器用于连接电机输出轴和减速器轴以传递力矩，减速器则能够降低电机提供的高转速并使输出转矩变大。与机头架、机尾架上的链轮齿相啮合的牵引链条被转动着的机头与机尾链轮组件牵引，在中部槽的承载槽（上溜槽）与回空槽（下溜槽）内作无极循环运转，带动与链条固定在一起的刮板前进，进而刮板推动由采煤设备截割而掉落在承载槽中的煤炭持续前行，运输至机头部借助一定的方式将煤炭卸载于配套的中间转载机内运出。刮板输送机的工作原理如图 4-42 所示。

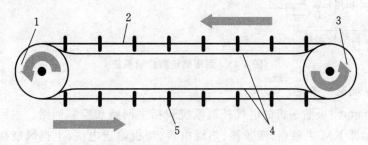

**图 4-42　刮板输送机的工作原理**

1—机头链轮；2—链条；3—机尾链轮；4—上下溜槽；5—刮板

**2. 刮板输送机控制系统**

刮板输送机是一种以挠性体作为牵引机构的连续动作式运输机械，主要用于回采工作面或顺槽等其他场所。刮板输送机作为综采工作面的主要运输设备，是综采机械化设备的核心部分，其运行的稳定性将直接影响煤炭的开采效率。其驱动电机功率在 525 kW 以上时，电机启动电流是额定电流的 6～8 倍，直接启动时会造成电机端电压降低，从而引起移动电站的保护性动作，无法正常启动输送机。另一方面，电机直接启动对机械传动部件的冲击过大，极大地影响了链轮、链条等关键传动部件的寿命，易造成设备启动困难，常引起断链及影响同线路其他设备的正常运转等故障事故发生。为此，刮板输送机多采用变频控制技术解决电网及机械部件的冲击问题，较好地满足了矿山正常生产的需要。刮板输送机控制系统如图 4-43 所示。

（1）操作箱通过 CAN 总线，实现对刮板输送机链条自动张紧等的控制。刮板输送机启动时,控制链条张紧系统进行预张紧,张紧完成后刮板输送机启动;刮板输送机停机时,先停止变频器输出,然后控制链条进行松链。

(2) 配套煤量扫描仪,利用激光扫描技术实时检测刮板输送机煤流量数据。扫描仪将煤流量数据传输至操作箱,操作箱内置 PLC 控制器通过分析煤流量数据及刮板输送机的电动机电流,形成刮板输送机最佳速度信号。操作箱通过 CAN 总线将调速信号发送至变频器,实现对刮板输送机的智能调速控制。

(3) 刮板输送机驱动部数据采集由数据采集箱实现,每个驱动部配置 1 个数据采集箱。数据采集箱内置多路温度检测模块,获取电动机或减速器内的温度传感器信号,并将多路模拟量信号转换为 CAN 总线标准数据帧,发送至操作箱,通过操作箱 PLC 控制器实现驱动部的数据监控及保护。

(4) 刮板输送机驱动部运行过程的状态由安装于电动机基座位置的振动传感器实现监测,通过监测电动机的振动幅度和频率实现对驱动部运行异常情况的报警与维护检修提示。

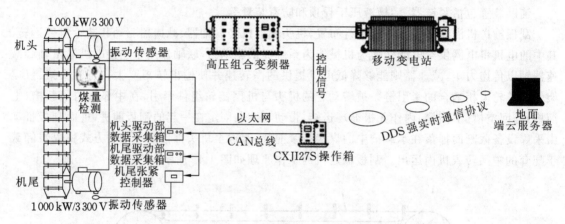

图 4-43 刮板输送机控制系统

3. 刮板输送机电气原理

如图 4-44 所示,刮板输送机的电气控制系统包括主回路和控制回路。主回路包括串联的塑壳断路器、接触器 KM 主触点、变频器、热继电器、刮板输送电机,电机风扇接在塑壳断路器与接触器 KM 主触点之间。控制回路包括第一支路、第二支路、热继电器 KH 的常闭点、熔断器,第一支路与第二支路并联后与热继电器 KH 的常闭点熔断器串联,第一支路包括串联的断链保护开关和继电器 KA 的控制线圈,第二支路包括串联的继电器 KA 的常闭点和接触器 KM 的控制线圈。电气控制系统还包括 PLC 控制器,PLC 控制器通过信号线连接变频器,编码器安装在刮板输送电机的输出轴上,编码器的信号输出端与 PLC 控制器的输入端连接,PLC 控制器连接上位机。

塑壳断路器 $QF_1$ 闭合,合上控制回路熔断器,接触器 KM 线圈得电,主回路 KM 常开点闭合,变频器上电,PLC 通过现场断链开关 DL 的闭合,通过程序的编程 PLC($Q_1$)点闭合来启动变频器,再通过变频器内部的接线端子来给变频器 0~50 Hz 的频率。热继电器 KH 起热过载保护作用,当发生热过载时,控制回路里 KH 常闭点就打开,切断电流保护电机。

对于预防断链,通过变频器的过载加过流保护来实现;而变频器过载对于断链保护,通过变频器加编码器加 PLC 的组合来实现,当传动链条断裂时,变频器会欠电流或过载报警,此外从动链轮轴的转速会降低,该转速的降低通过编码器传送至 PLC,通过与变频器的转速对比从而快速地发出故障信号并停机。

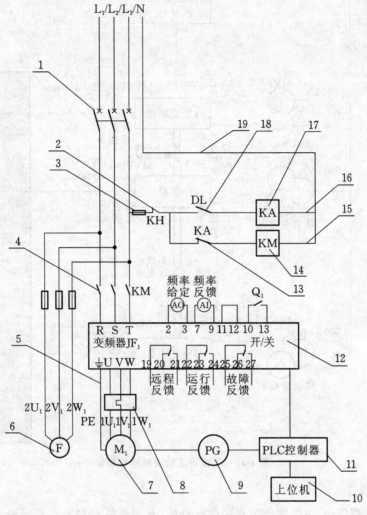

**图 4-44 刮板输送机电气原理**

1—断路器;2—热继电器常闭点;3—熔断器;4—接触器主触点;5—主回路;6—电机风扇;7—刮板输送电机;
8—热继电器;9—编码器;10—上位机;11—PLC 控制器;12—变频器;13—继电器常闭点;
14—接触器;15—第二支路;16—第一支路;17—继电器;18—断链保护开关;19—控制回路

1)刮板输送机变频控制

刮板输送机电气控制系统的核心为 PLC 控制器和变频器,具体原理如下:由现场各类传感器对刮板输送机的运行状态参数进行采集,并将所采集到的数据通过 PLC 控制器进行分析,结合刮板输送机实时运行煤层、顶底板情况得出相应的控制指令,从而实现对变频器的控制,变频器通过对电机的控制完成对刮板输送机运行参数的调整和控制。刮板输送机变频控制系统如图 4-45 所示,现场传感器包括离合器温度传感器、油温传感器、液位传感器以及油压传感器等,此外,基于电气控制系统还能够实时对刮板输送机的故障信息进行报警,并将其实时运行参数显示于上位机显示屏上,便于用户观察。

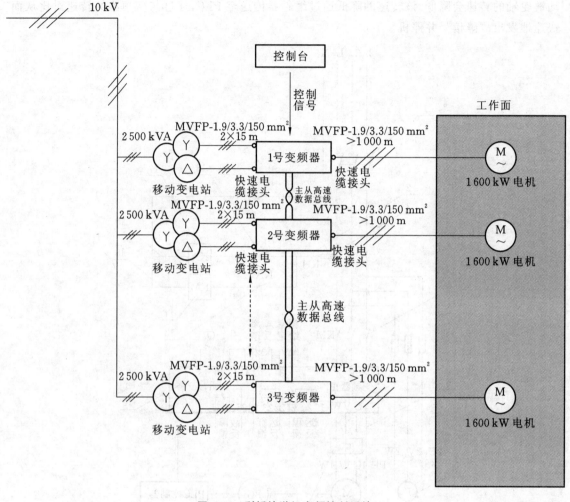

**图 4-45　刮板输送机变频控制系统**

2）主电路设计

在变频驱动系统中，主电路作为直接执行机构，其可靠性和稳定性直接决定整个系统的运转性能。交-直-交电压型变频驱动主电路如图 4-46 所示。

3）刮板输送机保护电路

（1）漏电保护。

在进行来煤以及运煤的过程中，需要使用刮板输送机的双速电机进行工作。在这一过程中，可能会出现双速电机的电流通过主回路而将地缘电阻以及分布的电容接入大地中。在实际的综采现场中，相关工作人员所进行的漏电保护是基于零电流控制以及附加直流源的检测。经过相关工作人员分析得知，在控制零电流以及检测附加直流源的零序电流时，更需要对控制中的漏电保护进行掌握，并对影响漏电保护的因素进行排查和完善。

（2）过电保护。

煤矿运输中刮板输送机控制装置的保护电路如图 4-47 所示。电容 $C_1$、$C_2$、$C_3$ 可以增加负载侧的电容值，并通过增加的电容值来进一步降低主回路的节流过电压，以此来进一步减少波

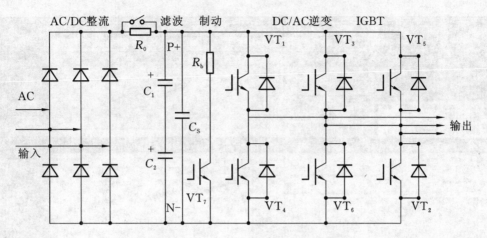

图 4-46　交-直-交电压型变频驱动主电路

阻抗回路的节流过电压,从而进一步减少波阻抗和减缓浪涌电压的实际上升速度。由于与电容串联的电阻 $R_1$、$R_3$ 以及 $R_5$ 可以在一定程度上起到能量消耗的作用,因此,只有做到保持高频电流,才能将其衰减,与电容并联的电阻 $R_2$、$R_4$、$R_6$ 为实际电容的电阻。为了更好地分析过电保护装置,相关专业人员对降低节流过电压的过程以及中间环节进行分析,当断开交流电时,电流会在一定程度上从峰值下降到零点,并产生截流。

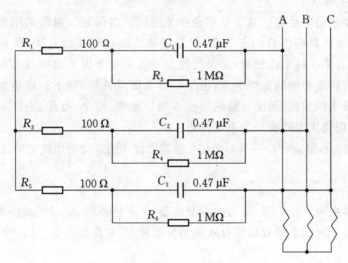

图 4-47　过电保护电路

4. 刮板输送机远程监控

　　刮板输送机远程监控系统可分为地面部分与井下部分,地面部分由上位机远程监控系统组成,远程监控软件如图 4-48 所示。井下部分设有刮板输送机机头监控分站与机尾监控分站、RS485 串口总线、传感器设备等。监控分站与安装于刮板输送机的传感器设备连接,负责参数的采集、存储与传输等,通常将距离井下集控中心最近的监控分站设置为总站,负责整个设备参数的收集与打包,并传输至集控中心,同时通过以太网将数据传输到地面上位机,实现刮板输送机的远程监控。

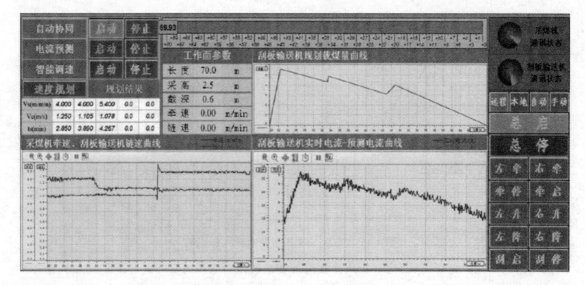

图 4-48　刮板输送机远程监控软件

### 4.4.4　无轨胶轮车电气控制

**1. 无轨胶轮车结构**

煤矿井下重型设备的运输一直是煤矿企业关注的热点问题。通常采用有轨平板车来对重型设备进行运输,虽然具有极高的安全性,但是设备装卸过程非常麻烦,而且需要铺设大量铁轨。近些年来,随着采矿技术的发展,无轨胶轮车开始运用于煤矿重型设备的运输中。所谓无轨胶轮车是指具有防爆功能的重型卡车,由于不需要铺设铁轨,井下运输更加灵活。随着煤矿高产集约化开采技术的发展,辅助运输的地位也更加重要,安全、可靠、高效率的无轨胶轮车的应用,已成为矿井现代化生产的一个重要标志。

无轨胶轮车作为一种适合在井下不平和长坡路面使用的客货两用胶轮车,机械结构如图 4-49 所示。

**1) 传动系统**

传动系统主要由液力变矩器、动力换挡变速箱、上下传动轴、前后驱动桥和轮胎组成。液力变矩器采用带耦合工况的单级双相综合式液力变矩器,具有高效区宽、最高效率高、适用性强的优点。

**2) 液压系统**

液压系统包括转向、制动、自卸及手动应急等回路。工作制动采用前、后制动器独立控制的进口双回路制动阀,前、后桥均设置有紧急/驻车制动器。自卸系统采用双缸直顶式,油缸为双级双作用油缸,结构简单。系统设有应急手动回路,手动液压泵作为控制回路的应急油源,用于动力装置发生故障需要拖车时,解除车辆的驻车制动。

**3) 气动系统**

气动系统包括充气回路、发动机启动回路和气压控制回路。充气回路为车载气罐补充压缩空气,发动机启动回路主要由涡轮式气马达、启动和过载控制阀等组成,用于防爆柴油机的启动。控制系统包括发动机空气关断阀门气缸、燃油切断气缸、雨刮以及喇叭的控制等。

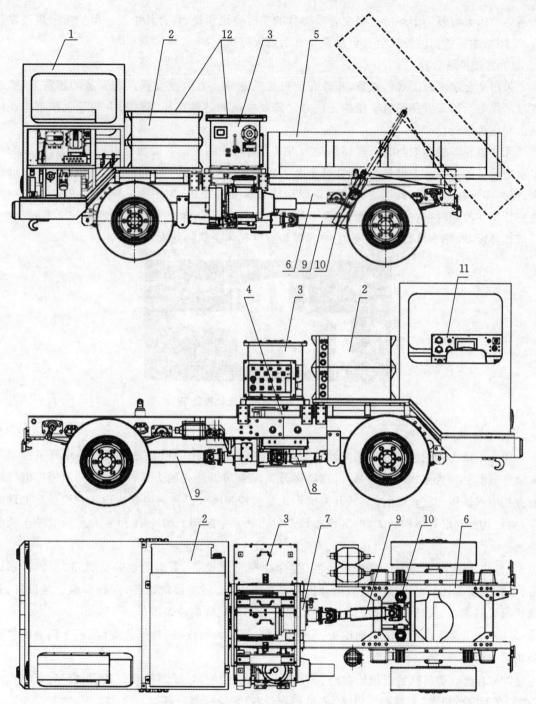

**图 4-49　无轨胶轮车机械结构**

1—防爆柴油机；2—进排气防爆装置；3—驾驶操纵装置；4—传动系统；5—前悬挂装置；6—前摆架；

7—前机架；8—铰接转盘；9—后机架；10—后悬挂；11—后摆动轮总成；12—自卸车厢

4）防爆电气和安全保护系统

防爆电气和安全保护系统包括隔爆型永磁发电机、矿用隔爆型备用电源箱、矿用隔爆型机车灯、矿用语音灯光告警装置、矿用隔爆电磁阀、矿用柴油机保护监控仪等。安全保护系统用于防爆柴油机无轨胶轮车运行过程中各项参数的实时监测和显示,若其中某一保护指标超过设定值,矿用柴油机保护监控仪会发出报警并自动熄火停机。

5)驾驶操纵装置

采用全金属半封闭式驾驶室,布置在前机架的左侧。方向盘设置在驾驶员的正前方,驾驶室显示仪表全部布置在司机座位的正前方。需要操纵的各种按钮、旋钮、手柄等全部布置在操纵台和座椅附近。

无轨胶轮车的性能与其所选用的动力方式有着很大的关系。柴油机由于动力大,已成为很多重型设备的主要动力设备,特别适合于恶劣环境条件下使用。自防爆柴油无轨胶轮车问世以来,经过多年技术改进,其已成为煤矿辅助运输最重要的设备,如图 4-50 所示。但防爆柴油无轨胶轮车在使用时存在一些问题,主要是噪声大和排放污染物量大。由于煤矿井下空间狭小,空气循环慢,胶轮车运行过程中产生的有毒和致癌气体会威胁到人体健康。

图 4-50 矿用防爆柴油无轨胶轮车

2. 无轨胶轮车控制系统

国内市场上的绝大多数矿用无轨胶轮车的电气控制采用的形式是直接用防爆开关控制电气设备通断。该种方式的原理是:采用防爆开关配上防爆外壳的方式,将该开关和相应电气设备直接串入供电回路里,通过旋转开关的形式直接控制电气设备的通断。该种方式虽然原理简单,但是其控制设备体积较大,电气设备较多时无法集中控制。图 4-51 所示为无轨胶轮车控制系统。

(1)控制中心设备包括综合服务器、生命周期管理设备、采购需求分析设备、车辆识别设备、计算机设备、综合显示设备、故障分析专家系统设备、同步通信设备、运行数据监测设备、紧急情况控制设备、人员安全分析设备、调度路径自动规划导航设备等。

(2)车场设备包括车辆识别设备、车辆油料自适应添加设备、数据传输设备、车辆故障检测分析维修设备、危险报警箱等。

(3)巷道设备包括数据传输线路、无线通信设备、控制器、视频检测设备、报警箱、车辆识别设备、车辆定位设备、车速检测设备、人员识别设备,瓦斯检测设备等。

(4)车载设备包括各类信息采集设备、无线传输控制设备、通信设备、报警箱、驾驶员识别设备、人员接近设备、行车记录仪等。

3. 无轨胶轮车电气控制原理

无轨胶轮车的电气系统一般主要由电池系统、防爆兼本安电气控制箱和执行系统组成。无轨胶轮车的电气原理如图 4-52 所示。电池系统中电池管理系统是核心,决定了该系统的快慢

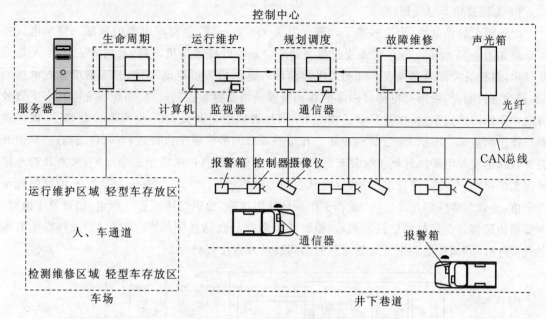

图 4-51　无轨胶轮车控制系统

和可靠性。防爆兼本安电气控制箱的核心是 PLC 整车控制器,这也是整个电气系统的关键部件。PLC 整车控制器向各个部件发出指令,并且收集各个传感器的反馈信号。执行系统由灯、电机和开关等组成。

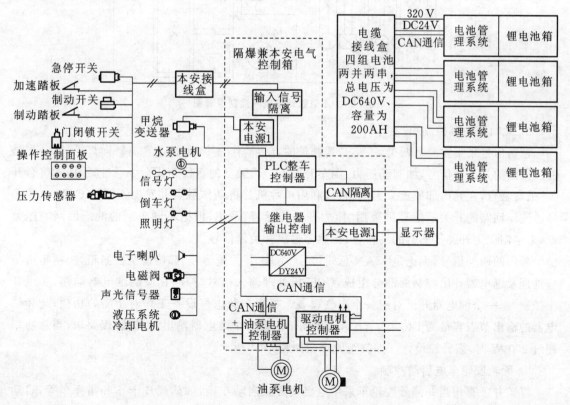

图 4-52　无轨胶轮车的电气原理

1) 无轨胶轮车电气控制

此车辆无启动电锁(钥匙),靠手动断电开关 $QS_1$、$QS_2$ 控制整车电源的通断。整车电气控制原理如图 4-53 所示。开车前先要拉起手动断电开关以接通整机电路,此时本安仪表 A 接通并显示,驾驶员需要通过仪表上部的人机界面输入密码后方可启动车辆;开车前确保充电插口 XS 和充电机断开,否则充电插口内部的联锁装置会切断整车控制线路,防止在充电状态下驾驶员启动车辆而造成事故;在开车前还需放开手刹,否则手刹开关 $QC_1$ 会阻断控制线路,保护带刹车操作而造成的电机 $D_1$ 过载而损坏。在按照要求的步骤顺序执行后,方可启动前进/后退开关并轻踩本安型电子加速器 J 行驶车辆。正常操作车辆时整机的电子安全保护、监测及行车记录仪系统启动,当重要部件温度过高(尤其表面温度超过 140 ℃),或者电源装置 E 绝缘值低于设定值,或者车体倾斜角度过大,或者工作环境的甲烷值(由甲烷传感器 S 测量)超过设定值时,本安型传感器发送信号给整机控制器,报警并阻断控制线路强制停车。此外,当线路发生其他电气部件故障时,控制器也发送故障信号给驾驶员并直接强行停车。

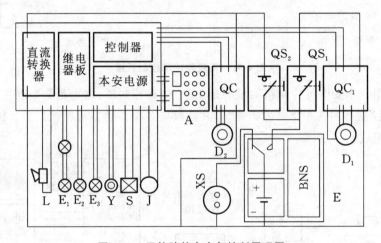

图 4-53　无轨胶轮车电气控制原理图

2) 无轨胶轮车控制箱

控制信号采集主要有两类,一类是驾驶员的直接动作命令,如拨动左右转向灯等;另一类是液压回路的开关量信号,如制动压力、倒车开关等。驾驶员的直接动作命令通过"手柄式组合开关"采集触点,在其内部放置采集电路板,利用单片机分析动作触点并发出不同的 CAN 总线信号。液压回路的开关量信号则采用"压力开关传感器"采集,根据不同车型的液压回路的压力点,来定制压力开关传感器的动作点,传感器输出开关量信号。

采集的两类信号,无论是"CAN 总线信号"还是"开关量信号"都传输至控制箱,控制箱由信号处理及继电器开出控制两部分组成,CPU 板处理输入信号,控制相应的继电器动作,实现开出控制,每一个继电器开出对应一个电气设备。根据车载电气设备工作时所需的功耗,选择继电器的输出节点容量为 DC24 V/5 A,而控制箱内有多个继电器输出,根据防爆要求,当总功率超过 250 W 时,需分腔设计。控制箱原理图如图 4-54 所示。

3) 无轨胶轮车电启动控制

煤矿井下有相当一部分胶轮车采用电启动方式启动车辆,如防爆皮卡车和指挥车等,启动

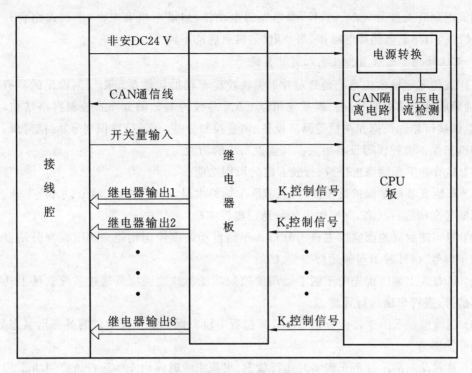

**图 4-54　控制箱原理图**

电机的功率主要有 2.8 kW、3.7 kW、5.5 kW 以及 7 kW 等,使用最多的是 5.5 kW 的启动电机。启动电机为 3 线制,其中 2 线为电源线,工作时最大冲击电流可达到 300 A,另一根线作为启动电机的控制线,工作时电流为 5 A 左右。电启动箱控制启动电机的工作原理如图 4-55 所示。

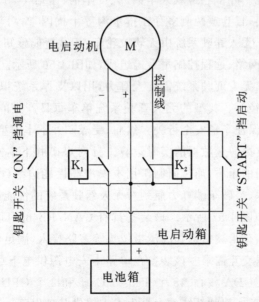

**图 4-55　电启动箱控制启动电机的工作原理**

当手柄式组合开关接通"ON"挡，$K_1$ 继电器得电动作，启动电机有电；当手柄式组合开关接通"START"挡，$K_2$ 继电器得电动作，启动电机，进而启动车辆。

4. 无轨胶轮车远程监控及无人驾驶系统

矿用胶轮车运输监控系统是针对井下无轨胶轮车辅助运输系统而研制推出的具有车辆监测、交通调度管制功能的系统。该系统用以 CAN 总线为基础的分布式控制网络结构，由地面主机、数据接口箱和数据光端机等网络设备、调度控制分站、车辆位置识别分站、信号牌、车辆标识卡和机车保护监控仪等设备组成。其监控系统的功能为：

（1）具有井下车辆当前位置、行驶方向的识别功能。

（2）车辆安装机车保护监控仪时，可监测车辆的水温、表温、排温、油压、水位、车速、里程及沿途瓦斯等车辆运行状态，并实时上传到地面监控主机。

（3）能实现脱离地面监控主机的分布式车辆自动调度控制功能。调度控制分站自动控制井下行车信号，保证井下车辆运行安全、畅通。

（4）具有人工调度优先的车辆手动调度控制功能。地面调度员通过系统软件手动控制井下行车信号，进行车辆运行管理。

（5）运输监控系统软件能分析机车故障过程中机车保护监控仪记录的各测点状态参数，给出车辆养护参考。

（6）具有动画演示井下车辆实时运行状态、重演指定时间内车辆运行轨迹的功能。

（7）具有故障报警功能、历史记录查询功能、报表生成打印功能。

区别于城市汽车等无轨交通无人驾驶，在煤矿井下开展无轨胶轮车无人驾驶存在一系列挑战：井下巷道狭长，"长廊效应""多径效应"明显，对激光雷达、毫米波雷达、同步定位与建图等技术的应用等带来较大干扰。井下巷道载人车辆、载货车辆、搬运车、工程车及行人等混行，主力矿井车辆及人员通行密集，且巷道两侧多存在排水沟等干扰因素，对车辆横纵向控制精度要求高。煤矿井下无轨胶轮车无人驾驶系统由无轨胶轮车、车载智能感知系统、车载决策控制系统、矿用智能路侧单元、通信网络、远程控制平台等组成，如图 4-56 所示。

煤矿井下无轨胶轮车无人驾驶系统需要大算力，用以支撑系统识别巷道场景、感知车身四周环境、规划控制行驶路径等。典型的无人驾驶系统单车每日产生的数据可达 TB 级别，只有及时更新、分析数据才能保证车辆安全行驶。然而，受煤矿井下本安型设备的功耗限制，车载计算单元的算力往往无法支撑海量数据的实时运算。针对煤矿井下本安型设备功耗限制与无人驾驶系统大算力需求之间的矛盾，通过研制矿用本安型高性能边缘计算装备，开发基于边缘计算的分布式算力共享技术，突破车端算力瓶颈对无人驾驶系统的性能限制。矿用本安型高性能边缘计算装备电气原理如图 4-57 所示。该装备具有 CAN/RS485/USB/千兆以太网总线等硬件接口，可保证激光雷达、毫米波雷达和高清摄像头等多路接入，满足煤矿井下复杂环境中无人驾驶系统感知及海量数据交互需求。该装备在单路本安电源供电下最高运行算力为 21 TOPS（INT8 型），具备 384 个 CUDA 核心、48 个 Tensor Core 和 2 个 GPU 引擎，可并行多个复杂神经网络算法，为煤矿井下无人驾驶系统的大算力需求提供基础保障。

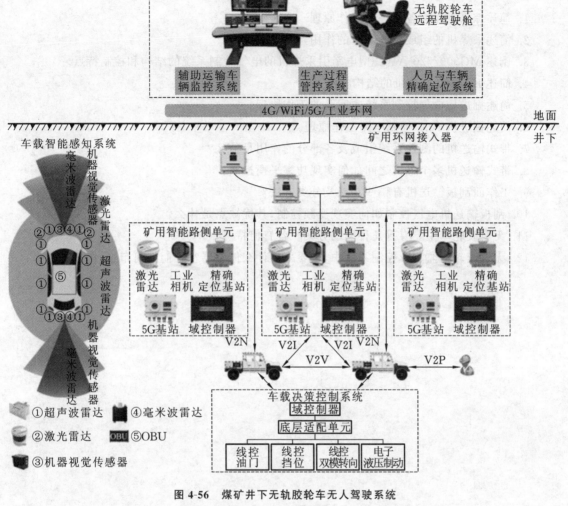

图 4-56　煤矿井下无轨胶轮车无人驾驶系统

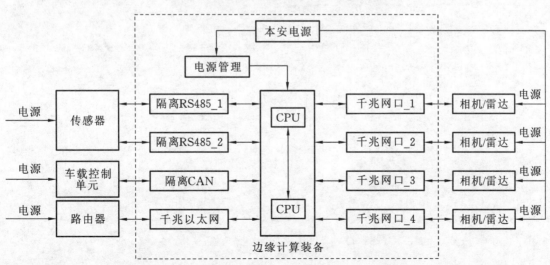

图 4-57　矿用本安型高性能边缘计算装备电气原理

**【思考题】**

1. 简述综采工作面各设备的工作原理。

2. 简述采煤机的组成及各部分的作用与特点。

3. 阐述 MG300/720-AWD 型电牵引采煤机的电气控制系统的结构和控制特点。

4. 简述 EBZ160 掘进机的结构特点。

5. 简述掘进机电气控制系统主回路的工作原理。

6. 简述掘进机 PLC 控制电路工作原理。

7. 带式输送机的测控系统组成及各部分的作用是什么？

8. 带式输送机多个电机之间如何实现功率平衡控制？

9. 工作面刮板输送机有哪些功能及分类方法？

10. 刮板输送机电气控制如何实现变频控制，其优缺点是什么？

11. 无轨胶轮车主要有哪几种驱动方案？各有何特点？

12. 无轨胶轮车监测及控制系统中，主要采用什么传感器？它们如何布置，作用是什么？

# 第 5 章　矿用通压排设备电气控制

## 5.1　通风设备电气控制

**【知识与能力目标】**

掌握矿用通风、压风、排水等流体设备结构组成、工作原理及其电气控制技术,了解通压排设备的自动化、智能化关键技术,具备进行相关设备的电气控制系统方案设计的能力。

**【思政目标】**

通过学习本章知识,培养学生树立矿用设备低碳节能生产的理念和煤矿安全生产与节能减排理念。

### 5.1.1　矿井通风机概述

通风机的作用是通过扇叶将气流进行传送和交换,就能量转化方面而言,通风机实现电能到机械能再到气流能的转化。其可以向井下输送新鲜空气,供人员呼吸,使有害气体的浓度降低到对人体安全无害的程度;同时,调节温度和湿度,改善井下工作环境,保障煤矿生产安全。通风机分类方法较多:根据风流流动方向不同分为离心式与轴流式;根据叶轮数目不同分为单级风机与双级风机;根据用途不同分为主通风机和局部通风机;根据产生的风压大小分为低压、中压与高压风机。

随着全球能源危机的到来,能源的过度开采导致能源供给无法满足经济发展需求的现象已经开始出现。20 世纪中叶,TBT、JBT 式的通风机逐步引入我们国家,这种局部通风机的叶片采用单风叶的结构,且排布紧密,除了价格低廉外,其耐用性也得到了普遍的认可。当然,它也存在很多缺点,比如:风压较低、噪声偏大。而 DJK、JK 式的通风机则被广泛应用于断面井巷的开采过程中,通常被用于换气和引风过程中。其具有体积较小、重量较轻、移动灵活方便和噪声较低等特点。为了实现人类社会的可持续发展,我国早已实施节能环保战略。21 世纪以来,国家大力提倡煤矿设备节能环保,具有高效率、高风压、大风量、性能好、高效区宽、噪声低、运行方式多和安装检修方便等优点的对旋式主轴通风机迅速发展,被誉为 21 世纪的环保节能通风机。

随着煤矿行业的快速发展,矿井通风机也展现出新的发展趋势,概括来讲,就是向设备的节能降噪方向发展,向设备的集中控制与自动化方向发展,向设备的选型设计高可靠性、高配置、高起点方向发展。

161

### 5.1.2 通风机机械结构特点

1. 离心式通风机

1）离心式通风机的组成及主要部件的作用

离心式通风机主要组成部分有叶轮、机壳、扩压器、前导器、集流器以及进气箱。叶轮是离心式通风机的关键部件，它由前盘、后盘、叶片和轮毂等零件焊接或铆接而成，其作用是将原动机的能量传送给气体。机壳由一个截面逐渐扩大的螺旋流道和一个扩压器组成，用来收集气流，并导向通风机出口，同时将气流部分动压转变为静压。前导器的作用是控制进气大小和叶轮入口气流方向，以扩大离心式通风机的使用范围和改善调节性能。集流器的作用是引导气流均匀地充满叶轮入口，并减少流动损失和降低入口涡流噪声。因气流转弯会使叶轮入口截面上的气流很不均匀，安装进气箱的目的是改善叶轮入口气流状况。

2）离心式通风机的结构

离心式通风机种类繁多，下面将以 4-72-11 离心式通风机为例对其结构与特点进行介绍。

4-72-11 离心式通风机是单侧进风的中、低压通风机，"4"表示该通风机的压力系数乘 5 后的化整数为 4，"72"表示其比转速为 72，"11"表示其设计序号。其主要特点是效率高、运转平稳、噪声较低、风量范围为 1 710～204 000 m³/h，风压为 390～2 550 Pa，适用于小型矿井。

4-72-11 离心式通风机结构如图 5-1 所示。其叶轮采用焊接结构，由 10 个后弯式的机翼型叶片、双曲线型前盘和后盘组成。该通风机从 No2.8～No20 共 13 种机号，"2.8"表示其叶轮直径为 280 mm。机壳有两种形式：No2.8～No12 机壳做成整体式，不能拆开；No16～No20 机壳做成三部分，沿水平方向能分为上、下两半，各部分间用螺栓连接，易于拆装、合并。为方便使用，出口位置可以根据需要选择并安装。进风口为整体结构，装在通风机的侧面，其沿轴向截面的投影为曲线状，能将气流平稳地引入叶轮，减少流动损失。

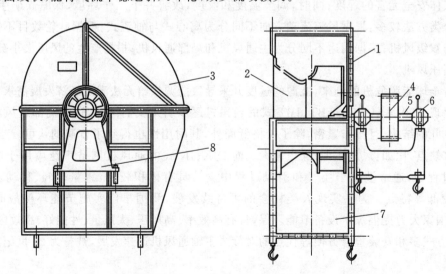

**图 5-1 4-72-11 离心式通风机结构**

1—叶轮；2—集流器；3—机壳；4—皮带轮；5—传动轴；6—轴承；7—出风口；8—轴承座

**2．轴流式通风机**

1）轴流式通风机的组成及主要部件的作用

轴流式通风机主要组成部分有叶轮、导叶、集流器以及扩散器。叶轮由若干扭曲的机翼型叶片和轮毂组成,叶片以一定的安装角度安装在轮毂上,其安装角度可在 $10°\sim55°$ 范围内调整。叶轮的轮毂比、叶轮直径、叶轮结构、叶片数和叶片的叶型对风机的特性有较大影响,其值通过试验确定。导叶固定在机壳上,其主要作用是确保气流按所需的方向流动,减少流动损失。集流器的疏流罩的主要作用是使进入通风机的气流呈流线型,减少入口流动损失,提高风机效率;扩散器的作用是使气流中的一部分动压转变为静压,以提高风机的静压与静压效率。

2）轴流式通风机的结构

目前矿山常用的轴流式通风机种类繁多,下面将以 2K60 型矿井轴流式通风机为例对其结构与特点进行介绍。

2K60 型矿井轴流式通风机结构如图 5-2 所示,"2K"表示其为双叶轮的矿用通风机,"60"表示叶轮的轮毂比为 0.6。该通风机有 No18、No20、No28 三种,最高静压可达 4 905 Pa,风量范围为 $20\sim25~\mathrm{m^3/s}$,功率为 $430\sim960~\mathrm{kW}$。通风机主轴转速有 1 000 r/min、750 r/min、650 r/min 三种。

2K60 型矿井轴流式通风机为双级叶轮,轮毂比为 0.6,叶轮叶片为扭曲机翼型叶片,叶片安装角可在 $15°\sim45°$ 范围内做间隔 $5°$ 的调节,每个叶轮上可安装 14 个叶片,装有中、后导叶,后导叶采用机翼型扭曲叶片,因此,在结构上保证了通风机有较高的效率。该机根据使用需要,可以通过调节叶片安装角或改变叶片数的方法来调节通风机性能,以求在高效率区内有较大的调节幅度。其为了满足反风要求,设置了手动制动闸及导叶调节装置。当需要反风时,用手动制动闸加速停车制动后,既可用电动执行机构遥控调节装置,也可以利用手动调节装置调节中、后导叶的安装角,实现倒转反风,其反风量不小于正常风量的 $60\%$。

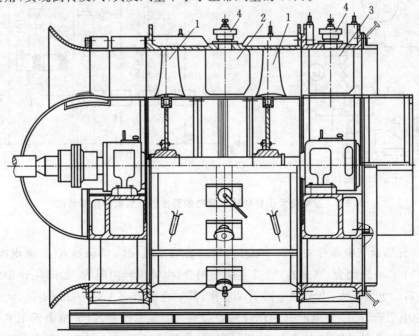

**图 5-2　2K60 型矿井轴流式通风机结构**

1—叶轮;2—中导叶;3—后导叶;4—绳轮

### 5.1.3 通风机电气控制原理

矿井大型通风机常采用绕线型异步电动机和同步电动机拖动,本节主要介绍同步电动机拖动的对旋轴流式、离心式通风机。同步电动机的启动主要有辅助启动、软启动和异步启动三种方法,现以同步电动机异步启动法为例进行分析。

1. 启动控制线路的组成与工作原理

同步电动机的启动控制线路由定子绕组回路、转子绕组励磁回路及控制回路组成,如图 5-3 所示。定子回路由控制（QF、$KM_1$、KA）、保护（KV、YA）以及监测（电流表）等设备组成。转子绕组由并励直流发电机 G 供电,控制回路由降压启动接触器 $KM_1$、全压运行接触器 $KM_3$、投励接触器 $KM_4$、强励接触器 $KM_2$,以及降压启动时间控制继电器 $KT_1$、投励时间控制继电器 $KT_2$ 等组成。

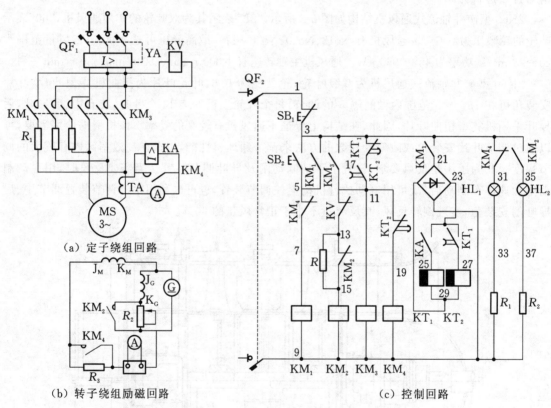

（a）定子绕组回路

（b）转子绕组励磁回路

（c）控制回路

图 5-3　按电流大小自动投入励磁的同步电动机实际控制线路

1）启动

启动时,分别合上电源开关 $QF_1$ 和 $QF_2$,按下启动按钮 $SB_2$,接触器 $KM_1$ 通电吸合,其辅助动合触点 $KM_1$(3—5)闭合,实现自锁;其主触点闭合,电动机经电阻 $R_1$ 做降压异步启动。由于定子回路的启动电流很大,电流继电器 KA 动作,其动合触点 KA(23—25)闭合,使时间继电器线圈 $KT_1$ 通电吸合,$KT_1$ 延时断开的动合触点(23—27)瞬时闭合,时间继电器 $KT_2$ 通电吸合。同时 $KT_1$ 延时闭合的动断触点(3—17)瞬时断开,避免接触器 $KM_3$、$KM_4$ 吸合产生误动作。经一定延时后,当电动机转速增加时,定子电流下降,使电流继电器 KA 释放,$KT_1$ 随之释放,$KT_1$

的动断触点(3—17)延时闭合,接通接触器 KM₃ 线圈,其动合触点 KM₃(3—11)闭合,实现自锁,KM₃ 主触点闭合,同步电动机在全压下继续启动。同时,KT₁ 延时打开的动合触点(23—27)断开时间继电器 KT₂ 的线圈回路。KT₂ 延时闭合的动断触点(11—19)经延时使电动机转速接近同步转速后闭合,接触器 KM₄ 通电吸合,其在励磁回路的动合触点闭合,短接电阻 $R_3$ 并给同步电动机投入励磁。KM₄ 的另一对动合触点短接电流继电器 KA₁ 线圈,KM₄ 的动断触点(5—7)断开,接触器 KM₁ 断电释放,切断定子启动回路及 KT₁、KT₂ 线圈的电源,至此启动过程结束。

2)运行

在运行过程中,如电网电压过低,同步电动机的输出转矩将下降,电动机工作就趋于不稳定。为此,在电网电压低到一定数值时,欠压继电器释放,其动断触点(11—13)闭合,使接触器 KM₂ 通电吸合,将直流发电机 G 磁场回路中的电阻 $R_2$ 短接,直流发电机输出增加,同步电动机的励磁电流增加,从而加大了同步电动机的电磁转矩,保证其正常运行。

3)停车

停车时,按停止按钮 SB₁,KM₃ 和 KM₄ 释放,切断定子交流和转子直流励磁电源。

2. 制动控制线路的组成与工作原理

同步电动机停车时,如需进行电气制动,最方便的方法是能耗制动。将运行中的同步电动机定子绕组电源断开,再将定子绕组接于一组外接电阻 $R$ 上,并保持转子绕组的直流励磁。这时同步电动机就成为电枢被 $R$ 短接的同步发电机,能很快地将转动的机械能变换成电能并最终转化为热能而消耗在电阻 $R$ 上,同时电动机被制动。

简化的同步电动机的能耗制动的主电路如图 5-4 所示,控制电路类似于一般的异步电动机的能耗制动电路,这里不再叙述。

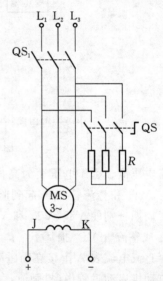

图 5-4 同步电动机能耗制动主电路

### 5.1.4 通风机电气控制系统

通风机的电气控制方式有串频敏变阻器和晶闸管励磁调压控制等方式,本节以 KGLF-11 型晶闸管励磁装置为例进行介绍。

1. KGLF-11 型晶闸管励磁装置组成特点与工作原理

KGLF-11 型三相全控桥同步电动机晶闸管励磁装置由主回路和控制电路组成,其框图如图 5-5 所示,电气原理如图 5-6 所示。

1)主回路

主回路由高压开关柜、转子励磁柜、同步电动机组成。同步电动机定子经断路器和隔离开关投入 6 kV 高压交流电源,其转子励磁绕组由 380 V 三相交流电源经整流变压器 T₁ 和三相全控整流桥供给直流电源,这里主要介绍转子励磁柜。

(1)监测。

直流电压表 V 与放电电阻 $R_{d1}$、$R_{d2}$ 串联接在三相全控桥晶闸管的输出端,用于显示输出的

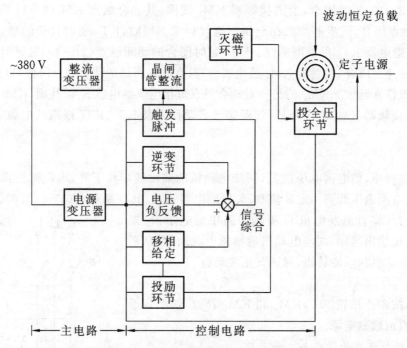

图 5-5　KGLF-11 型晶闸管励磁装置框图

整流电压值。由于电压表为高内阻,放电电阻值所引起的误差可忽略不计,但它却对晶闸管 $VT_7$、$VT_8$ 和整流管 $VD_1$ 起到监视作用。在同步电动机正常启动时,转子感应的交变电压正、负半周期分别使 $VT_7$、$VT_8$ 和 $VD_1$ 导通,电压表 V 被短接而无指示,否则,说明晶闸管 $VT_7$、$VT_8$ 或整流管 $VD_1$ 损坏。

　　直流电流表 A 串接在励磁回路靠近同步电动机转子负载侧,用来测量励磁电流值。在同步电动机启动过程中(投励前),全控桥不工作,电流表在转子感应出的交变电流作用下指示为零,只有在投励后电流表才指示励磁电流值。

　　(2)灭磁。

　　同步电动机在异步运行时,转子绕组的感应过电压由灭磁插件控制晶闸管 $VT_7$、$VT_8$ 导通,接入放电电阻 $R_{d1}$、$R_{d2}$ 进行消除。

　　(3)三相全控整流桥。

　　三相全控桥 $VT_1 \sim VT_6$ 由脉冲插件触发导通。当三相全控整流桥的晶闸管 $VT_1 \sim VT_6$ 开始工作时,可通过改变它们的控制角 $\alpha$ 来控制直流励磁电压值。电压值随控制角 $\alpha$ 增大而变小,而电压波形的脉动却随之加快。当控制角 $\alpha$ 大于 60°时,整流电压波形脉动更大,但通过同步电动机转子励磁绕组电感放电,使整流电压正负两半波形不对称,即负半周期小于正半周期,故整流电压的平均值仍为正值。当整流电压脉动时,由于同步电动机转子绕组是一个大电感带电阻的负载,转子励磁绕组通过三相全控桥晶闸管 $VT_1 \sim VT_6$ 中导通的两个晶闸管元件和整流变压器 $T_1$ 二次侧绕组放电,产生连续的励磁电流,使得晶闸管 $VT_1 \sim VT_6$ 在较大的控制角时仍可导通。附加插件 I 能在同步电动机正常停车或故障跳闸时提供附加控制信号,使三相全控桥晶闸管 $VT_1 \sim VT_6$ 的控制角 $\alpha$ 变为 120°左右,即使晶闸管工作在逆变状态下,也不致因同步电动机停车时转子电感放电造成续流或逆变颠覆而使元件烧坏。晶闸管整流桥工作在逆变状

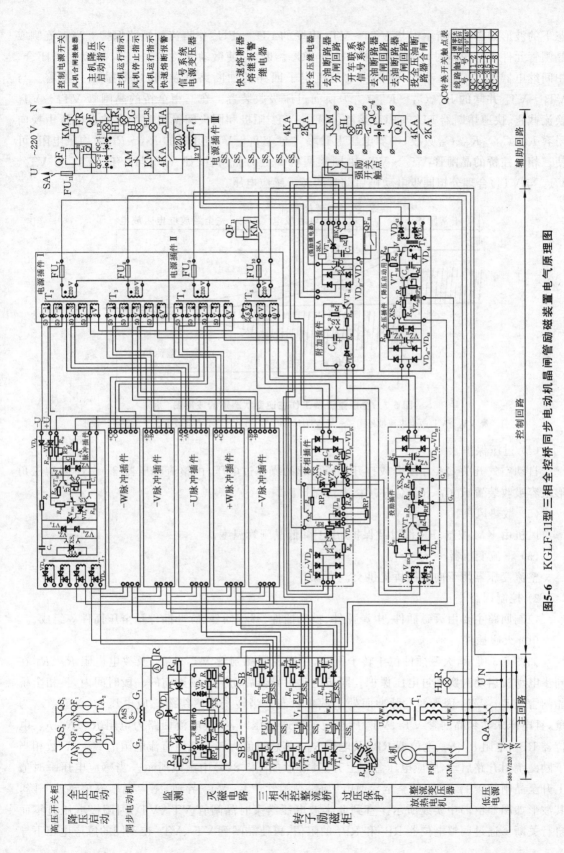

**图5-6　KGLF-11型三相全控桥同步电动机晶闸管励磁装置电气原理图**

态下的波形如图 5-7 所示。与 $VT_1 \sim VT_6$ 串联的 $FU_1 \sim FU_6$ 作直流侧短路保护。当直流侧或晶闸管元件本身短路时,快速熔断器 $FU_1 \sim FU_6$ 熔断,并使微动开关 $SS_1 \sim SS_6$ 的动触点闭合,中间继电器 4KA 通电动作,使同步电动机定子回路的油断路器跳闸,切断励磁并报警。与 $VT_1 \sim VT_6$ 并联的 $R_{11}$、$C_{11} \sim R_{61}$、$C_{61}$ 为换向过压吸收装置。在三相全桥的晶闸管 $VT_1 \sim VT_6$ 换流截止、快速熔断器 $FU_1 \sim FU_6$ 熔断、$VT_1 \sim VT_6$ 阳极和阴极间换向时产生的过电压由换向阻容 $R_{11}$、$C_{11} \sim R_{61}$、$C_{61}$ 吸收,削弱电压上升率。与 $VT_1 \sim VT_6$ 并联的 $R_{12} \sim R_{62}$ 为均压电阻,可使三相全控桥的晶闸管 $VT_1 \sim VT_6$ 中同相两桥臂上的晶闸管(如 $VT_1$ 与 $VT_4$、$VT_3$ 与 $VT_6$、$VT_5$ 与 $VT_2$)合理分担同步电动机启动时的转子感应电压。

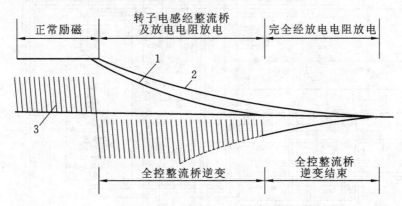

**图 5-7 全控整流桥工作在逆变状态下的波形图**

1—经 $VT_1 \sim VT_6$ 放电电流波形图;2—经 VD、$R_{d2}$ 和 $VT_1 \sim VT_6$ 放电电流波形;3—励磁电压波形

(4) 过压保护。

自动空气开关 QA 在闭合或打开时所引起的操作过电压,由整流变压器 $T_1$ 二次侧的三角形阻容吸收装置 $R_U C_U$、$R_V C_V$、$R_W C_W$ 进行保护。

(5) 散热风机。

风机由 KM 控制,FR 作过载保护,用于降低晶闸管温度。

(6) 整流变压器。

整流变压器用于向全控桥提供交流电源。

2) 控制回路

控制回路主要由灭磁插件、电源插件、投励插件、移相插件、脉冲插件及全压插件等组成。

(1) 灭磁插件。

如图 5-6 所示,灭磁插件位于转子回路,用于控制晶闸管 $VT_7$、$VT_8$ 及放电电阻 $R_{d1}$、$R_{d2}$ 在同步电动机启动时实现过电压保护。同步电动机异步启动至投励磁前的一段时间内,三相全桥晶闸管 $VT_1 \sim VT_6$ 因无触发脉冲而处于截止状态。当转子励磁绕组感应电压 $G_1$ 为正、$G_2$ 为负,且电压未达到晶闸管 $VT_7$、$VT_8$ 所整定的导通电压时,感应电流回路为电阻 $R_{d1}$、$R_1$、$R_3$、电位器 $RP_1$、电阻 $R_2$、$R_4$、电位器 $RP_2$ 及电阻 $R_{d2}$,其总阻值为转子绕组直流电阻的数千倍,故相当于励磁绕组开路启动,感应电压急剧上升,其波形如图 5-8(a)中虚线所示。当感应电压瞬时值上升至晶闸管 $VT_7$、$VT_8$ 的整定导通电压时,晶闸管 $VT_7$、$VT_8$ 导通,感应电压峰值迅速下降,其波形如图 5-8(a)中实线所示。直到此半波电压结束时晶闸管 $VT_7$、$VT_8$ 因阳极电压过零而自行关断。通过调整电位器 $RP_1$ 和 $RP_2$ 的阻值,可使晶闸管 $VT_7$、$VT_8$ 在不同的感应电压下导通。根据整定装置额定电压的不同,调整 $VT_7$、$VT_8$ 的导通电压。当转子励磁绕组感应电压 $G_1$ 为负、$G_2$ 为正时,二极管 $VD_1$ 导通,放电电阻 $R_{d1}$ 和 $R_{d2}$ 接入励磁回路,使转子感应电压、电流两半波完全对称,保持同步电动机固有的启动特性,如图 5-8(b)所示。

按钮 SB 用来检测灭磁环节的工作情况。按下按钮 SB,使电阻 $R_1$、$R_3$ 串联后与 $R_5$ 并联,$R_2$、$R_4$ 串联后与 $R_6$ 并联。因 $R_5$、$R_6$ 阻值相对较小,从而增加了电位器 $RP_1$、$RP_2$ 的压降。检测时,要先把整流电压调小,再按下按钮 SB,此时灭磁晶闸管 $VT_7$、$VT_8$ 可以导通且电压表 V 指示为零。若松开按钮 SB,熄灭线使晶闸管 $VT_7$、$VT_8$ 截止,电压表指针回到原来的整定值,说明该环节能正常工作。

当同步电动机启动完毕,投入励磁牵入同步运行后若晶闸管 $VT_7$、$VT_8$ 未关断,三相全控桥交流侧电源出现 W 相为正,U 相或 V 相为负,则放电电阻 $R_{d1}$ 和晶闸管 $VT_7$ 被熄灭线短接,晶闸管 $VT_7$ 无电流流过而自动关断;当 W 相电源从正变负,流经晶闸管 $VT_8$ 和放电电阻 $R_{d2}$ 的电流 $i_u$ 逐渐减小,如图 5-9 所示。当 $i_u$ 减小到晶闸管维持电流以下时,晶闸管 $VT_8$ 也自动关断。

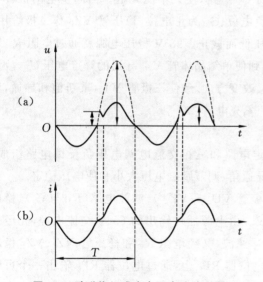

图 5-8  励磁绕组感应电压电流波形图

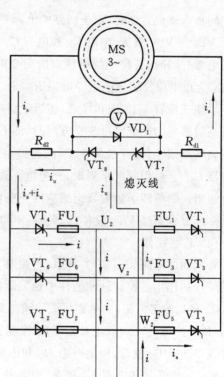

图 5-9  熄灭线的作用

(2)电源插件。

电源插件有三块,如图 5-6 所示,用于向各插件供电。由低压电源的相电压供给 $T_2$~$T_6$ 变压器,使其变为 65 V、50 V、40 V、12 V 等电压分别向脉冲插件、移相插件、投励插件、附加插件、全压插件等供电。

(3)投励插件。

投励插件的作用是保证同步电动机的启动转速达到亚同步速度时自动向移相插件发出投

励指令,其电路如图 5-10 所示。

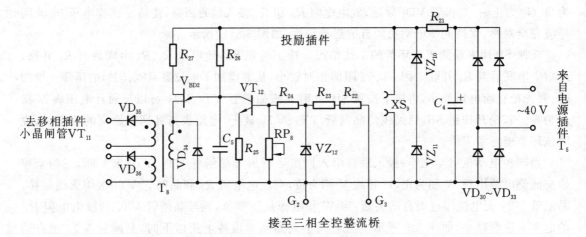

图 5-10　投励插件电路图

　　同步电动机启动时,定子回路的电源开关一合闸,即接通同步电源,其交流 40 V 电压经二极管 $VD_{30} \sim VD_{33}$ 整流、电阻 $R_{21}$ 和电容 $C_4$ 滤波、稳压管 $VZ_{10}$、$VZ_{11}$ 稳压,变成约为 28 V 的稳定直流电源。同时,若转子绕组感应的交变电压第一个半周期加在端子 $G_2$、$G_3$ 上,则 $G_2$ 为负电位,$G_3$ 为正电位。感应电压经电阻 $R_{22}$、$R_{23}$ 降压,稳压管 $VZ_{12}$ 稳压到 4 V 左右。此电压经 $R_{24}$ 降压后使三极管 $VT_{12}$ 饱和导通,相当于将电容器 $C_5$ 短路,使其不能充电。当同步电动机转子励磁绕组感应的交变电压改变方向时,即 $G_3$ 为负电位,$G_2$ 为正电位,稳压管 $VZ_{12}$ 作二极管用,其正向电压很小,使三极管 $VT_{12}$ 的基极上的分压低而截止。28 V 稳压电源就通过电阻 $R_{26}$ 对电容器 $C_5$ 充电,但仅此半周期,充电电压尚达不到使单结晶体管 $V_{BD2}$ 导通的峰点电压 $U_P$,故无脉冲输出。随后转子励磁绕组感应的交变电压又改变方向,致使三极管 $VT_{12}$ 重新饱和导通,充上的一部分电荷经 $VT_{12}$ 放掉,以免后一半周期积累充电。

　　(4) 移相插件。

　　移相插件电路如图 5-11 所示,它由移相给定电路和三相交流电网电压负反馈电路组成。移相插件的作用是控制脉冲插件中触发脉冲的导通角,调节励磁电压大小和使电压稳定。

　　① 移相给定电路:由单相桥式整流电路(二极管 $VD_{18} \sim VD_{21}$)、滤波电路($R_{16}$ 与 $C_3$)、稳压电路($R_{17}$ 与 $VZ_7$、$VZ_8$)及电位器 $RP_6$ 等部分组成。由电源插件输出的 65 V 交流电源,先经二极管 $VD_{18} \sim VD_{21}$ 整流,再由电阻 $R_{16}$ 和电容器 $C_3$ 滤波,又经电阻 $R_{17}$ 和稳压管 $VZ_7$、$VZ_8$ 稳压后,15 V 的电压加于电阻 $R_{18}$ 和 $R_{19}$ 以及外接的电位器 $RP_6$ 上,通过电位器 $RP_6$ 输出一个可调的稳定电压 $E_g$,作为六个脉冲插件移相控制的主要电源。

　　② 三相交流电网电压负反馈电路:由 $VD_{24} \sim VD_{29}$ 三相桥式整流回路以及电阻 $R_{20}$、稳压管 $VZ_9$ 和电位器 $RP_7$ 组成,由电位器 $RP_7$ 调节反馈的强弱。当电网电压为 380 V 时,相应的输入交流相电压为 6 V,经二极管 $VD_{24} \sim VD_{29}$ 整流后,通过电阻 $R_{20}$ 降压,加于稳压管 $VZ_9$ 上,此电压尚不足以使其稳压工作。电位器 $RP_7$ 滑动触头上电压 $E_f$ 随电网电压降低而减小,只有当电网电压上升至 390 V 以上时,$VZ_9$ 才起稳压作用,此时电位器 $RP_7$ 滑动触头的电压 $E_f$ 为一恒定值。

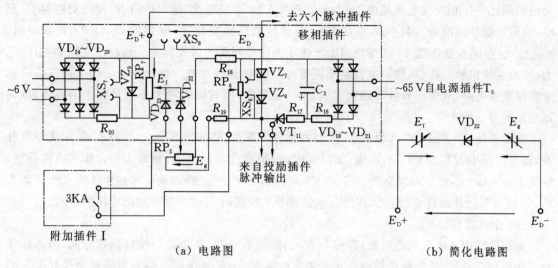

图 5-11　移相插件电路图及其简化电路图

（5）脉冲插件。

脉冲插件共有六块（＋U、－V、＋W、－U、＋V、－W），分别产生触发脉冲去触发转子励磁回路的 $VT_1 \sim VT_6$，其内部元件及接线都相同，仅外部接线不同。为此，现以＋U 相脉冲插件为例，说明其工作原理。如图 5-12 所示，＋U 相脉冲插件电路由同步电源、脉冲发生电路及脉冲放大电路三部分组成。

① 同步电源：如图 5-6 所示，产生脉冲的同步电源由同步变压器 $T_2$ 的＋U 相 50 V 电压供给，－U 相 50 V 电源供给脉冲放大电容 $C_2$ 进行预充电。＋U 相电源与－U 相电源相位相差 180°，各自经二极管 $VD_7$ 和 $VD_6$ 进行半波整流。

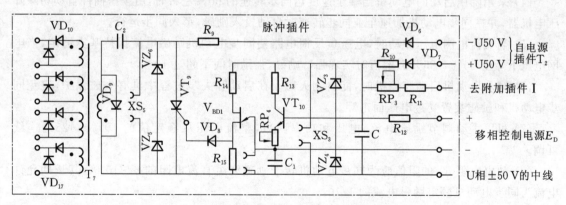

图 5-12　＋U 相脉冲插件电路图

② 脉冲发生电路：由单结晶体管 $V_{BD1}$、三极管 $VT_{10}$、电位器 $RP_4$ 及电阻 $R_{15}$ 等组成。通过控制移相插件输出的直流信号 $E_D$ 的大小来改变三极管 $VT_{10}$ 集电极与发射极的等效电阻，从而调节电容器 $C_1$ 的充电时间。当电容器 $C_1$ 上电压充到单结晶体管 $V_{BD1}$ 峰值电压 $U_P$ 时，$V_{BD1}$ 导通，在电阻 $R_{15}$ 上产生脉冲电压，触发小晶闸管 $VT_9$；当电容 $C_1$ 放电至 $V_{BD1}$ 的谷点电压（$U_V \approx$ 2 V）时，$V_{BD1}$ 关断。电容器 $C_1$ 重新充电，重复上述过程。

③ 脉冲放大电路：由电容器 $C_2$、小晶闸管 $VT_9$ 及脉冲变压器 $T_7$ 组成。由于－U 相 50 V

交流电源比＋U 相交流电源超前 180°,经二极管 VD$_6$ 半波整流,通过电阻 $R_9$ 降压对电容 $C_2$ 充电,为输出脉冲做准备。当小晶闸管 VT$_9$ 被脉冲电压触发导通,电容器 $C_2$ 经 T$_1$ 初级绕组、V$_{BDI}$ 放电,在同步变压器 T$_7$ 次级绕组上产生主回路晶闸管的触发脉冲。通过改变控制电压 $E_D$ 大小,改变输出脉冲相位,调节主回路晶闸管的控制角 $\alpha$,即可改变输出电压。因主回路是三相全控桥整流电路,故采用双脉冲触发方式,按一定顺序,同时触发两个不同桥臂上的元件,以保证电路更可靠地工作。

综上所述,异步启动时无投励信号,移相插件不导通,其输出 $E_D=0$,控制角 $\alpha=0$,无触发脉冲,转子回路中 VT$_1$～VT$_6$ 不导通;亚同步时,投励插件发出指令,触发 VT$_{11}$,移相插件导通,输出 $E_D\neq0$,$\alpha\neq0$,产生触发脉冲,VT$_1$～VT$_6$ 导通,转子投入励磁;调节移相插件的 RP$_6$ 可调节 $E_D$,从而调节脉冲插件 $C_1$ 的充电时间,也就调节了控制角 $\alpha$,达到调节励磁电压的目的。

(6) 全压插件。

全压插件中各电气元件参数,除电阻 $R_{39}$ 的阻值不同外,其余都与投励插件相同,内部接线和工作原理都一样,其作用是控制全压开关。电阻 $R_{39}$ 一定要保证可靠触发导通全压开关中的小晶闸管 VT$_{13}$,使继电器 2KA 动作,才能接通同步电动机定子回路的全压开关。

3) 晶闸管励磁装置的特点

(1) 本装置与同步电动机定子回路没有直接的电气联系,因此同步电动机可根据电网情况选用不同等级的高压,且全压启动或降压启动不受限制。

(2) 励磁电源与定子回路来自同一交流电网,转子励磁回路采用三相全控整流桥连接励磁线路,可保证同步电动机的固有启动特性。

(3) 全压启动的同步电动机当转子速度达到亚同步速度时,投励插件自动发出脉冲,使移相给定电路工作,从而投入励磁,牵入同步运行。

(4) 采用降压启动的电动机当转子速度达同步转速的 90% 左右时,由全压插件自动切除降压电抗器,并在同步电动机加速至亚同步转速时自动投入励磁,牵入同步运行。

(5) 当交流电网电压波动时,电压负反馈电路使同步电动机励磁电流保持基本恒定,当电网电压下降至 80%～85% 额定值时实现强行励磁,强励时间不超过 10 s。

(6) 同步电动机启动与停机时,能自动灭磁。在启动和失步过程中具有失磁保护,避免同步电动机和励磁装置受过电压而击穿。

(7) 可以手动调节励磁电流、电压和功率因数,整流电压从额定值的 10%～125% 连续可调。

(8) 放电电阻 $R_d$ 的阻值应为同步电动机转子励磁绕组直流电阻的 6～10 倍,其长期允许电流为同步电动机额定励磁电流的 1/10。

(9) 同步电动机正常停车时,5 s 内不得断开整流桥的交流电源及触发装置的同步电源,以保证转子励磁绕组在整流桥逆变工作状态下放电。

2. 高压变频电控系统结构

主扇风机高压变频电控系统结构如图 5-13 所示,系统以高压变频器为其驱动核心,配以风机自动控制柜、开关柜、低压辅助控制柜、风机在线监控系统等组成的电气调速系统,通过风速、负压等传感器完成风机的在线实时检测,从而保证系统的安全运行,每台风机的电机为 $2\times630$ kW,根据电机选取的高压变频器容量为 $2\times630$ kW,为一拖一控制方式。

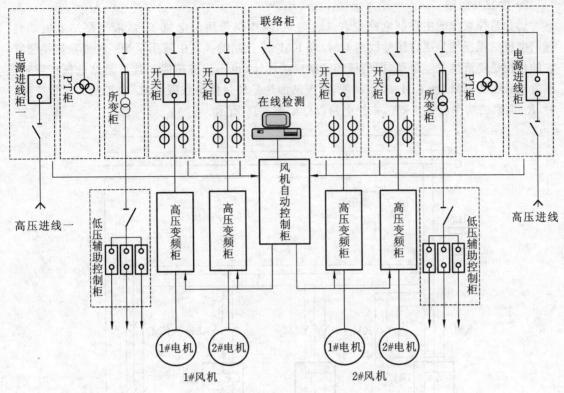

图 5-13　主扇风机高压变频电控系统结构

3. 远程监控系统

1）系统结构

局部通风机远程监控系统采用 PC＋井下分站集中分布式结构,系统主要由上位工控机系统、以太网数据交换系统(光纤交换机、光纤通信环网)、分站控制系统(含 PLC 及传感器)组成。上位机与监控分站之间采用光纤以太网通信方式;监控分站与局部通风机进线开关及双电源控制开关之间采用 RS485 通信方式,系统结构如图 5-14 所示。

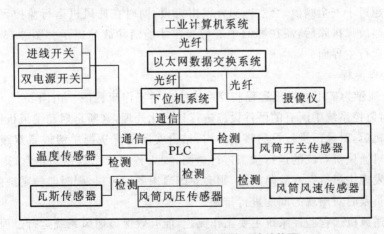

图 5-14　局部通风机远程监控系统结构图

2）主控制回路

远程监控系统的主控制电路包含 3 台电机，其中试验风门电机 1 台，液压泵站电机 2 台。风门电机的正反转是通过接触线圈 KM$_1$ 和 KM$_2$ 来控制的。其中液压泵是一种能量转换装置，它的作用是使液体发生运动，把机械能转换成流体能（也叫作液压能），液压泵站电机正反转是通过接触线圈 KM$_3$ 和 KM$_4$ 来控制的，液压站加热是通过接触线圈 KM$_5$ 来控制的。系统运行时，$R_3$ 电阻的功率可达 5 kW，主控电路设计如图 5-15 所示。

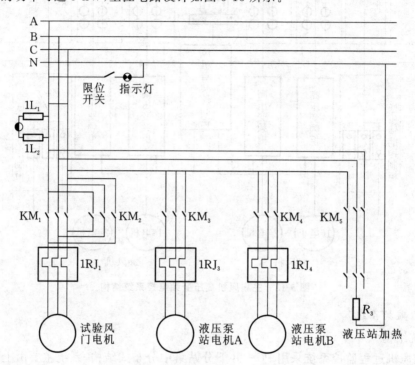

图 5-15　通风机监控系统主控制电路

3）监控系统软件

针对通风机系统中的每个关键点，监控系统中都设置有安全阈值，一旦监测发现关键点的实际状态数据超过了安全阈值，会立即向外发出警报，同时在通风机运行监控界面中也会给予对应的提示。当故障排除后，需在界面中进行操作才能消除故障提示。图 5-16 所示为通风机远程监控系统运行主界面。

4）主要工作流程

如图 5-17 所示为矿用通风机远程监控系统的主要工作流程图。由图 5-17 可知，系统开始工作后，需要对监控系统中所有的硬件设施进行初始化处理，判断是启动主风机还是备用风机。确定启用主风机后，对风门进行控制将其开启，结合实际情况选择单级或者双级模式。然后利用各种传感器对通风机系统的运行状态进行监测，如果各项状态数据均正常，则继续使用主风机。如果监测发现主风机存在故障问题，则会立即启用备用风机，同时监控系统向外发出警报，以提示工作人员及时对出现的问题进行排除。

基于以上通风机远程监控系统主要工作流程，能有效保障通风系统运行过程的可靠性和稳定性，为煤矿安全生产奠定坚实的基础。

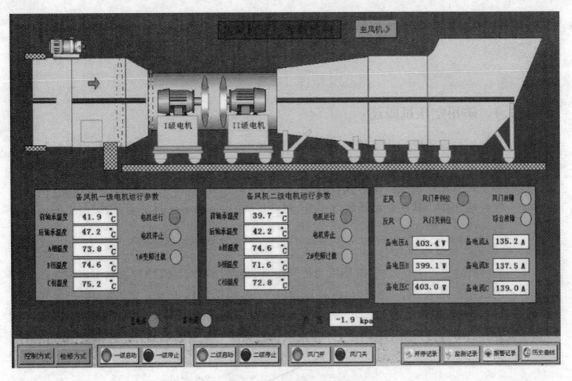

图 5-16　通风机远程监控系统运行主界面

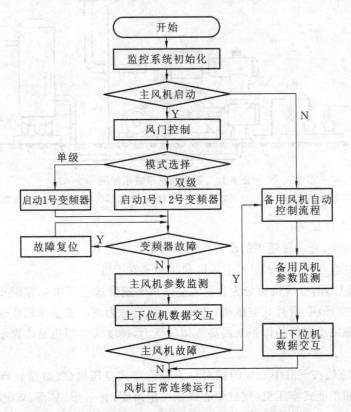

图 5-17　矿用通风机远程监控系统的主要工作流程图

# 5.2 空压机电气控制

## 5.2.1 矿用空压机概述

矿用空气压缩设备也称为空压机站，一般设在地面，主要由空气压缩机（简称空压机）、压气管道及附属设备等组成。空压机产生的压缩空气是驱动凿岩台车、装载机、风镐、风钻等风动机械工作的动力。其优点是不产生火花，无触电危险，不怕超负荷，可以在温度高、湿度大、灰尘多的环境中较好地工作。其缺点是运转效率低、耗电量大、成本高等。目前，我国矿山主要采用活塞式空压机和螺杆式空压机。

### 1. 矿用空压机站的组成

矿用空压机站主要由空压机、电动机及控制设备、管路、附属设备、冷却泵站等组成。图 5-18 所示为矿用压气系统示意图。空气由虑风器和进气管，经调节阀进入一级气缸，经一级气缸压缩后的气体，经中间冷却器进入二级气缸，经二级气缸压缩后的气体，经压气管道进入风包（有些空压机装有后冷却器），最后，压缩气体再由风包后的压气管道输送到各用气地点。

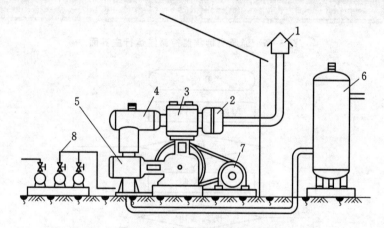

**图 5-18 矿用压气系统示意图**

1—虑风器和进气管；2—调节阀；3—一级气缸；4—中间冷却器；5—二级气缸；6—风包；7—电动机；8—冷却泵站

### 2. 矿用空压机的分类

空压机种类较多，是一种通用的动力机械。其主要分类有：

（1）按照使用地点可分为固定式空压机和移动式空压机。

（2）按照工作原理，空压机可分为容积式空压机和速度式空压机。容积式空压机分为活塞式空压机、螺杆式空压机、滑片式空压机；速度式空压机分为离心式空压机和轴流式空压机。容积式空压机是依靠减小气体的体积来提高气体的压力，速度式空压机是依靠增大气体的速度来提高气体的压力。

① 活塞式空压机按气缸中心线的相对位置分为立式空压机（气缸垂直布置）、卧式空压机（气缸水平布置）和角度式空压机（气缸中心线呈一定角度，有 L 形、V 形、W 形等）；

② 按活塞往复一次对气体的作用次数分为单作用空压机和双作用空压机；

③ 按压缩级数分为单级空压机、两级空压机和多级空压机；

④ 按冷却方式分为水冷式空压机和风冷式空压机，矿用排气量为 18～10 m³/min 的空压机都是水冷式，矿用排气量小于 10 m³/min 的空压机一般都是空气冷却，即风冷式；

⑤ 按气缸内有无润滑油分为有润滑空压机和无润滑空压机两种。

活塞式空压机的形式如图 5-19 所示。

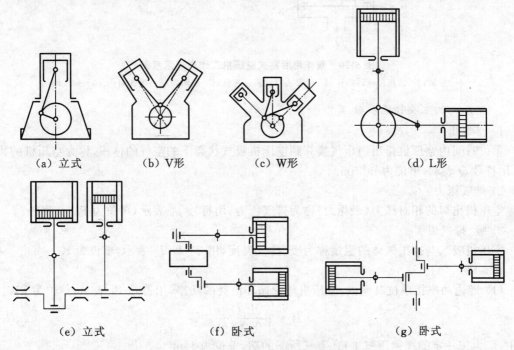

|   (a) 立式   |   (b) V形   |   (c) W形   |   (d) L形   |
|   (e) 立式   |   (f) 卧式   |   (g) 卧式   |

**图 5-19　活塞式空压机的形式**

立式空压机或单列、平列的卧式空压机因电耗大，已基本被淘汰；角度式空压机的结构比较紧凑，动力平衡性较好。L 形空压机除了具有角度式空压机的优点外，运转比 V 形、W 形空压机更为平稳，因而在我国以固定式空气压缩机作为动力的，采用 L 形较普遍。对称平衡型空气压缩机是根据活塞力平衡原则来排列气缸位置的，其突出优点是将惯性力较完全地予以平衡，从而可以提高转速，零部件体积小，重量轻，便于制造，且降低了空压机和电动机的造价，节省了钢材。

## 5.2.2　活塞式空压机的工作原理及主要性能参数

### 1. 活塞式空压机的工作原理

如图 5-20 所示为双作用活塞式空压机工作原理示意图。活塞式空压机主要由气缸、活塞、吸(排)气阀、活塞杆、十字头滑块、连杆、曲轴等组成。其工作原理是：电动机带动曲轴作圆周运动，曲轴带动连杆摆动，连杆带动十字头滑块在导轨中作直线运动，十字头滑块通过活塞杆带动活塞在气缸中作往复运动。当活塞从右端向左运动时，活塞右侧气缸腔体压力降低，在吸气阀两侧形成压力差，外界大气推开吸气网进入气缸，开始吸气，直到活塞运动到左端点，此过程为吸气过程。吸气同时，随活塞向左运动，活塞左侧气缸腔体中气体被压缩，体积减小，压力升高，此过程为压缩过程。当压力升高到一定值时，压缩气体推开排气阀开始排气，直到活塞运动到左端点，此过程为排气过程。活塞由左端点向右运动时，活塞左侧气缸腔体吸气，右侧气缸腔体压缩、排气,完成一个工作循环。

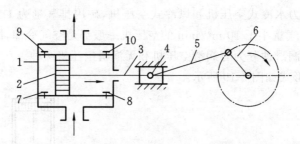

**图 5-20  双作用活塞式空压机工作原理示意图**

1—气缸;2—活塞;3—活塞杆;4—十字头滑块;5—连杆;6—曲轴;7、8—吸气阀;9、10—排气阀

**2. 空压机的主要性能参数**

**1) 排气量**

单位时间内空压机排出的压气换算到空压机吸气状态下的空气的体积,称为空压机的排气量,用符号 $Q$ 表示,单位为 $m^3/min$。

**2) 排气压力**

空压机出口的相对压力(表压力)称为排气压力,用符号 $p_b$ 表示,单位为 Pa 或 MPa。

**3) 吸、排气温度**

空压机吸入与排出气体的温度称为吸、排气温度,用 $T_1$ 和 $T_2$ 表示,单位为 K。

**4) 功率**

(1) 理论功率指单位时间内,空压机理论循环消耗的功率,用符号 $P_1$ 表示,单位为 kW。

$$P_1 = \frac{L_v Q}{1\,000 \times 60} \tag{5-1}$$

式中:$L_v$ 为按一定的规律压缩 $1\ m^3$ 空气所需的功,单位为 $J/m^3$。

(2) 指示功率是指空压机实际循环消耗的功率,用符号 $P_j$ 表示,单位为 kW。

$$P_j = \frac{N_1}{\eta_j} \tag{5-2}$$

式中:$\eta_j$ 为指示效率。

(3) 轴功率是指电动机输入给空压机主轴的实际功率,用符号 $P$ 表示,单位为 kW。

$$P = \frac{N_1}{\eta} \tag{5-3}$$

式中:$\eta$ 为空压机总效率。

**5) 比功率**

空压机比功率是指在一定的排气压力下,单位排气量所消耗的功率,为空压机轴功率与标准状态排气量之比,用 $P_b$ 表示,单位为 $(kW \cdot min)/m^3$。比功率是评价工作条件相同的空压机的经济性指标。国产空压机排气量小于 $10\ m^3/min$ 时,$P_b = 5.8 \sim 6.3\ (kW \cdot min)/m^3$;排气量大于 $10\ m^3/min$,小于 $100\ m^3/min$ 时,$P_b = 5.0 \sim 5.3\ (kW \cdot min)/m^3$。

**6) 总效率**

空压机总效率为理论功率与轴功率之比,用符号 $\eta$ 表示。空压机总效率是用来衡量空压机本身经济性的指标。

**3. 型号含义**

以 5L-40/8 和 L5.5-40/8 为例说明活塞式空压机的型号含义:

5——表示 L 系列第 5 种产品；

L——表示气缸为直角式布置；

5.5——表示该系列产品活塞力为 5.5 t；

40——表示额定排气量为 40 m³/min；

8——额定排气压力为 8 个大气压，即 7.85×10⁵ Pa。

4. 活塞式空压机的理论工作循环

理论工作循环的几点假设：

① 假设气缸没有余隙容积，密封良好，压缩过程没有气体泄漏。

② 吸、排气通道及气阀没有阻力，在吸、排气过程中气体的压力保持不变。

③ 气缸中的空气与气缸没有热交换，压缩过程中压缩规律（压缩指数）不变。

图 5-21 所示为单作用一级活塞式空压机的理论工作循环示意图，由吸气、压缩和排气三个基本过程组成。

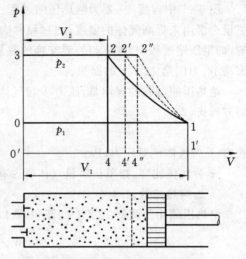

**图 5-21　单作用一级活塞式空压机的理论工作循环示意图**

1) 吸气过程

当活塞由气缸左端点向右运动时，吸气阀打开，气体以压力 $p_1$ 进入气缸。在整个吸气过程中，吸气压力始终为 $p_1$。图 5-21 中直线 0—1 为吸气线。

在吸气过程中，气体对活塞做功，理论吸气功为矩形 $0'011'$ 的面积，所以

$$W_x = p_1 V_1 \qquad (5-4)$$

式中：$W_x$ 为吸气功，J；$p_1$ 为吸气压力，Pa；$V_1$ 为吸气体积（气功容积），m³。

2) 压缩过程

当活塞由右端点向左运动时，吸气阀关闭，缸内气体被压缩，体积缩小，压力升高。当压力升高至 $p_2$ 时，压缩气体开始推开排气阀排气，此过程为压缩过程。图 5-21 中曲线 1—2 为等温压缩过程，虚线 1—2″ 为绝热压缩过程，虚线 1—2′ 为多变压缩过程。

压缩过程属于热力过程，下面介绍等温压缩、绝热压缩和多变压缩的压缩规律。

(1) 等温压缩。

图 5-21 中曲线 1—2 为等温压缩过程。压缩过程中，气体的温度保持不变，压缩产生的热量全部释放到气缸外部，此过程称为等温压缩过程。等温压缩过程的压缩功 $W_y$ 为图形 $1241'$ 的面积。

根据波意耳-马略特定律，当温度不变时，压力与体积成反比，所以

$$\frac{p_1}{p_2} = \frac{V_1}{V_2} \qquad (5-5)$$

式中：$p_1$、$p_2$ 分别为吸气时的绝对压力、排气时的绝对压力，Pa；

$V_1$、$V_2$ 分别为吸气终了时的气体体积、排气开始时的气体体积，m³。

等温压缩功为图形 $1241'$ 的面积，所以

$$W_y = -\int_{V_1}^{V_2} p \, dV \qquad (5-6)$$

式中：$W_y$ 为等温压缩功，J。

压缩过程中，气体体积减小，计算的压缩功为"－"，为使压缩功为"＋"，所以要在积分符号

前加"一"号。

对上式进行积分得等温压缩功为

$$W_y = 2.303 \, p_1 V_1 \lg \frac{p_2}{p_1} \tag{5-7}$$

(2) 绝热压缩。

图 5-21 中虚线 1—2″为绝热压缩过程。压缩过程中,气体与外界没有热交换,压缩产生的热量全部用来提高气体的温度,此过程称为绝热压缩过程。实际上,真正的绝热过程是不存在的,如果压缩过程中,气体与外界交换的热量很小,可近似认为是绝热过程。绝热压缩过程的压缩功 $W_y$ 为图形 $12″4″1′$ 的面积。

绝热压缩过程的规律是,压力 $p$ 与气体比容 $v$ 的 $k$ 次方的乘积为常数。式(5-8)为绝热压缩方程式,即

$$pv^k = 常数 \tag{5-8}$$

式中:$p$ 为气体绝对压力,Pa;

$v$ 为气体比容,指单位质量气体所占有的容积,$m^3/kg$;

$k$ 为绝热指数,1.4。

绝热压缩功为图形 $12″4″1′$ 的面积,所以

$$W_y = -\int_{V_1}^{V_2} p\mathrm{d}V$$

对上式进行积分得绝热压缩功:

$$W_y = \frac{1}{k-1}(p_2 V_2 - p_1 V_1)$$

(3) 多变压缩。

图 5-21 中虚线 1—2′为多变压缩过程。压缩过程中,产生的热量一部分传递给外界,另一部分使气体的温度升高,此过程称为多变压缩过程。多变压缩过程的压缩功 $W_y$ 为图形 $12′4′1′$ 的面积。

多变压缩的规律是:压力 $p$ 与气体比容 $v$ 的 $n$ 次方的乘积为常数。式(5-9)为多变压缩方程式,即

$$pv^n = 常数 \tag{5-9}$$

式中:$n$ 为多变指数,$1<n<k$。

多变压缩过程的压缩功 $W_y$ 为图形 $12′4′1′$ 的面积,所以

$$W_y = -\int_{V_1}^{V_2} p\mathrm{d}V$$

对上式进行积分得多变压缩功:

$$W_y = \frac{1}{n-1}(p_2 V_2 - p_1 V_1) \tag{5-10}$$

3) 排气过程

压缩完成后,气缸内的气体压力达到排气压力 $p_2$ 时,压缩空气推开排气阀开始排气。在整个排气过程中,理论排气压力 $p_2$ 为常数。

在排气过程中,活塞对气体做功,理论排气功 $W_p$ 为图形 $230′4$ 的面积,所以

$$W_p = p_2 V_2 \tag{5-11}$$

4) 理论循环总功

理论循环总功包括吸气功、压缩功和排气功,并规定活塞对气体做功为正值,气体对活塞做

功为负值。所以,压缩功和排气功为正,吸气功为负。

理论循环总功为

$$W = -W_x + W_y + W_p \tag{5-12}$$

从理论循环总功和图 5-21 可以看出,等温压缩的理论循环功最小,绝热压缩的理论循环功最大,多变压缩的理论循环功介于两者之间。理论上,按等温压缩是最有利的,不仅消耗的动力小,而且排气温度低、安全。但实际上,气体在压缩过程中,温度会升高,不可能立即把全部热量传递给外界,所以,实际的压缩为多变压缩。在压缩过程中,热量散失得越快,压缩功越小,排气温度也越低,所以,加强对空压机的冷却,对降低能耗和保证空压机的安全十分重要。

**5.　一级活塞式空压机的实际工作循环**

1)实际工作循环图

图 5-22 所示为一级空压机的实际工作循环图,实际工作循环与理论工作循环存在不同,主要区别如下:

(1)实际工作循环有膨胀、吸气、压缩和排气 4 个过程,而理论工作循环只有吸气、压缩和排气 3 个过程。

(2)实际吸气线低于理论吸气线,实际排气线高于理论排气线,吸气线和排气线均为波浪线。

(3)实际的压缩指数 $n$ 在整个压缩过程中不是常数。

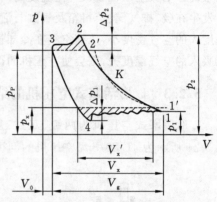

图 5-22　一级空压机的实际工作循环图

2)影响实际工作循环的因素

(1)余隙容积。

余隙容积是指活塞运动到止点时,活塞端面与气缸盖之间,以及气缸与气阀连接通道的空间,用 $V_0$ 表示。

如图 5-23 所示,由于余隙容积存在,气缸内的压缩气体不能被完全排出,排气完成后,余隙容积内还存留部分压缩气体。在吸气过程中,首先是余隙容积内的气体开始膨胀,当余隙容积内的气体膨胀到压力低于外界气体压力时,外界气体推开吸气阀,气缸开始吸气。所以,实际工作循环比理论工作循环多一个膨胀过程。余隙容积的存在,使空压机吸气量减少,排气量相应减少。但为保证空压机安全,活

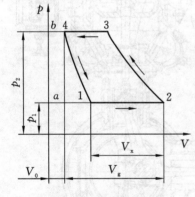

图 5-23　余隙容积的影响

塞和气缸端面必须留有一定间隙。

(2)吸、排气阻力。

在吸气过程中,外界大气进入气缸要克服滤风器、进气管路及气阀的阻力,所以,实际吸气压力低于理论吸气压力,实际吸气线低于理论吸气线;排气过程中,压缩气体要克服排气阀和排气管路的阻力,所以,实际排气压力要高于理论排气压力,实际排气线高于理论排气线。又由于气阀的阀片和气阀弹簧的惯性,使实际吸气线、排气线起点出现最低点和最高点。吸、排气过程中阻力发生脉动变化,使实际的吸气线和排气线呈波浪线。

(3)压缩过程中温度变化的影响。

受压缩过程中温度变化的影响,压缩指数不是常数,而是变化的。空压机实际工作循环中,

总体是放热的,所以,气缸壁温度在空压机工作中始终较高。空压机在吸气过程中,吸入的气体温度较低,在压缩初期,气体吸收气缸壁的热量,为吸热压缩过程,压缩指数大于绝热指数。图5-22中的曲线1—K,为吸热压缩。随压缩过程的继续,压缩气体的温度升高,当气体温度高于气缸温度时,压缩气体向气缸散热,压缩指数在1~K之间,如图5-22中的曲线K—2所示。所以,实际压缩过程中,压缩指数 $n$ 是变化的,实际压缩线1—2和绝热压缩线 $1'$—$2'$ 相交于 $K$ 点。

(4)其他因素的影响。

除上述影响因素外,空压机在工作过程中,还受到吸入气体温度、空压机漏气、空气湿度等因素的影响。空压机吸入气体温度高,将增加空压机的循环功,并减少排气量。空压机漏气主要发生在吸、排气阀、填料箱及气缸与活塞之间。漏气将使空压机的循环功增加,排气量减少。湿度大的空气密度小,压缩空气在冷却过程中,又有一部分水蒸气会凝结成水,所以,如果空压机吸入的空气湿度大,则会使空压机的循环功增加,排气量减少。

### 5.2.3 L形活塞式空压机的结构

L形活塞式空压机为两级、双缸、复动、水冷、固定式空压机,其技术性能如表5-1所示。图5-24所示为4L-20/8型空压机的剖视图。

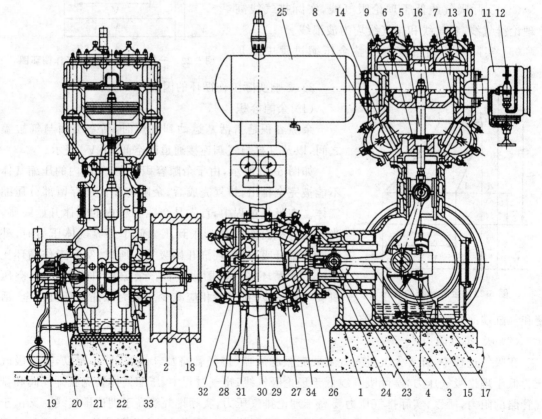

**图5-24  4L-20/8型空压机的剖视图**

1—机身;2—曲轴;3—连杆;4—十字头;5—活塞杆;6——级填料;7——级活塞环;8——级气缸座;9——级气缸;10——级气缸盖;11—减荷阀;12—压力调节器;13——级吸气阀;14——级排气阀;15—连杆轴瓦;16——级活塞;17—连杆螺栓;18—三角皮带轮;19—齿轮油泵;20—注油器;21,22—蜗轮及蜗杆;23—十字头销铜套;24—十字头销;25—中间冷却器;26—二级气缸座;27—二级吸气阀;28—二级排气阀;29—二级气缸;30—二级活塞;31—二级活塞环;32—二级气缸盖;33—滚动轴承;34—二级填料

表 5-1 L形活塞式空压机的技术性能

| 型　号 | 排气量/<br>(m³·min⁻¹) | 排气压力/<br>10⁵ Pa | 轴功率/<br>kW | 主轴转速/<br>(r·min⁻¹) | 冷却水<br>消耗量/<br>(m³·h⁻¹) | 润滑油<br>消耗量/<br>(g·h⁻¹) | 电 动 机 | |
|---|---|---|---|---|---|---|---|---|
| | | | | | | | 型　号 | 功率/<br>kW |
| 3L-10/8 | 10 | 8 | 60 | 480 | 2.4 | 70 | JR115-6 | 75 |
| L2-10/8 | 10 | 8 | 55 | 980 | 2.4 | 70 | JQ91-6 | 55 |
| 4L-20/8 | 20 | 8 | 118 | 400 | 4 | 105 | JR127-8 | 130 |
| L3.5-20/8 | 20 | 8 | 110 | 730 | 4.8 | 105 | Y315-M₂-8 | 110 |
| 5L-40/8 | 40 | 8 | 240 | 428 | 8.5 | 150 | TDK118/24-14 | 250 |
| L5.5-40/8 | 40 | 8 | 210 | 600 | 9.6 | 150 | TDK99/27-10 | 250 |
| 6L-60/8 | 60 | 8 | 321 | 333 | 13.3 | 195 | TDK140/26-18 | 350 |
| L8-60/8 | 60 | 8 | 320 | 428 | 14.4 | 195 | TDK118/30-14 | 350 |
| 7L-100/8 | 100 | 8 | 530 | 375 | 25 | 255 | TDK173/20-16 | 550 |
| L12-100/8 | 100 | 8 | 520 | 428 | 24 | 255 | TDK143/29-14 | 550 |

L形空压机主要由压缩机构、传动机构、润滑系统、冷却系统、安全保护装置和调节机构等组成。

(1)压缩机构由气缸、活塞、气阀(吸气阀和排气阀)等组成。

(2)传动机构由皮带轮(4 L)、联轴器(5 L以上)、轴承、曲轴、连杆、十字头滑块等组成。

(3)润滑系统由油泵、注油器、滤油器、油管等组成。

L形空压机的润滑系统分为传动机构润滑和气缸润滑两个系统。

① 传动机构润滑系统。

如图5-25所示,传动机构润滑系统主要由齿轮油泵、粗滤油盒、滤油器、润滑油冷却器、油管等组成,对曲轴、连杆大小头、十字头和导轨进行润滑。齿轮油泵由装在曲轴上的中空传动小轴驱动。润滑油一般采用30号、40号、50号机油,或按厂家规定选择润滑油。传动机构润滑流程为:机身油池→粗滤油盒→润滑油冷却器→齿轮油泵→滤油器→曲轴→连杆大头瓦→连杆油孔→连杆小头轴套和十字头→十字头导轨→机身油池。

② 气缸润滑系统。

如图5-26所示,气缸润滑系统主要由注油器、逆止阀和油管等组成。其作用是对气缸和活塞进行润滑。注油器为真空式柱塞泵(其结构在液压传动中已讲述),由装在曲轴的传动小轴上的蜗杆带动蜗轮驱动。气缸润滑流程为:注油器→油管→逆止阀→气缸。应该注意的是,在空压机启动前,应用手动注油轮向气缸手动注油。

(4)冷却系统由气缸冷却水套、中间冷却器、后冷却器(有空压机装有后冷却器)、冷却水管、润滑油冷却器等组成。

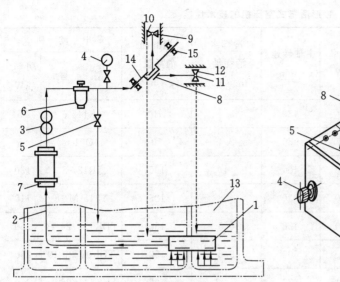

图 5-25　传动机构润滑系统

1—粗滤油盒;2—润滑油冷却管;3—齿轮油泵;4—压力表;
5—油压调节阀;6—滤油器;7—润滑油冷却器;8—连杆大头瓦;
9—立缸十字头销;10—立缸十字头导轨;11—卧缸十字头销;
12—卧缸十字头导轨;13—机身油池;14—曲轴;15—曲轴主轴承

图 5-26　气缸润滑系统图

1—注油器;2—调节螺钉;3—油位指示器;4—手动注油轮;
5—加油口;6—气缸;7—逆止阀;8—油管

　　如图 5-27 所示,空压机站的冷却系统由冷却泵站、水管、水池(冷、热水池)、冷却塔、空压机冷却机构(气缸水套、中间冷却器,有的空压机装有后冷却器)等组成。一级气缸、中间冷却器和二级气缸分别独立冷却。冷却的目的是降低排气温度,保证空压机安全、正常运转;降低功耗,增大排气量,提高效率;分离压缩气体中的油和水,提高压缩气体质量。对冷却水的要求是,冷却水必须清洁无杂质、无酸性,最好采用软化水,以防沉淀积垢,影响冷却效果。冷却器、气缸冷却水出水温度不应超过 40 ℃。要注意在空压机启动前,应先开冷却水泵向空压机供冷却水。

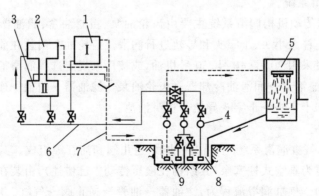

图 5-27　空压机站冷却系统示意图

1——一级气缸;2—中间冷却器;3—二级气缸;4—水泵;
5—冷却塔;6—冷却水管;7—回水管;8—冷水池;9—热水池

（5）安全保护装置由超压、断水、断油、超温等保护装置组成。

为保证空压机安全运转，空压机必须安装安全保护装置。空压机的安全保护装置有超压保护装置、断水保护装置、断油保护装置和超温保护装置。

① 超压保护装置。

根据《煤矿安全规程》规定：空气压缩机必须装有安全阀，安全阀必须动作可靠，安全阀的动作压力不得超过额定压力的 1.1 倍。风包上必须装有动作可靠的安全阀。在风包出口管路上必须加装释压阀，释压阀的口径不得小于出风管的直径，释放压力应为空气压缩机最高工作压力的 1.25～1.4 倍。图 5-28 所示为弹簧式安全阀结构。

② 断水保护装置。

《煤矿安全规程》规定：水冷式空压机必须装设断水保护装置或断水信号显示装置。所以，空压机必须在冷却水供应正常的情况下才能运转，冷却水中断，空压机必须停止运转。断水保护装置可用断水开关、电接点压力表或压力传感器等作为保护装置。安全保护装置和空压机电气控制回路相连，当水压降低或断水时，安全保护装置动作，断开控制线路接通，发出信号或使电动机停止运转。

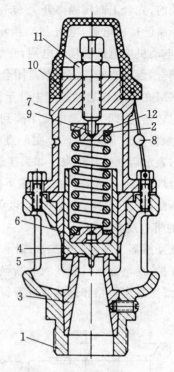

图 5-28　弹簧式安全阀结构

1—阀体；2—弹簧；3—阀座；4—阀瓣；5—排气孔；6—阀套；7—弹簧套筒；8—铅封；9—压力调节螺钉；10—阀盖；11—六角螺母；12—弹簧座

③ 超温保护装置。

《煤矿安全规程》规定：单级空压机排气温度不超过 190 ℃，两级空压机排气温度不超过 160 ℃。必须装设温度保护装置，在超温时能自动切断电源。超温保护装置可以采用带有电接点的温度计或温度传感器等作为保护装置。超温保护装置与空压机电气控制回路相连，当排气温度超限时，安全保护装置动作，发出信号或自动切断电源。

（6）调节机构由减荷阀（4 L）、压力调节器、压叉（5 L）等组成。

### 5.2.4　矿用空气压缩机的电气控制

矿用空气压缩机既是掘进设备的工作动力，更是矿井的生命线之一，在电气控制上保障空气压缩机的工作可靠性具有十分重要的意义。根据空气压缩机功率的大小不同，既有低压控制方式，也有高压控制方式。矿用空气压缩机既可以采用笼型异步电动机，也可以采用绕线型异步电动机拖动。采用笼型异步电动机拖动时，常采用定子回路串电抗器或串自耦变压器启动；采用绕线型异步电动机拖动时，常采用转子回路串频敏变阻器启动。

1. 定子回路串电抗器降压启动控制系统

笼型异步电动机定子回路串电抗器降压启动装置常用 QZ0-6A 型高压综合启动器，它配置 QKSQ 型气冷三相电抗器，可控 1 000 kW 以下的电动机。其控制原理如图 5-29 所示。

　　启动前,先合上高压隔离开关 QS,再闭合刀开关 QK₁、QK₂。此时绿色信号灯 HLG 亮,表示控制回路已接通电源,电压表 V 指示电源电压。启动时,用操作手柄使高压油断路器 QF 合闸,这时电动机串电抗器接入电网,开始降压启动。由于高压油断路器的辅助动合触点比主触点稍后闭合,因此当断路器主触点闭合时,三相电流继电器 KA 先吸合,其动断触点断开,保证接触器 KM 的线圈在启动过程中处于无电状态。随着转速的上升,启动电流逐渐下降,当转速接近稳定转速时,即当启动电流下降到 KA 的释放值时,KA 继电器释放,动断触点 KA 恢复闭合,使接触器 KM 带电吸合,其主触点将电抗器 L 短接,此时红色信号灯 HLR 亮,绿色信号灯 HLG 灭,表示启动过程结束。如果接触器 KM 发生故障,启动一分钟后尚不能短接电抗器,则红色信号灯 HLR 不亮,这时必须按下停止按钮 SB,使高压油断路器的失压脱扣线圈 KV 断电,高压油断路器 QF 跳闸,停止启动,以免电抗器长时串入而被烧坏。图 5-29 中 KM 为高压接触器 KM 的带电脱扣线圈。

　　电流互感器 TA 的两个二次线圈采用两相电流差接线方式,用 KA 过电流继电器作为反时限特性保护,继电器延时断开的动断触点 KA 直接串接在高压油断路器的失压脱扣线圈 KV 回路中,当线路发生短路和过载时进行保护。

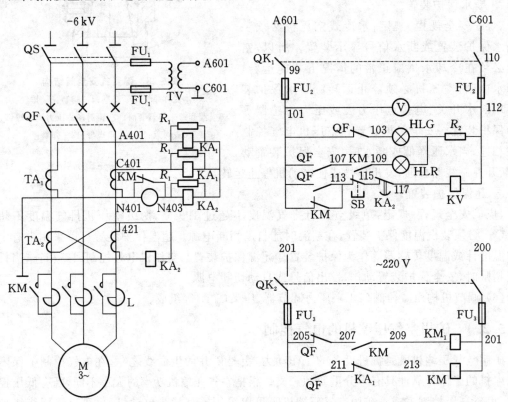

**图 5-29　QZ0-6A 型高压综合启动器控制原理图**

**2. 定子回路串自耦变压器降压启动控制系统**

　　定子回路串自耦变压器降压启动控制较多用在低压异步电动机上,常用的自耦减压启动器有 QJ2A 型、QJ3 型和 XJ01 型几种系列,可控电动机容量可达 300 kW。图 5-30 所示为 XJ01 型自耦减压启动器电控原理图,该系统有手动和自动两种控制方式,用转换开关 QC 进行转换。

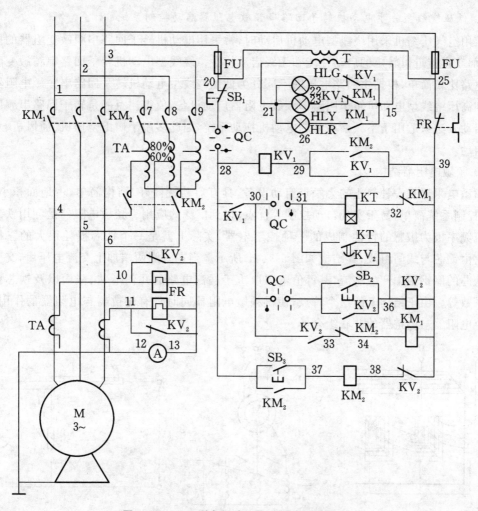

**图 5-30**　XJ01 型自耦减压启动器电控原理图

采用手动启动时,将工作方式转换开关置于"手动"位置,将时间继电器回路断开。启动时,先按下启动按钮 SB₃,接触器 KM₂ 吸合,电动机串自耦变压器降压启动,绿灯 HLG 熄灭,黄灯 HLY 点亮。待电机转速接近稳定转速时,即电流表 A 的指针逐渐下降至接近电动机额定电流时,再按下"运转"按钮 SB₂,切除自耦变压器,线路接触器 KM₁ 吸合,启动结束,电动机进入全压运行。此时黄灯 HLY 熄灭,红灯 HLR 点亮。

如采用自动启动,将工作方式转换开关置于"自动"位置,将时间继电器回路接通。自动启动时,按下启动按钮 SB₃,启动接触器 KM₂ 带电,在主回路中的 KM₂ 主触点闭合,电动机串自耦变压器开始降压启动,由于 KM₂ 带电时其辅助动合触点 KM₂(29~39)闭合,使中间继电器(电压继电器)KV₁ 线圈带电吸合,其动合触点 KV₁(28~30)闭合,时间继电器 KT 带电吸合,由此可见,时间继电器基本上和电动机同时接通电源。KT 吸合后,其延时闭合的动合触点(延时的时间即为整定的降压启动时间)延时闭合,使中间继电器 KV₂ 带电吸合,动合触点 KV₂(30~33)闭合,又使线路接触器 KM₁ 带电吸合,闭合主触点,自动切除自耦变压器,启动结束,电动机进入正常运行状态。

187

3. 低压绕线型异步电动机转子回路串频敏电阻器启动控制系统

矿用空气压缩机采用绕线型电动机启动时,常采用电动机转子回路串频敏变阻器的控制方法,从而获得接近恒转矩的启动性能和无级启动特性。绕线型电动机转子回路串频敏变阻器的控制电路比较简单,根据主回路电压的不同分为低压绕线型电动机转子回路串频敏电阻器启动设备和高压绕线型电动机转子回路串频敏电阻器启动设备,值得注意的是转子回路串频敏变阻器的启动方法只适用于不频繁启动的电动机拖动系统,因此多用于矿山空压机、通风机、水泵的轻载启动。

1）频敏电阻器结构

频敏电阻器是一种静止的无触点启动设备,具有启动特性好,结构简单,占地面积小,维护量小,控制系统简单,易于实现自动控制等优点,得到广泛的应用。频敏电阻器是利用铁磁材料对交流频率极为敏感的特性制成的一种控制电器,实际上就是一个铁芯损耗很大的三相电抗器。它由铁芯与线圈组成,其结构如图 5-31(a)所示。当在线圈两端加上交流电压后,交变磁通便在铁芯的厚钢板中产生涡流,其等值电阻取决于涡流电路的几何形状、截面以及铁芯材料的电阻系数等。由于结构上的这个特点,使得频敏电阻器同时具有电抗器与电阻器的作用,相当于一个电阻器与电抗器的并联组合体。

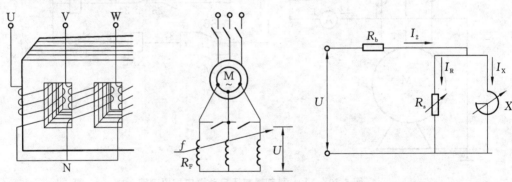

（a）频敏电阻器的结构示意图　（b）频敏电阻器的接线图　（c）频敏电阻器的等值电路图

**图 5-31　频敏电阻器的结构、接线图及等值电路图**

在电动机的启动过程中,随着转子感应电动势频率的降低,一方面使频敏电阻器的电抗逐渐减小,另一方面也使铁芯中涡流趋肤效应逐渐减弱,涡流在厚钢板中渗透的深度逐渐增加,即涡流通道截面加大,等值电阻减小。这种等值电阻和电抗随着电动机转差率的减小而减小,满足了电动机在整个启动过程中的要求。频敏电阻器的接线图及其等值电路图如图 5-31(b)、(c)所示,图中 $R_b$、$X_s$、$R_s$ 分别是绕组的电阻、绕组的励磁电抗和铁芯的等值电阻。

2）启动控制原理

频敏变阻器启动原理如图 5-32(a)所示。合上开关 Q,$KM_1$ 闭合,电动机定子绕组接通电源电动机开始启动时,电动机转子转速很低,$n \approx 0$,$s = 1$,故转子电流频率较高,$f_2 = sf_1 = f_1$,频敏变阻器的铁损很大,等值电阻 $R_s$ 和电抗 $X_s$ 均很大,且 $R_s > X_s$,因此限制了启动电流,增大了启动转矩。随着电动机转速的升高,转子电流频率下降,于是 $R_s$ 和 $X_s$ 随 $n$ 的升高而减小,这就相当于启动过程中电阻的无级切除。当转速上升到接近于稳定值时,$KM_2$ 闭合,将频敏电阻器短接,启动过程结束。如果频敏变阻器的参数选择合适,可以保持启动转矩不变,如图 5-32(b)

所示,曲线 1 为固有特性,曲线 2 为机械特性。

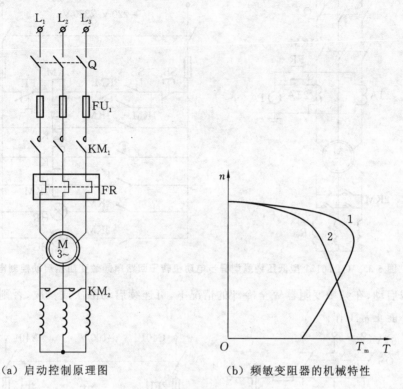

(a) 启动控制原理图　　　　　(b) 频敏变阻器的机械特性

**图 5-32　频敏变阻器启动原理图**

3) CTT6121 型低压绕线型异步电动机转子回路串频敏变阻器启动控制电路

图 5-33 所示为 CTT6121 型低压绕线型异步电动机转子回路串频敏变阻器启动控制电路,用于低压绕线型电动机的单向运转控制。启动前,首先闭合自动开关 Q,主电路通电。闭合开关 SA,控制回路通电,绿色指示灯 HG 亮。启动时,按下启动按钮 $SB_1$,接触器 1KM 通电吸合,其定子回路主触点 1KM 闭合,电动机转子回路串频敏变阻器 RF 启动,动合触点 $1KM_1$ 闭合自保;动合触点 $1KM_2$ 闭合,红色指示灯 HR 亮,表示电动机正在启动。

动合触点 $1KM_3$ 闭合,时间继电器 KT 通电,其动合触点经一段时间的延时后闭合,接通中间继电器 K,通过其动合触点 K 使接触器 2KM 通电吸合,其转子回路主触点闭合短接转子绕组,切除频敏变阻器。同时辅助触点 $2KM_1$ 打开,绿色指示灯 HG 灭,表示电动机降压启动结束进入全压运行状态。

停车时,按下停止按钮 $SB_2$,接触器 1KM 失电,主触点断开,电动机停转。同时其他接触器、继电器及其相应触点恢复原态,为下次启动做准备。

主电路中的电流互感器二次侧装有指示电流表 PA 和用于电动机过载保护的热继电器 FR。由于电动机启动电流较大,频敏电阻器容易发热,所以转子回路串频敏电阻器启动方法只能用于电动机不经常启动的场合。

4. 高压绕线型异步电动机转子回路串频敏电阻器启动控制系统

图 5-34 所示为 KRG-6B 型高压绕线型异步电动机转子回路串频敏变阻器启动控制电路,用于电压为 6 kV、功率在 1 000 kW 以下的大功率电动机。该控制系统适用于水泵、空压机等

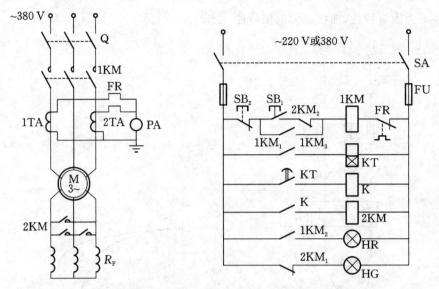

**图 5-33　CTT6121 型低压绕线型异步电动机转子回路串频敏变阻器启动控制电路**

设备的轻载启动,在频敏变阻器完全冷却的情况下,可连续启动两次或三次,否则频敏电阻器会因过热而不能正常工作。

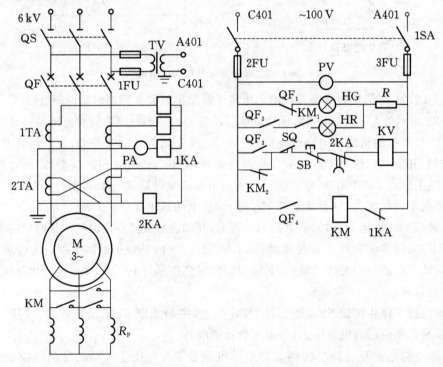

**图 5-34　KRG-6B 型高压绕线型异步电动机转子回路串频敏变阻器启动器启动控制电路**

1)组成

高压隔离开关 QS 用作主电路的隔离检修,带有脱扣装置的高压油断路器 QF 用作主电路正常通断控制和故障时切断主电路;电流互感器 1TA 用作检测主电路电流,以实现控制频敏变阻器的切除,1TA 的二次回路接线为不完全星形方式,其负载为三相电流继电器 1KA,1KA 间接控制频敏电阻器的切除;电流互感器 2TA 二次回路接线采用两相差接方式接过流继电器 2KA,用于对电动机进行过流保护;电压互感器 TV 为控制电路提供工作电源。

2)启动前的准备

启动前,首先闭合高压隔离开关 QS 和转换开关 1SA,控制回路得电,绿色指示灯 HG 亮。同时保护电路中的脱扣线圈 KV 通电吸合,允许合闸启动电动机。

3)启动过程

启动时,手动操作断路器 QF,其主触点先于辅助触点 QF₁~QF₄ 动作,使转子回路串频敏电阻器启动。由于启动电流较大,使主回路的三相电流继电器 1KA 吸合,其动断触点 1KA 打开,切断接触器 KM 线圈电路,在转子回路中的动合接点断开,保证在启动过程中频敏电阻器不被切除。当 QF 的操作手柄完全合上时,其辅助触点才动作:QF₁ 打开,绿灯 HG 灭,表示电动机正在启动;QF₂ 闭合,为红灯 HR 亮做准备;QF₃ 闭合,短接 KM 常闭触点,保证了脱扣线圈在启动瞬间的电流通路;QF₄ 闭合,为接触器 KM 通电做准备。

随着电动机转速的升高,主电路电流下降到 $1.2I_N$ 左右时,1KA 因电流减小而释放,其动断触点 1KA 闭合,接触器 KM 通电吸合,主触点 KM 闭合切除频敏电阻器,同时动合触点 KM 闭合,红色指示灯 HR 亮,表示电动机降压启动结束。

4)停车

需要停车时,按停止按钮 SB,脱扣线圈 KV 断电,使断路器 QF 跳闸,电动机停转。也可直接操作断路器 QF 手柄切断电源。

5)保护措施

2KA 是具有反时限保护性能的感应式电流继电器,实现对电动机进行过载和短路保护。发生故障时其动断触点 2KA 断开脱扣线圈 KV,使断路器 QF 跳闸。在电压过低时,脱扣线圈 KV 因吸力不足而释放,实现欠压保护。

SQ 是外盖闭锁限位开关,其触点串接在脱扣线圈回路中,当启动器箱盖打开时,触点 SQ 断开,QF 不能合闸,起到闭锁作用。脱扣线圈 KV 电路中 QF₃ 和 KM₂ 的作用:在电动机启动前,先由动断触点 KM₂ 为脱扣线圈提供通路,若电网电压正常,脱扣线圈吸合,允许油开关 QF 送电;另外,当接触器主触点 KM 因故没有断开,与其同轴的触点 KM 就不能闭合,脱扣线圈因送不上电而不能使断路器合闸送电,防止了电动机不串频敏电阻器直接启动。在正常工作中由 QF₃ 维持 KV 通电吸合。

在启动过程中,如果接触器 KM 发生故障,经 1 min 后红色指示灯仍不亮,说明频敏电阻器未被短接,这时必须手动按下停止按钮 SB,切断脱扣线圈电路,使断路器跳闸,以避免频敏电阻器长时间接在电路中而被烧坏。

## 5.2.5　矿用空压机远程控制系统

现代化矿井建设需要全矿建立集中控制系统,要求矿井各主要环节都实现计算机自动远程控制和管理,空压机房作为矿井生产的重要部门,实现远程控制是整个矿井自动化的重要环节。空压机远程控制系统就是要实现从空压机房各设备的检测、控制、使用状态到自动统计、报告处理等全过程的动态管理,为管理者实时提供快速、准确、全面的信息,保障设备安全、可靠地运行。因此,空压机远程控制系统的基本原理就是利用互联网技术将空压机自带的控制系统和公用设备的控制系统组成空压机远程监控系统。

**1. 远程控制系统的功能**

**1) 参数及状态显示**

空压机监控系统对以下参数及状态实时显示:排气温度、润滑油温度、冷却水回水温度、压缩机站供气总管压力、冷却水流量或压力、进气阻力、油气分离器滤芯压差、油过滤器压差、润滑油压力、润滑油油位、空气压缩机组控制电源故障、轴承温度、总开机/加载时间、高压电动机运行参数、调换进气过滤器和调换油分离芯(油润滑压缩机)。

**2) 报警参数**

空压机监控系统对以下参数越限报警:排气温度、润滑油温度、冷却水回水温度、压缩机站供气总管压力、冷却水流量或压力、进气阻力、油气分离器滤芯压差、油过滤器压差、润滑油压力、润滑油油位、空气压缩机组控制电源故障、轴承温度。

**3) 可调运行参数**

空压机监控系统对以下运行参数可调:加载/卸载压力,加载延时,自动开车/停车的开启或关闭,储气罐温度、压力,远程开车/停车的开启或关闭。

**4) 故障停车**

空压机监控系统对以下故障自动停车:传感器失效、主电动机过载、排气温度过高、冷却水流量过低或压力过低、冷却风扇电动机故障。另外,还在空压机旁设置了紧急停车控制箱。

**2. 远程控制系统结构**

矿用空压机远程控制系统硬件由井上和井下两部分组成,主要是以可编程逻辑控制器为核心器件,以传感器、控制器及电子通信装置所组成的远程集中监测、自动报警系统,其系统结构如图 5-35 所示。

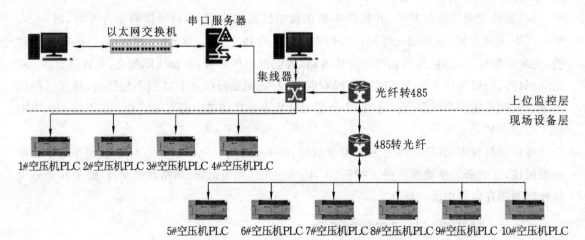

**图 5-35 矿用空压机远程控制系统示意图**

假设某矿空压机房设有 4 台 LU320W 螺杆式空气压缩机,3 台工作,1 台备用。空压机房计算机监测监控系统主要由 PLC 和操作站(上位机)两部分组成。每台空压机都配有 PLC 单机控制系统,能实现单机的自动控制(包括空压机的启停、进排气压力和温度监测、超温超压及断油等的保护)。此外,还包括传输接口、程序软件、系统配置、数据库等部分,系统组成框图如图 5-36 所示。

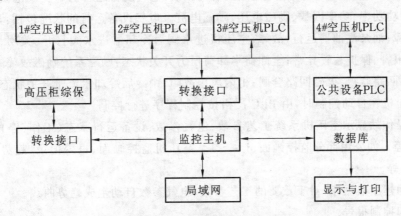

**图 5-36　空压机监控系统组成框图**

监控主机由两台监控机、UPS 电源和操作台组成,工控机通过 MODBUS 总线及以太网和组态软件反映系统的各种运行信息、报警信息。采用两套上位监控系统,冗余热备,可靠性高。

上位计算机的一个串口通过 RS232C/RS485 接 MODBUS 现场总线,各 PLC 的 RS485 端口由连接电缆连接到 MODBUS 总线,和上位计算机进行通信:上位机通过总线适配器和各微机综保装置连接起来,进行通信。上位控制系统通过通信方式实现数据自动采集、远程/就地控制、动态显示及故障记录报警和通信接口等功能。

下位 PLC 通过通信接口和通信协议,与上位计算机进行全双向通信,将空压机组的工作状态与运行参数传至上位机,完成各数据的动态显示。同时,操作人员也可利用上位机将操作指令传至 PLC,控制空压机的运行。上位机同时作为服务器接入工业以太网,矿井生产调度监控中心及其他客户端可用浏览器查看空压机组的运行状态与参数及操作,管理人员很方便地就能掌握空压机系统设备的所有检测数据及工作状态,又可根据自动化控制信息,实现空压机系统的遥测、遥控,并为矿领导提供生产信息。监测监控主机均可动态显示空压机系统运行的模拟图、运行参数图表,记录系统运行和故障数据,并显示故障点以提醒操作人员注意。

图 5-37 所示为某矿用空压机远程监控系统。其中,上位机采用研华工控机,下位机采用 SIEMENS S7-300 系列的 PLC,操作系统为 Windows NT,监控组态软件采用 Wincc 4.0。

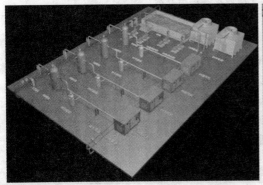

**图 5-37　某矿用空压机远程监控系统**

3．系统主要功能

（1）采集各台空压机运行的工艺参数、电气参数、电气设备运行的状况。电气参数包括：电动机电流、有功功率、功率因数、励磁电压、励磁电流。电气设备运行的状况包括：盘车电动机正转、反转、故障；油泵注油器运行、故障；空压机进水阀后冷却器进水阀打开、关闭、故障；空压机合闸、跳闸、报警、保护装置异常；全卸荷半卸荷压力开关状态；励磁系统励磁故障、快熔熔断、空开跳闸、启动回路监视、灭磁回路合闸；柜内风扇故障；中冷后冷却水流量开关状态。

（2）空压机在自动控制时，由 PLC 严格按控制程序进行控制。

（3）在操作站显示空压机系统工艺参数、电气参数、设备运行状态（工作、停止、故障）以及报警参数表等。如公用部分监控画面、1♯～4♯空压机监控画面、报警记录、趋势曲线、控制报告、监视画面等。

（4）自动建立数据库，对于重要的工艺参数、电气参数自动生成趋势曲线。

（5）打印控制报告。

（6）当空压机发生故障时，利用运行记录的曲线对故障进行分析和判断。

（7）提供故障功能测试和事故功能测试。

4．参数检测

系统的数据采集有两个来源：现场控制站 PLC 和高低压开关柜。

系统检测的数据主要有两类：反映系统工艺参数及运行参数的模拟参数和反映系统运行状态的离散参数。

离散参数检测的数据主要有：空压机高压启动柜的状态、电动机过载状态、冷却水流量下限、电动阀的工作状态与启闭位置、冷却水泵工作状态、冷却塔风扇工作状态、电磁阀状态、空压机运行状态等。数据通过现场控制 PLC 实现自动采集。

模拟参数检测的数据主要有：空压机气包压力及温度、主管道压力及温度、电动机轴承温度、冷却水进出口温度等模拟量。数据检测通过现场 PLC 来实现，高压柜的电量参数和工作状态通过微机综保装置来采集。

## 5.2.6　矿用空压机常见故障与维护

空压机常见故障、产生原因及其维护方法如表 5-2 所示。

表 5-2　空压机常见故障、产生原因及其维护方法

| 常见故障 | 产生原因 | 维护方法 |
| --- | --- | --- |
| 空压机发生不正常异响 | 气缸的余隙太小；活塞杆与活塞连接螺母松动；气缸内掉进阀片、弹簧等碎体或其他异物；活塞端面螺母松扣，顶在气缸盖上；活塞杆与十字头连接不牢，活塞撞击气缸盖；气阀松动或损坏；阀座装入阀室时没放正；阀室上的压盖螺栓没拧紧；活塞环松动 | 调整余隙大小；锁紧螺母；立即停机，取出异物；拧紧螺母，必要时进行修理或更换；调整活塞端面死点间隙，拧紧螺母；拧紧气阀部件或更换；检查阀是否安装正确，拧紧阀室上的压盖螺栓；更换活塞环 |

续表

| 常见故障 | 产生原因 | 维护方法 |
|---|---|---|
| 气缸过热 | 冷却水中断或供水量不足;冷却水进水管路堵塞;水套、中间冷却器内水垢太厚;注油器的供油量不足 | 停机检查,增大供水量;检查疏通;清除水垢;检修注油器,增大供油量 |
| 排气量不足 | 转速不够;滤风器阻力过大或堵塞;气阀不严密;活塞环或活塞杆磨损、气体内泄;填料箱、安全阀不严密、气体外泄;气阀积垢太多,阻力过大;气缸水套和中间冷却器内水垢太厚,气体进入气缸有预热;余隙容积过大;气缸盖与气缸体结合不严 | 查找原因,提高转速;清洗滤风器;检查修理;检查修理或更换;检查修理;清洗气阀;清除水垢;调整余隙;刮研气缸盖与气缸体结合面或更换气缸垫 |
| 排气温度过高 | 一级进气温度过高;冷却水量不足,水管破裂,水泵出故障;水垢过厚,冷却效果差;气阀漏气,压出的高温气体又流回气缸,再经压缩而使排气温度增高;活塞环破损或精度不够,使活塞两侧互相窜气 | 降低进气温度;更换水管,检修水泵;清除水套、中间冷却器中的水垢;研磨阀座、阀盖、阀片或更换阀片与弹簧;更换活塞环 |

空压机电气系统完好标准如表 5-3 所示。

表 5-3　空压机电气系统完好标准

| 检查项目 | 完好标准 | 备　注 |
|---|---|---|
| 安全装置与仪表 | 压力表、温度计、电流表、电压表、安全阀齐全、可靠,并定期校验;风包上必须装安全阀,风包和空气压缩机间装闸板阀,阀前必须装安全阀;安全阀动作压力不超过使用压力的 10%;压力调节器动作可靠;水冷却式空气压缩机有断水保护或断水信号 | 记录有效期为一年;安放温度计的套管插入出风管内深度不小于管径的 1/3 或厂家规定位置 |
| 电气装置 | 电动机与开关柜符合其完好标准;接地装置合格;有盘车装置的压缩机要和电气启动系统有闭锁 | |

# 5.3　排水设备电气控制

## 5.3.1　矿用排水设备概述

在煤矿建设和生产过程中,各种来源的水不断地涌入矿井。矿用排水设备的任务就是将矿水及时地排送至地面,保证井下工作人员、设备、矿井的安全和生产的正常进行。

1. 矿用排水系统类型

1) 直接排水系统

图 5-38 所示为直接排水系统,是将矿水集中到水仓,然后用排水设备直接排送至地面。直

接排水系统是我国煤矿通常采用的一种排水系统,它具有系统简单,泵房、水仓及管子道开拓量和基建投资小,排水设备数量少,维护、检修量小,管理方便等优点。

2)分段排水系统

如果井筒过深,现有水泵的扬程不能满足排水高度的要求时,常采用分段排水系统。图5-39(a)所示为单水平开采的分段排水系统,是在井筒中部开设泵房和水仓,也可只开设泵房不开设水仓,采用水泵串联工作。图5-39(b)所示为多水平开采的分段排水系统,是把下水平的矿水先排至上水平水仓,然后由上水平排水设备排至地面。

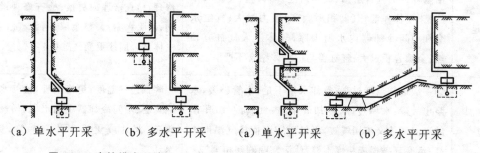

（a）单水平开采　　　（b）多水平开采　　　（a）单水平开采　　　（b）多水平开采

**图5-38　直接排水系统**　　　　　　　　　**图5-39　分段排水系统**

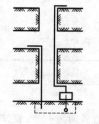

**图5-40　集中排水系统**

3)集中排水系统

多水平开采的矿井,可将上水平的矿水集中到下水平水仓,由下水平排至地面。图5-40所示为两个水平开采的集中排水系统,是将上水平的矿水下放至下水平水仓,然后,由下水平排水设备排至地面。

矿井排水采取哪种排水系统,应根据矿井的具体情况和现有的排水设备,经技术和经济比较后确定。

2. 矿用排水设备的组成

如图5-41所示,矿用排水设备由水泵、电动机、启动设备、管路、管路附件和仪表等组成。水泵是把原动机械能传输给水的机械,水泵内的叶轮是传输能量的主要零件。滤水器装在吸水管的最下端,其作用是过滤矿水中的杂物,防止杂物进入水泵。底阀的作用是防止水泵启动前充灌的引水及停泵后的存水漏入吸水井。底阀的阻力较大,并常出现故障,所以矿井的排水设备采用了无底阀排水。无底阀排水就是去掉底网,或者去掉底阀和滤网,更换成无底阀滤网,采用喷射泵或真空泵等充灌引水。采用无底阀排水,不仅减小了吸水管的阻力,而且消除了由于底网存在而产生的故障。调节闸阀安装在靠近水泵的出水管段,用来调节水泵的扬程和流量。逆止阀安装在调节闸阀上方,防止突然停泵时来不及关闭调节闸阀发生水击,以保护管路和水泵。旁通管(对有底阀的水泵)跨接在逆止阀和调节闸阀两端,水泵启动前,可通过旁通管用排水管中的存水向水泵充灌引水。压力表用来检测水泵出水的压力。真空表用来检测水泵入口处的真空度。引水漏斗用来充灌引水。放气栓的作用是在充灌引水时排出水泵内的空气。放水管的作用是在检修水泵和管路时,把排水管中的存水放入吸水井。

3. 离心式水泵的工作原理及分类

图5-42所示为单吸单级离心式水泵结构示意图。它主要由叶轮、泵轴和轴承、外壳、吸水

管和排水管等组成。叶轮固定在泵轴上,随泵轴一起转动。外壳为一螺旋形扩散室,吸水口和排水口分别与吸水管和排水管连接。水泵启动前,先向水泵充灌引水,灌满引水后,启动电动机。电动机带动泵轴与叶轮旋转,叶轮内的水在离心力作用下,由叶轮入口流向叶轮出口,并经螺旋形扩散室进入排水管排出。由于叶轮中的水被排出,叶轮入口处压力降低,形成负压。吸水井中的水在大气压力作用下,通过吸水管被压入叶轮入口,形成连续排水。离心式水泵按叶轮数目分为单级水泵和多级水泵;按叶轮进水口数目分为单吸水泵和双吸水泵;按泵壳接缝形式分为分段式水泵和中开式水泵;按泵轴的位置分为卧式水泵和立式水泵。

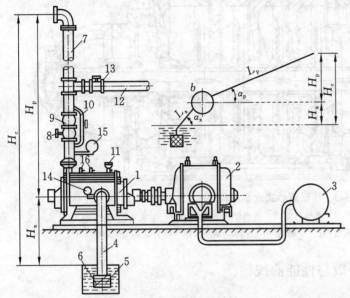

图 5-41　矿用排水设备示意图

1—水泵;2—电动机;3—启动设备;4—吸水管;5—滤水器;6—底阀;

7—排水管;8—调节闸阀;9—逆止阀;10—旁通管;11—引水漏斗;

12—放水管;13—放水闸阀;14—真空表;15—压力表;16—放气栓

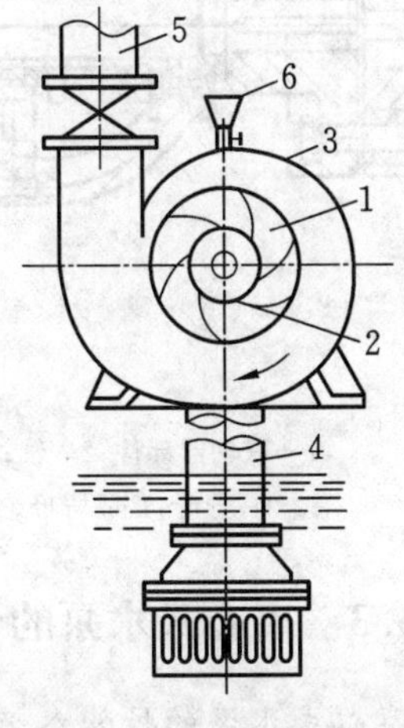

图 5-42　单吸单级离心式水泵结构示意图

1—叶轮;2—叶片;3—外壳;4—吸水管;

5—排水管;6—引水漏斗

### 5.3.2　离心式水泵的结构

离心式水泵的种类和型号很多,目前,矿用排水设备主要采用 D 型离心式水泵。井底水窝和采区局部排水常用 IS 型离心式水泵。D 型离心式水泵是卧式单吸多级分段式离心泵,供输送清水及物理化学性质类似于水的液体,输送液体的最高温度不超过 80 ℃,广泛用于矿山排水、工厂及城市给水等。为适应不同工作条件与环境,D 型离心式水泵又有 DM 型(耐磨泵)、DF 型(耐腐蚀泵)、DG 型(锅炉给水泵)等。

D 型离心式水泵主要由转动部分、固定部分和密封部分等组成,如图 5-43 所示。

(1)转动部分主要由泵轴、叶轮、平衡盘和轴承组成,叶轮和平衡盘装在泵轴上,泵轴支承在两端的轴承上。

(2)固定部分包括进水段(前段)、中段和出水段(末段),它们之间用拉紧螺栓连接。吸水口为水平方向,位于进水段,出水口为垂直方向,位于出水段。

（3）水泵的密封包括固定段之间静止结合面的密封和转动部分与固定部分之间的密封。固定段之间静止结合面采用纸垫或橡胶密封圈进行密封。转动部分的密封包括叶轮密封和轴封（吸水侧轴封和出水侧轴封）。

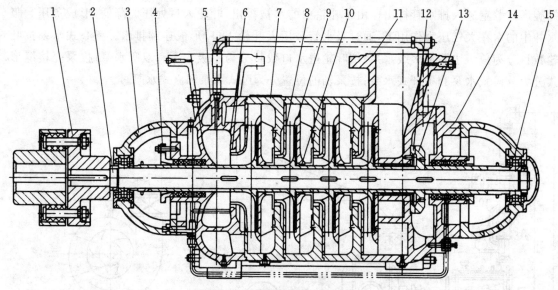

**图 5-43　D 型离心式水泵结构**

1—联轴器部件；2—轴；3—轴承体；4—填料压盖；5—进水段；6—密封环；7—中段；8—叶轮；9—导叶；10—导叶套；11—出水段；12—平衡盘（环）；13—平衡盘；14—尾盖；15—轴承

### 5.3.3　离心式水泵的性能参数与性能曲线

1. 离心式水泵的性能参数

1）流量

流量是指水泵在单位时间内所排出水的体积，用 $Q$ 表示，单位为 m³/s 或 m³/h。

2）扬程

扬程是指单位重力的水通过水泵所获得的总能量，用 $H$ 表示，单位为 m。吸水高度（吸水扬程）是指水泵轴线到吸水水面的垂直高度，用 $H_x$ 表示，单位为 m。排水高度（排水扬程）是指水泵轴线到排水管出水口中心的垂直高度，用 $H_p$ 表示，单位为 m。实际扬程（测地高度）是指吸水高度与排水高度之和，用 $H_c$ 表示，单位为 m。$H_c = H_x + H_p$。扬程 $H$ 的作用是提高水位（实际扬程）$H_c$、克服能量损失（$h_w$）和提供流动所需的速度水头（$v^2/2g$），即

$$H = H_c + h_w + \frac{v^2}{2g} \tag{5-13}$$

3）功率

轴功率（输入功率）是指原动机传递给水泵的功率，用 $P_a$ 表示，单位为 kW。有效功率（输出功率）是指水泵传递给水的实际功率，用 $P_U$ 表示，即

$$P_U = \frac{\gamma Q H}{1\ 000} \tag{5-14}$$

式中：$P_U$ 为水泵的有效功率，kW；

　　　$\gamma$ 为矿水的重度，N/m³。

4）效率

水泵的效率是指有效功率与轴功率的比值，用 $\eta$ 表示，其计算公式为

$$\eta = \frac{P_{\mathrm{U}}}{P_{\mathrm{a}}} = \frac{\gamma Q H}{P_{\mathrm{a}}} \times 100\% \tag{5-15}$$

5）转速

转速是指水泵轴和叶轮每分钟的转数，用 $n$ 表示，r/min。

6）必需汽蚀余量

汽蚀余量是指泵吸入口处单位重力液体所具有的超过汽化压力的富余能量，用 NPSH 表示，单位为 m。必需汽蚀余量，又叫泵汽蚀余量，是在规定的流量、转速和输送液体的条件下，泵达到规定性能的最小汽蚀余量，用 NPSHR 表示，单位为 m。NPSH3 是泵第一级扬程下降 3% 时的必需汽蚀余量，作为标准基准用于表示性能曲线。

2. 离心式水泵的性能曲线

图 5-44 所示为 D280-43 型离心式水泵的性能曲线。对于多级的性能曲线，只要把单级性能曲线中的扬程坐标、轴功率坐标分别乘以级数，其他坐标值不变，就可得到所需的多级性能曲线。水泵的性能曲线包括扬程曲线、轴功率曲线、效率曲线和必需汽蚀余量曲线。性能曲线反映了水泵在额定转速下，扬程 $H$、轴功率 $P_{\mathrm{a}}$、效率 $\eta$ 及必需汽蚀余量 NPSHR 随流量 $Q$ 变化的规律。通常，水泵的性能曲线一般是由生产厂家通过对水泵性能测定而绘制的。

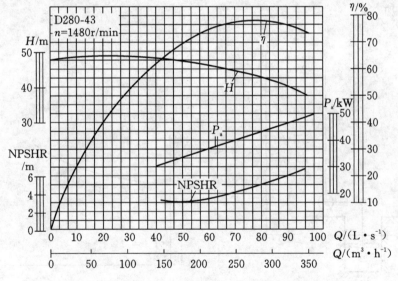

**图 5-44**　D280-43 型离心式水泵的性能曲线

扬程曲线反映了水泵扬程 $H$ 与流量 $Q$ 之间的关系。从图 5-44 中可以看出，当流量为零时，扬程最大，这时的扬程称为初始扬程（或零扬程），用 $H_0$ 表示。随着流量 $Q$ 的增加，扬程逐渐降低。对于常用的后弯叶片叶轮水泵，其扬程性能曲线是随流量增加而单调下降的。额定流量或效率最高点对应的扬程为额定扬程。

轴功率曲线反映了水泵轴功率 $P_{\mathrm{a}}$ 与流量 $Q$ 之间的关系。从图 5-44 中可以看出，轴功率 $P_{\mathrm{a}}$ 随流量 $Q$ 的增大而增大。流量为零时，轴功率 $P_{\mathrm{a}}$ 最小，所以，水泵应在调节闸阀全部关闭时启动，使启动功率最小，避免烧坏电机。

效率曲线反映了水泵效率 $\eta$ 与流量 $Q$ 之间的关系。效率曲线类似于抛物线状,中间高,两边低,有一个最高点,即额定效率。这是因为,水泵在额定流量下,水流方向与叶片相切,冲击损失最小,接近于零,效率最高,当流量大于或小于额定流量时,冲击损失都会增加,效率降低。

必需汽蚀余量曲线反映了水泵的抗汽蚀能力。随流量的增加,必需汽蚀余量增大,水泵抗汽蚀能力降低。必需汽蚀余量是确定水泵安装高度的重要参数。

3. 离心式水泵的管路特性

水泵和管路是联合工作的,水泵产生的扬程不仅用于提高水位,还要用于克服管路的阻力损失。因此,水泵的工作情况不仅与水泵本身的性能有关,而且与管路的配置情况有关。

图 5-45 所示为水泵和管路联合工作的排水系统示意图。$H$ 为水泵的扬程,1—1 断面为吸水井水面,2—2 断面为排水管出水口断面。根据能量方程可得

$$H = H_c + (h_x + h_p) + \frac{v_p^2}{2g} \qquad (5-16)$$

式中:$v_p$ 为排水管的流速,m/s;

　　　$h_x$ 为吸水管路的阻力损失,m;

　　　$h_p$ 为排水管路的阻力损失,m。

管路特性方程表达了通过管路的流量 $Q$ 与所需扬程 $H$ 之间的关系。以 $Q$ 为横坐标,以 $H$ 为纵坐标,作出方程 $H = H_c + RQ^2$ 表示的曲线,即为管路的特性曲线。该曲线是一条二次抛物线,如图 5-46 所示。

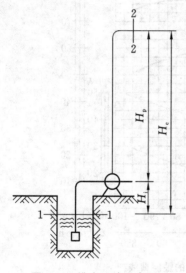

图 5-45　排水系统示意图

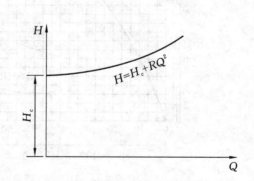

图 5-46　管路的特性曲线图

4. 离心式水泵的工况点

1) 工况点

水泵和管路是联合工作的,水泵的流量就是管路中的流量,水泵扬程也要全部消耗在管路中。D 型离心式水泵扬程曲线是一条单调下降的曲线,而管路特性曲线是一条单调上升的曲线。因此,只有在同一坐标下两条曲线的交点处,水泵流量与管路流量相等,水泵扬程与管路中全部的能量消耗相等。所以,水泵只能在两条曲线的交点处工作,该交点称为水泵的工况点,用 $M$ 表示。

2）工况参数

水泵的工况参数是指水泵工况点对应的工作参数，包括流量 $Q_M$、扬程 $H_M$、轴功率 $P_{aM}$、效率 $\eta_M$ 和必需汽蚀余量 $NPSHR_M$。

**5. 离心式水泵的工作条件**

离心式水泵的正常工作条件包括不发生汽蚀的条件、稳定工作的条件和经济工作的条件。

1）不发生汽蚀的条件

机械剥蚀和化学腐蚀的共同作用，使叶轮很快出现蜂窝状麻点，并逐渐形成空洞，这种现象称为汽蚀现象。水泵发生汽蚀时，会产生振动和噪声，流量、扬程、功率和效率显著下降，严重时会出现断流。因此，水泵不能在汽蚀的情况下进行工作。要使水泵不发生汽蚀，可用汽蚀余量 NPSHA 必须大于或等于必需汽蚀余量 NPSHR。

2）稳定工作的条件

电网电压允许在 ±5% 的范围内变化。当电网电压降低时，水泵转速下降，水泵的扬程曲线相应下降。当水泵的零扬程（初始扬程）$H_0$ 低于实际扬程 $H_c$ 时，水泵便不能排水，流量为零。这时，原动机通过水泵传递给水的机械能就会全部转变成热能，使水温迅速上升，水泵强烈发热，会很快损坏，因此水泵不允许长时间在零流量下工作。为保证水泵稳定工作，应使电压降低 5% 后的零扬程大于或等于实际扬程。所以水泵稳定工作的条件为 $H_c \leqslant 0.9H_0$。

3）经济工作的条件

为保证水泵经济工作，水泵的效率不能太低，要求水泵的工况效率 $\eta_M$ 不低于最高效率 $\eta_{max}$ 的 85%～90%，并依此而划定的水泵工作区域称为工业利用区。也就是说，水泵的工况点应在工业利用区内。水泵的经济工作条件为 $\eta_M \geqslant (0.85\sim 0.9)\eta_{max}$。

**6. 离心式水泵的工况调节**

当排水设备的运行条件发生变化时，为满足正常工作条件，常常需要对水泵的工况进行调节。水泵工况点是水泵扬程曲线和管路特性曲线的交点，所以，水泵工况调节主要有两条途径：一是通过改变水泵性能曲线进行调节，包括改变转速调节法、减少叶轮数目调节法；二是通过改变管路特性曲线进行调节，包括闸门节流法、管路并联调节法。

### 5.3.4　矿用排水设备电气控制

矿用井下主排水设备通常由笼型异步电动机拖动，电动机的启动和控制通常采用降压启动、软启动、PLC 自动控制与远程控制。

**1. 排水设备的降压启动控制**

降压启动一般适用于直接启动电流超过允许值，且启动转矩又不需很大的异步电动机。笼型异步电动机的降压启动控制分为星形-三角形降压启动控制、自耦变压器降压启动控制。

1）星形-三角形降压启动控制

电动机在正常运行时其定子绕组为三角形连接，启动时将其定子绕组改成星形连接，电动机绕组的电压降为线电压的 $\dfrac{1}{\sqrt{3}}$，当电动机转速接近额定转速时，再换回三角形连接，电动机绕组电压为线电压时投入运行。其控制方式采用星形-三角形启动器控制和继电器控制。

（1）星形-三角形启动器的控制。

星形-三角形启动器控制系统原理图如图 5-47 所示。

启动：先合上隔离开关 QS，引入三相电源，将启动器手柄右扳，使右侧一排动触点与静触点连接,电动机三相绕组的尾端 $U_2$、$V_2$、$W_2$ 短接,首端 $U_1$、$V_1$、$W_1$ 分别接三相电源 $L_1$、$L_2$、$L_3$,电动机呈星形连接启动。

运行:当电动机接近额定转速时,将启动器手柄往左扳,则左侧一排动触点与静触点相接,$W_1$、$V_2$ 与电源 $L_3$ 连接,$U_2$、$V_1$ 与电源 $L_2$ 连接,$W_2$、$U_1$ 与电源 $L_1$ 连接,电动机连接成三角形运行。

停止:启动器手柄扳回中间位置,电动机绕组与电源断开,电动机停转。

由于星形-三角形启动器体积小,成本低,动作可靠,适用于 4~10 kW 三角形连接的异步电动机的降压启动运行。

(2)星形-三角形继电器控制。

其控制装置的电路如图 5-47(b)所示。控制原理如下:

启动:合上隔离开关 QS,引入三相电源,同时控制回路电源有电。按下启动按钮 $SB_2$,启动接触器 $KM_1$、$KM_3$ 和时间继电器 KT 线圈得电吸合,$KM_1$ 主触点将电动机定子绕组首端与三相电源接通,$KM_1$ 主触点将定子绕组尾端短接,电动机呈星形连接通电启动。$KM_1$ 的辅助动合触点闭合,实现自保;时间继电器 KT 的动断触点经整定延时 $\Delta T$ 后断开,使接触器 $KM_3$ 线圈断电,$KM_3$ 主触点断开对电动机定子尾端的短接,辅助动合触点 $KM_3$ 闭合,同时 KT 的动合触点也在延时 $\Delta T$ 后闭合,使接触器 $KM_2$ 线圈得电,其连接于电动机定子尾端的主触点 $KM_2$ 与电动机绕组的首端及三相电源接通,电动机按三角形连接运行。同时其辅助动合触点 $KM_2$ 闭合自锁,维持主电路及电动机全压运行。其中 $KM_2$ 和 $KM_3$ 的动断触点为互锁状态,以确保 $KM_2$ 和 $KM_3$ 只有一个得电动作,从而使电动机星形-三角形转换正确,避免短路事故的发生。

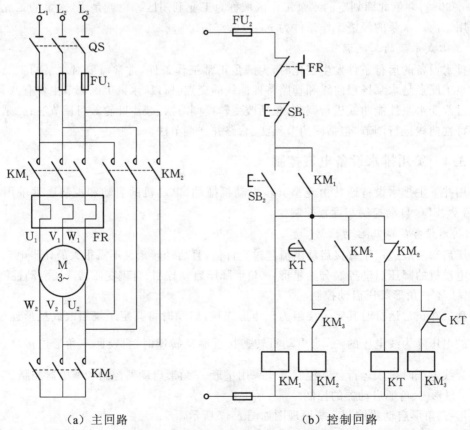

(a)主回路　　　　　　　　　(b)控制回路

**图 5-47　星形-三角形启动器控制系统原理图**

停止：按下停止按钮 SB₁，使 KM₁、KM₂ 线圈失电，其主触点断开，使电动机停转。

保护：短路时，电路中熔断器 FU 熔断，切断电源实现保护；电动机过载时，热继电器 FR 动作，其触点断开，使 KM₁、KM₂ 线圈失电，其主触点断开，使电动机停转。电动机电压过低或停电时，接触器无法吸合，其主触点断开电动机，实现保护。

2）自耦变压器降压启动控制

自耦变压器降压启动控制是利用特制的三相自耦变压器将电动机降压启动。自耦变压器备有不同的电压抽头，例如，可设电源电压的 73%、64% 和 55% 等，根据电机容量、转矩和启动要求而选择使用。启动时将自耦变压器接入三相电源，将自耦变压器抽头接入电动机绕组，实现降压启动。启动后将自耦变压器切除，全压运行。自耦变压器降压启动采用自耦减压启动柜控制，适用于交流 50 Hz（或 60 Hz），电压为 380 V 或 660 V，功率为 11～300 kW 的三相笼型电动机作降压启动、运行和停止控制，并对电动机进行过载、断相、短路等保护，对自耦变压器装有启动时间的过载保护装置。自耦变压器降压启动控制分手动控制和继电器控制两种。

（1）手动控制。

自耦变压器降压启动手动控制电路如图 5-48 所示，三相电源由 L₁、L₂、L₃ 接人。

启动：先将启动器手柄扳向"启动"位置，其启动触点将自耦变压器与三相电源连接，其星接触点将自耦变压器尾端短接为星形，自耦变压器的抽头经接线柱 U、V、W 与电动机连接，电动机降压启动。

运行：当转速接近额定转速时，再将启动器手柄扳向"运行"位置，将三相电源经其运行触点和热继电器的热元件 FR 直接与电动机连接，切除自耦变压器，全压运行。

停止：将手柄扳向"停止"位置，切断电动机电源，电动机停止运行。也可按下停止按钮 SB，断开失压脱扣线圈 K，脱扣机构使得开关跳闸，断电停机。

过载保护：当电动机过载时，热继电器动作，其触点 FR 断开失压脱扣线圈，开关脱扣跳闸，实现保护。

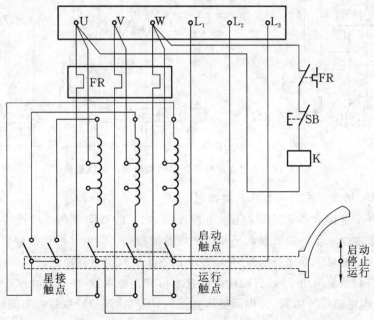

图 5-48　自耦变压器降压启动手动控制电路图

（2）继电器控制。

自耦变压器降压启动继电器控制线路如图 5-49 所示。其工作过程如下：

启动：合上隔离开关 QS，接通主回路、控制回路和控制变压器 T 的电源，电源指示灯 HL$_1$亮。按下启动按钮 SB$_2$，接触器 KM$_1$ 和时间继电器 KT 线圈得电。KM$_1$ 主触点吸合，接通自耦变压器 TV，自耦变压器抽头给电动机定子绕组实现降压启动。KM$_1$ 的 2 个辅助动合触点（3-6）（11-13）闭合，分别实现自锁和接通启动指示灯 HL$_2$。KM$_1$ 的辅助动断触点（8-9）（11-12）断开电源指示灯 HL$_1$ 和 KM$_2$ 线圈回路，以确保 KM$_2$ 不得电。

运行：时间继电器 KT 得电后延时 $\Delta T$，电动机 M 已接近额定转速，KT 延时动合触点（3-7）闭合，接通继电器 KA 线圈，2 个 KA 动合触点（3-7）（3-8）闭合，分别实现自锁和接通接触器 KM$_2$ 线圈，主回路中 KM$_2$ 动合触点闭合，短接自耦变压器，主回路中的 KM$_2$ 动断触点断开自耦变压器中性点，电动机全压运行，KM$_2$ 的辅助动合触点（10-14）闭合，接通运行指示灯 HL$_3$；同时 2 个 KA 动断触点（4-5）（11-12）分别断开 KM$_1$ 线圈和启动指示灯 HL$_2$，KM$_2$ 主触点断开，切除自耦变压器 TV。

停止：按下停止按钮 SB$_1$，使所有接触器线圈失电，其主触点断开，电动机停转。电动机的短路保护和过载保护同前所述。

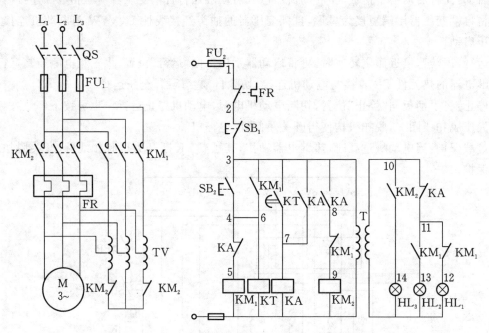

图 5-49　自耦变压器降压启动继电器控制线路图

2. 基于 PLC 的井下主排水系统自动控制

目前煤矿井下主排水系统仍多采用继电器控制，水泵的开停及选择切换均由人工完成，这将严重影响井下主排水泵房的管理水平和经济效益的提高。随着计算机控制技术的迅速发展，以微处理器为核心的可编程序控制器 PLC 控制已逐步取代继电器控制。煤矿中央泵房井下主排水泵自动化控制系统采用 PLC 自动检测水仓水位和其他参数，根据水仓水位的高低、矿井用电信息、电动机电枢温度等因素，合理调度水泵运行，可以达到避峰填谷及节能的目的。系统对主排水泵及其附属的抽真空系统与管道电动阀门等装置实施 PLC 自动控制及运行参数自动检测,动态显示,并将数据传送到地面生产调度中心,进行实时监测及报警显示。通过触摸屏以图形、图像、数据、文字等方式,直观、形象、实时地反映系统工作状态以及水仓水位、电动机工作电流、电动机温度、轴承温度、排水管流量等参数,并通过通信模块与综合监测监控主机实现数据交换。排水系统控制有自动、半自动和手动三种工作方式。采用自动工作方式时,由 PLC 检测水位、压力及有关信号,自动完成各泵组运行,不需人工参与;采用半自动工作方式时,由工作人员选择某台或几台泵组投入,PLC 自动完成已选泵组的启停和监控工作;手动方式为操作人员本地直接控制。如图 5-50 所示为井下排水控制系统架构。

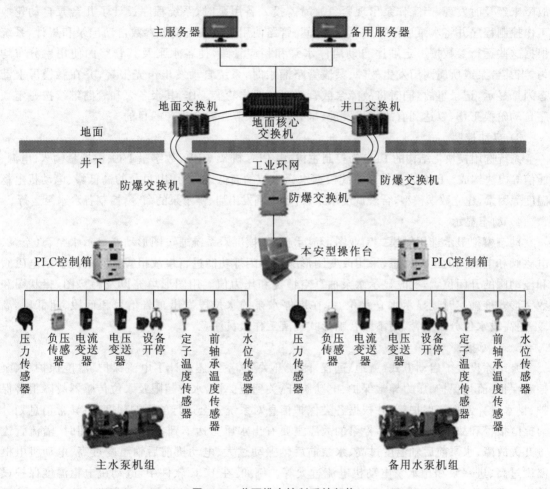

**图 5-50　井下排水控制系统架构**

煤矿中央泵房井下主排水泵自动控制系统由数据自动采集与检测、自动轮换工作、自动控制、动态显示、故障报警和通信接口等部分组成。

1) 数据自动采集与检测

数据自动采集与检测的对象分模拟量数据与数字量数据两类。检测的模拟量数据主要有:水仓水位、电动机工作电流、水泵轴温、电机温度、排水管流量;检测的数字量数据主要有:水泵高压启动柜真空断路器和电抗器柜真空接触器的状态、电动阀的工作状态与启闭位置、真空泵工作状态、电磁阀状态、水泵吸水管真空度及水泵出水口压力。

数据自动采集主要由 PLC 实现,PLC 模拟量输入模块通过传感器连续检测水仓水位,将水位变化信号进行转换处理,计算出单位时间内不同水位段水位的上升速率,从而判断矿井的涌水量,控制排水泵的启停。电动机电流、水泵轴温、电机温度、排水管流量等传感器与变送器,主要用于监测水泵、电动机的运行状况,超限报警,以避免水泵和电动机损坏。PLC的数字量输入模块将各种开关量信号采集到PLC中作为逻辑处理的条件和依据,控制排水泵的启停。

2)自动轮换工作

为了防止因备用泵及其电气设备或备用管路长期不用而使电动机和电气设备受潮或其他故障未经及时发现,当工作泵出现紧急故障需投入备用泵时,系统程序设计了几台泵自动轮换工作控制程序并将水泵启停次数、运行时间、管路使用次数及流量等参数自动记录和累计,系统根据这些运行参数按一定顺序自动启停水泵和相应管路,使各水泵及其管路的使用率分布均匀,当某台泵或所属阀门发生故障、某段管路漏水时,系统自动发出声光报警,并在触摸屏上动态闪烁显示,记录事故,同时将故障泵或管路自动退出轮换工作,其余各泵和管路继续按一定顺序自动轮换工作,以达到有故障早发现、早处理,确保矿井安全生产的目的。

3)自动控制

系统选用模块化结构的PLC为控制主机,由PLC机架、CPU、数字量I/O、模拟量输入、电源、通信等模块构成。PLC自动控制系统根据水仓水位的高低、井下用电负荷的高低峰、电动机电枢温度等因素,建立数学模型,合理调度水泵,自动准确发出启、停水泵的命令,控制各台水泵运行。

4)动态显示

动态模拟显示选用触摸式工业图形显示器(触摸屏),系统通过图形动态显示水泵、真空泵、电磁阀和电动阀的运行状态,采用改变图形颜色和闪烁功能进行事故报警。直观地显示电磁阀和电动阀的开闭位置,实时显示水泵抽真空情况和压力值。用图形填充以及趋势图、棒状图和数字形式准确实时地显示水仓水位,并在启停水泵的水位段发出预告信号和低段、超低段、高段、超高段水位分段报警,用不同音响形式提醒工作人员注意。

5)故障报警

泵站除设置了启动方式(就地\远程)闭锁开关外,系统还设计了电流保护、温度保护、水泵振动保护、流量保护、压力异常保护、电动阀开\关到位保护、水位超限及水位传感器故障报警保护、排水量异常报警保护等,并根据各类保护信息对系统安全运行的影响程度,将异常信息划分为提醒报警和故障停泵。立即停泵的故障主要有出水压力达不到、出水阀开启超时、溢流管流量开关故障、水泵前后轴温度过高、水泵前后轴振动过大、电动机前后轴温度过高、电动机电枢温度过高、进水泵和排水泵电动机电流过大等。例如:在PLC软件中,电动机电枢温度保护设计为高温报警和超高温报警,电动机电枢温度大于85 ℃时,系统进行高温报警。当电动机温度继续升高达到120 ℃时,系统就会立即执行停泵程序,并进行超高温报警。

6)通信接口

PLC通过通信接口和通信协议,与触摸屏进行全双工通信,操作人员也可利用触摸屏将操作指令传至PLC,控制水泵运行;将水泵机组的工作状态与运行参数,传至触摸屏进行各数据的动态显示,同时还可经安全生产监测系统分站传至地面生产调度监控中心主机,与全矿井安全生产监控系统联网。管理人员在地面既可掌握井下主排水系统设备的所有检测数据及工作状态,又可根据自动化控制信息,实现井下主排水系统的遥测、遥控,并为矿领导提供生产决策信息。触摸屏与监测监控主机均可动态显示主排水系统运行的模拟图、运行参数图表,记录系统运行和故障数据,并显示故障点以提醒操作人员注意。

7) 矿用自动排水监控系统

以 WinCC 7.0 为监控软件开发平台,设计排水工艺、关键参数监控实时曲线、故障报警等监控界面,可实现显示、报警、控制操作等诸多功能,如图 5-51 所示。

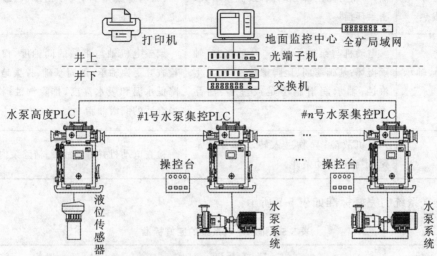

(a) 某矿主排水自动控制系统整体架构

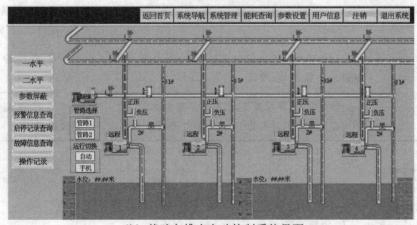

(b) 某矿主排水自动控制系统界面

**图 5-51　矿用自动排水监控系统**

### 5.3.5　矿井排水设备电气控制系统常见故障与处理

水泵常见故障、产生原因及其维护方法如表 5-4 所示。

表 5-4　水泵常见故障、产生原因及其维护方法

| 常 见 故 障 | 产 生 原 因 | 维 护 方 法 |
|---|---|---|
| 压力表有压力,<br>但仍不出水 | 排水管阻力太大;叶轮流道堵塞或损坏;电机旋转方向不对;泵转速不足 | 清理或缩短排水管道;清除叶轮内的污物或更换叶轮;检查电机旋转方向;增大转速 |

续表

| 常见故障 | 产生原因 | 维护方法 |
|---|---|---|
| 泵消耗功率过大,电机功率增加,填料箱发热 | 填料压得太紧;泵的转子与定子摩擦,叶轮与固定部分摩擦;泵流量增大;密封环损坏 | 调整填料压盖松紧程度;检查泵轴是否歪曲,检查摩擦零件;关小出水阀、减小流量;更换密封环 |
| 水泵振动,轴承过热 | 电动机与泵轴不同心,泵轴弯曲;轴承损坏;基础薄弱、地脚螺栓松动;发生汽蚀;轴承润滑脂不足或过多、油品不对 | 调整电机轴与泵轴的同轴度,检查泵轴;检查并更换轴承;加固基础、拧紧地脚螺栓;降低水温和吸水高度,排除汽蚀;检查并更换合适的润滑油脂 |
| 不启动 | 电机故障;异物进入转动部分被卡死;不满足启动条件 | 检查电动机并排除故障;清除泵内异物 |

排水电气系统的完好标准如表 5-5 所示。

表 5-5 排水电气系统的完好标准

| 检查项目 | 完好标准 | 备注 |
|---|---|---|
| 逆止阀、闸板阀、底阀 | 齐全、完整、不漏水、阀门操作灵活 | 底阀自灌满引水 5 min 后能启动,水泵合格 |
| 电气与仪表 | 电动机和控制设备符合完好标准,压力表、电压表和电流表齐全、完整、准确 | 仪表校验期在一年以内 |
| 运行状态 | 运转正常,无异常振动,水泵每年至少测定一次,排水系统综合效率竖井不低于 45%,斜井不低于 40% | 不超过测定记录有效期 |

【思考题】

1. 对比离心式、轴流式和对旋轴流式三类通风机的结构特点及优缺点。
2. 什么是同步电动机的异步启动法?其过程如何?
3. 简述自耦变压器降压启动继电控制线路的降压启动过程。
4. 简述矿用排水设备组成及水泵工作原理。
5. 简述离心式水泵性能参数及其性能曲线。
6. 简述离心式水泵工况点如何确定。
7. 简述活塞式空压机的工作原理。
8. 空压机的工作参数有哪些?
9. 频敏变阻器启动控制的最主要优点是什么?
10. 简述空压机的控制系统组成及检测参数。

# 第6章 矿用设备智能控制

**【知识与能力目标】**

了解矿用设备智能控制技术，掌握矿用采掘设备精确定位与智能截割技术和数字孪生驱动的矿用设备智能控制技术，具备进行矿用设备智能控制系统方案设计的能力。

**【思政目标】**

通过学习本章知识，培养学生树立利用智能控制技术实现矿用安全高效开采的理念；树立利用智能化设备降低煤矿工人劳动强度，提高煤矿生产效率，从而促进煤矿少人或无人开采的理念；树立基于持续迭代优化思想的矿用设备智能控制技术创新理念。

## 6.1 概　述

新一代人工智能呈现出深度学习、跨界融合、人机协同、群智开放、自主操控等新特征，与工业领域的深度融合正在引发深远的产业变革。煤矿智能化是煤炭工业高质量发展的核心技术支撑。一方面，应靠提升自动化和智能化水平将矿工从危险繁重的一线解放出来，实现煤矿开采总体少人化；另一方面需提升煤炭开采技术水平，保证在少人情况下的煤炭安全高效开采，以满足经济社会的发展需求。

煤矿智能化正是将人工智能、工业物联网、云计算、大数据、机器人、智能装备等与现代煤炭开发利用深度融合，形成全面感知、实时互联、分析决策、自主学习、动态预测、协同控制的智能系统，实现煤矿开拓、采掘、运输、通风、洗选、安全保障、经营管理等过程的智能化运行。破解矿用设备智能感知、智能决策与自动执行等方面的关键技术，降低煤矿工人劳动强度，提高煤矿生产效率，从而促进煤矿少人或无人开采技术发展。

煤矿井下采煤和掘进施工复杂度高、监测数据量大，协同控制难度大，"自动控制＋人工视频干预"的控制方案难以实现工作面常态化自动生产等问题，近几年煤炭行业多家研究单位将数字孪生（DT）和虚拟现实（VR）引入采掘工作面设备群远程智能控制决策系统，提出"惯导＋"或"视觉＋"等多种方法有效解决煤矿井下采掘工作面设备精确定位、自主导航和自主截割难题，"数字煤层、虚实同步、数据驱动、实时修正、虚拟碰撞、截割预测、人机协同"的煤矿井下设备远程控制技术体系已经成为行业解决采掘工作面智能化的共识，这对破解目前煤矿井下工作面煤岩界面预测、少人或无人自动截割控制、设备群间异常检测等难题起到了重要推动作用。中国矿业大学、西安科技大学等单位对数字孪生驱动采掘工作面智能化技术进行了较为深入的研究，为行业智能化发展提供了参考。图 6-1 所示为数字孪生驱动的综采工作面远程控制技术原理框图。

（a）综采工作面远程控制原理图　　　　（b）远程控制中的新型人机交互方式

**图6-1　数字孪生驱动的综采工作面远程控制技术原理框图**

相比于综采工作面,目前绝大多数巷道掘进采用的悬臂式掘进机施工尚采用人工操作,施工时掘进机司机通过目视断面上的激光光斑控制掘进机截割头,巷道中心轴线靠精确调整的激光指向仪设定激光光斑保证,掘进工程质量很大程度上取决于司机的经验和熟练程度。考虑掘进工作面工况存在的高粉尘、低照度、复杂地质条件等因素,现有掘进质量规范下掘进装备的位姿和工况状态检测难度极大,表现在:成形截割精度要求高(安全规程要求小于100 mm),机身和截割头位姿测量精度直接影响巷道成形断面误差,定向精度导致的巷道开拓误差对后继施工影响较大等。因此,煤矿井下掘进装备的动态、精确定位技术是煤矿采掘智能化的关键瓶颈技术。煤矿采掘装备远程控制技术是实现少人或者无人工作面的关键,其前提是工作面设备控制的自动化和智能化。以煤矿掘进工作面为例,悬臂式掘进机可简化为"履带式移动机器人+单(多)自由度串联机械手",在两者协同控制下才能实现巷道断面的智能化截割。而煤矿远程智能掘进技术的核心包括数字工作面的多维呈现、设备群碰撞预警、人机融合有机协同,以及控制模型驱动实现掘进工艺。如图6-2所示,其中的设备精确位姿测量解决"在哪里"的问题最为关键;其次自主定位与导航解决"去哪里"的问题,关系到掘进方向是否正确,也是巷道截割质量评价的关键,需要设备群的协同。井下巷道掘进设备的姿态精确测量、自主定位与导航、掘进断面自动成形监控,以及人员定位与防护、锚固作业自动化、掘-支-运设备自主联动、掘进过程可视化监测和实时通信都是远程掘进需要解决的问题。

在掘进面远端或地面远程控制时,除了关注井下工作面设备工况和控制状态,需要解决数据直观呈现的问题,为监控人员提供更多决策信息能够在自动作业过程中对异常状态进行人为干预,达到"人机协同"远程掘进控制的目的。因此,聚焦远程控制任务,以掘进为控制时空参考的掘-支-运作业机制,以掘进定位、定向导航和定形截割为核心,构建了数字孪生驱动掘进装备远程智能控制模型及技术体系,如图6-3所示。

煤矿井下巷道掘进本地控制的实质是将掘进设备作为"移动机器人+串联机械手"组合体,利用机器人正、逆运动学求解,以设计路径参数为目标,以实时测量数据为反馈,达到伺服控制,轨迹跟踪的结果,形成要求的形状和尺寸的高质量巷道。以机器人技术、数字工作面、精确定位、自主导航、定形截割构建本地控制理论和技术基础,通过构建掘进工作面数字孪生体,将

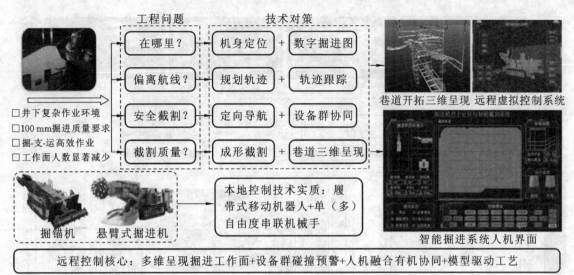

图 6-2　煤矿远程智能掘进技术需求分析

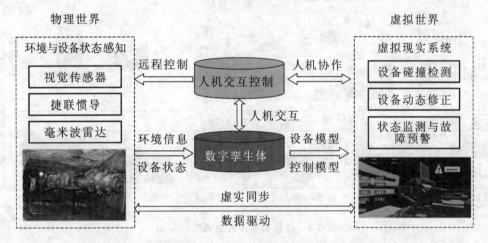

图 6-3　数字孪生驱动掘进装备远程智能控制模型及技术体系

井下人员、设备、环境相关信息呈现到数字空间,虚实融合,共智互驱,达到数字掘进与物理掘进智能协同的目标,解决远程控制中的多维数据呈现、设备群碰撞、掘进工艺建模和人机协同机制问题,破解掘进施工中人-机-环共生安全难题。构建的远程智能掘进总体控制架构如图 6-4 所示。

虽然综采工作面智能化为智能掘进发展奠定了多方面的技术基础和组织经验保障,近几年智能远程掘进也取得了很多基础理论和关键技术方面的突破,但是尚存在一些亟待协同攻关的难题。本章针对巷道近程或地面远程智能掘进场景控制需求,介绍煤矿井下掘进装备精确位姿感知、智能截割控制、远程虚拟呈现、记忆截割等方面的研究进展,为解决智能决策、精确定位、轨迹规划、碰撞预警、人机协同等方面难题提供了新的参考。

图 6-4　远程智能掘进总体控制架构

# 6.2　掘进设备精确定位技术

## 6.2.1　基于惯导的掘进设备定位技术

惯性导航系统(INS,Inertial Navigation System)也称作惯性参考系统,是一种不依赖于外部信息,也不向外部辐射能量(如无线电导航)的自主式导航系统。惯性导航的基本工作原理是以牛顿力学定律为基础,陀螺仪在载体坐标系下测量出的角速度信息 $\omega_{ib}^b$ 和导航坐标系相对于惯性系的角速度 $\omega_{ig}^b$ 进行旋转运算,得到载体坐标系相对导航坐标系的角速度 $\omega_{gb}^b$,再结合姿态矩阵初值进行姿态矩阵的计算,从而得到航向和姿态信息。获得姿态矩阵后,结合加速度计在载体坐标系内的测量值 $f^b$ 经过变换获得在导航坐标系的测量值 $f^g$ 以及给定的载体速度和位置初值,最后通过解算获得载体相对于导航坐标系的位置和速度。其基本测量原理图如图 6-5 所示。

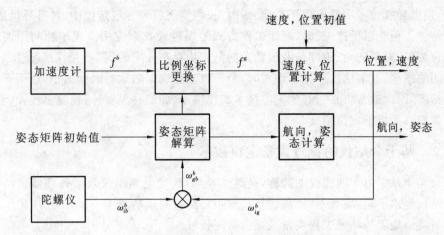

**图 6-5　惯性导航系统的基本测量原理**

将惯性导航系统应用在掘进机上对其进行姿态检测,即根据惯性组件检测掘进机相对于惯性空间的角速度和加速度,经过迭代计算解算出掘进机的运动姿态信息,基于惯性导航的掘进机位姿测量工作原理如图 6-6 所示。

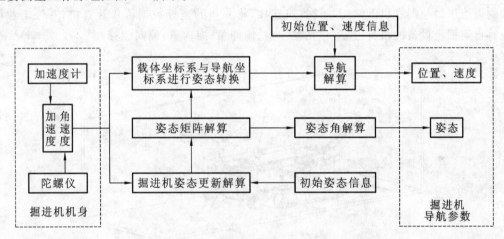

**图 6-6　基于惯性导航的掘进机位姿测量工作原理**

在惯性测量组件中,三轴陀螺仪实时测得的角速度可以对姿态转换矩阵进行实时解算,然后依据所得姿态转换矩阵进行掘进机姿态角的实时参量获取;加速度计则将姿态转换矩阵经过坐标系的转换,使之测得的实时加速度从掘进机的载体坐标系转换到导航坐标系中,再经过积分计算求解出掘进机的运动速度信息和位置信息,其表达式为:

$$\begin{cases} x = x(0) + \displaystyle\int_0^t v_{en}^{nx} \, \mathrm{d}x \\[2mm] y = y(0) + \displaystyle\int_0^t v_{en}^{ny} \, \mathrm{d}y \\[2mm] z = z(0) + \displaystyle\int_0^t v_{en}^{nz} \, \mathrm{d}z \end{cases} \tag{6-1}$$

式中:$x$、$y$、$z$ 为载体的位置坐标;$x(0)$、$y(0)$、$z(0)$ 为载体初始输入的位置坐标;$v_{en}^{nx}$、$v_{en}^{ny}$、$v_{en}^{nz}$ 由载体在各轴方向上的实时速度对各轴加速度积分得到;$t$ 为载体运行时间。

目前,惯性导航技术一般应用于高速、短时、长距离飞行器导航定位中,具有环境适应性强、精度高等特点。但在以低速、长时、短距工作方式的掘进设备上应用发现单独利用惯导系统测量掘进机位姿时,对偏向角、俯仰角及滚动角的测量均存在一定的误差;并且其通过二次积分实现位移监测的原理,在加速度检测有误差时,会导致测量误差随运行时间累积,进而影响掘进设备的定位精度,因此通常将其与其他定位技术或传感器(如位移里程计、视觉里程计、全站仪等)结合使用来提高系统的定位精度。

### 6.2.2 基于全站仪的掘进设备定位技术

全站仪是全站型电子速测仪的简称,是电子经纬仪、光电测距仪及微处理器相结合的光电仪器。全站仪集水平角、垂直角、距离(斜距、平距)、高差测量功能于一体,广泛应用于地上大型建筑和地下隧道施工等精密工程测量或变形监测领域。

基于全站仪的掘进设备定位系统包括全站仪、后视定位棱镜、全站仪遥控装置、全站仪供电与通信装置、目标棱镜组、工业计算机和显示屏,其基本硬件组成如图 6-7 所示。其中后视定位棱镜将巷道坐标系导入全站仪,使全站仪能够确定其在巷道中的坐标。三个目标棱镜分别固定在掘进机机身上的不同位置,并控制全站仪实时地测量三个目标棱镜的空间坐标,通过全站仪自带的通信接口与掘进机上的工业计算机连接,将测得的坐标数据传入计算机,并经工业计算机解算得到掘进设备的机身位姿(包括偏向角、俯仰角、滚动角、偏向位移)。

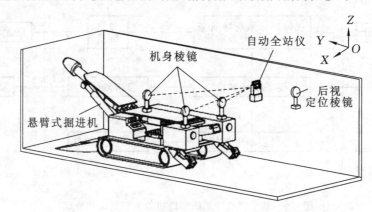

**图 6-7  基于全站仪的掘进设备定位系统基本硬件组成**

全站仪可以实现高精度的位姿测量,但其不能同时测量多个目标,因此全站仪常被用来检测掘进机的静态位姿。另外,煤矿井下复杂的光线环境和光路遮挡也增加了全站仪对棱镜的自动识别难度。

### 6.2.3 基于 UWB 的掘进设备定位技术

超宽带无线通信技术(UWB)是一种无载波通信技术,与传统的通信方式不同,UWB 不使用载波,而是使用短的能量脉冲序列,并通过正交频分调制或直接排序将脉冲扩展到一定的频率范围内。该方式可使其传送速度大大提高,而且耗电量相对降低,且具有精确的定位能力。

目前,UWB 测距方法通常采用 TOF(Time of Flight)或 TDOA(Time Difference of Arrival)原理测量两个超宽带模块间信号的时间差,从而计算出它们之间的相对距离。由于

UWB 信号具有较高的时间分辨率,因此可以有效避免两模块间时钟不同步造成的测量误差,达到精确测距的目的。基于超宽带测距的掘进机位姿检测技术原理如图 6-8 所示。在巷道中设置三个固定的锚节点(Anchor 1~3)用于测量与固定在机身上的三个被测节点(Tag 1~3)间的距离。锚节点在巷道中的坐标以及被测节点在机身上的位置均为已知。当测得某一被测节点与三个锚节点之间的距离时,便可定位出该被测节点在巷道中的三维坐标。当机身上三个被测节点的坐标均为已知,就可以根据节点与机身间的位置关系计算出掘进机机身在巷道中的位姿。

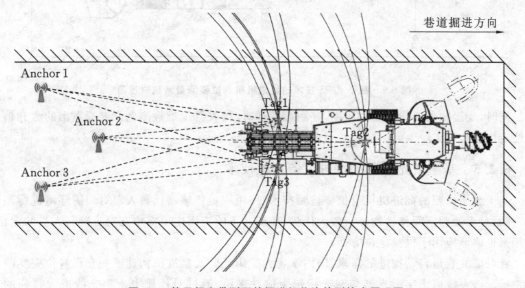

**图 6-8　基于超宽带测距的掘进机位姿检测技术原理图**

相较于其他定位方法,基于 UWB 的定位技术在空旷的测量环境中具有较高的测量精度。在测量路径无遮挡时定位效果最优,但掘进机工作过程中,矿井粉尘、装运机构等均会对测量路径造成遮挡,影响定位精度,目前定位误差大于 30 cm,不能满足煤矿掘进装备精确定位要求。

### 6.2.4　基于 iGPS 的掘进设备定位技术

与 GPS 一样,iGPS 技术利用三角测量原理完成被测点的空间定位。与 GPS 使用的无线电波信号不同,iGPS 使用发射器发出的红外激光代替卫星信号,接收器采集到信号后可以独立定位自身所处的位置。iGPS 测量系统通常包括至少两个发射器、多个接收器以及一套解算系统。基于 iGPS 技术的掘进机机身位姿测量系统原理如图 6-9 所示。

图 6-5 中,$A$ 点为发射器的初始位置,测量过程中发射器绕轴心 $O$ 点旋转,依次到达 $B$、$C$、$D$ 点三处。$A$ 点、$O$ 点的位置以及旋转臂 $AO$ 的长度均为已知。测量时,发射器向巷道掘进方向发射一定角度的扇形激光面,固定在机身上的三个接收器(Tag 1~3)采集到激光信号后将其转化为电信号。与 UWB 定位方法类似,结合已知的发射器位置信息可以解算出接收器在空间中的三维坐标以及机身实时的空间位姿。

iGPS 技术属于非接触的测量方法,具有测量范围大、可以完成多个接收端同时测量的特点。在用于掘进机的定位时,为达到精准定位的目的,需在狭窄的巷道中设置多个发射端。然而,发射端数量较多会造成测量路径的相互遮挡与激光信号间的干扰,并增加标定与安装的难

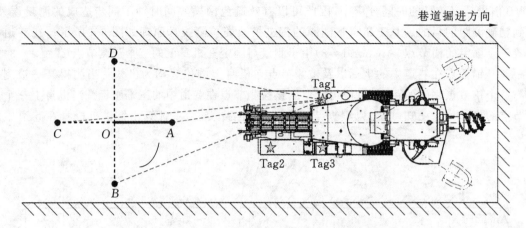

图 6-9　基于 iGPS 技术的掘进机机身位姿测量系统原理图

度。同时,受接收器感光精度的限制,在距离较远时,接收器很难检测到发射端发出的激光信号致使定位失败。

### 6.2.5　基于激光标靶的掘进设备定位技术

基于激光标靶的掘进机机身位姿检测技术,使用视觉传感器代替人眼对周围环境进行测量与判断,对于处理空间移动物体有较大优势,在矿井下的应用主要集中在对车辆与人员的定位,近年来也逐渐应用于机身定位方面。

针对矿井巷道自动掘进的需求,国内学者为矿用悬臂式掘进机构建了一套机身位姿实时检测系统。该系统以十字激光器与激光标靶为信息来源,通过对标靶上十字光线成像特征的分析,建立了如图 6-10 所示的掘进机机身位姿空间解算模型。该模型利用机身与十字激光面的空间关系,使用空间矩阵变换方法,得到机身相对于巷道的三轴倾角以及在巷道断面上的偏离位移,实现了掘进机机身位姿的自动实时检测。

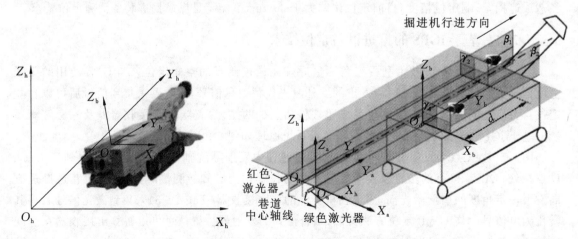

图 6-10　基于双十字激光的掘进机机身位姿检测系统

基于空间交汇测量技术的悬臂式掘进机位姿自主测量。测量系统组成如图 6-11 所示,在已成形煤巷顶部安装激光接收器,激光发射器在不同位置自主发射旋转激光平面,交汇到激光接收器后得到该点在机身坐标系下的三维坐标,进而得到悬臂式掘进机在固定坐标系下的位姿状态。与现有方法相比,该自主测量方法具有自主性好、抗障碍物遮挡能力强的优点。

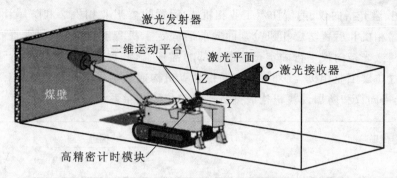

**图 6-11　基于空间交汇测量技术的悬臂式掘进机位姿自主测量系统组成**

与现有的矿用机械机身位姿检测方法相比,基于激光标靶掘进机机身位姿检测方法可以更好地适用于矿井粉尘质量浓度大、测量路径易被遮挡、光照不均等复杂环境,为井下掘进设备定位提供了一种新的思路,但是掘进机上激光标靶容易脱靶导致定位精度降低。

## 6.2.6　基于视觉测量的掘进机定位技术

煤矿井下存在低照度、高粉尘、水雾、振动,以及电磁干扰等因素影响,很多地面成熟技术及设备在井下实际应用存在严峻挑战。视觉测量利用光学成像原理和位姿解算模型求解被测目标的相对位置和姿态参数,具有结构简单、非接触测量、无累积误差等优势,矿山领域视觉位姿测量技术近年来得到研究者们的广泛关注,也逐渐得到应用推广。

视觉成像过程本质是从三维空间到二维平面的变换过程,视觉测量可以理解为受约束条件下的三维空间到二维空间透视成像过程的逆过程。相机成像的过程实质是小孔成像的过程,相机成像模型主要包括相机光心、主光轴和成像平面,如图 6-12 所示。图中 $O_c$ 为相机的光心,$O_cZ_c$ 为相机的主光轴,$O_c$ 和 $O_1$ 间的距离为相机焦距 $f$。空间中任何一点 $P$ 在图像上的投影可以用针孔模型近似表示,任何空间点 $P$ 在图像上的投影 $p$ 可以表示为相机光心 $O_c$ 与 $P$ 点连线 $O_cP$ 与图像平面的交点,即空间目标点、透视中心(相机原点)和成像点在不考虑光路成像误差的基础上满足共线性几何约束。

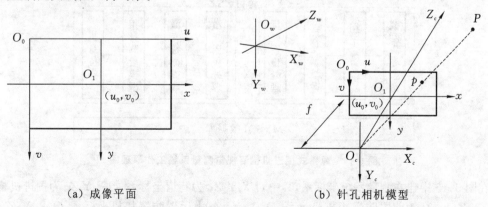

（a）成像平面　　　　　　　　　（b）针孔相机模型

**图 6-12　相机成像模型**

基于视觉测量的掘进机位姿检测技术包括截割头定位和机身定位两部分,如图 6-13 所示为西安科技大学张旭辉团队提出的悬臂式掘进机位姿视觉测量系统示意图。该系统由红外 LED 防爆标靶、激光指向仪、前置防爆工业相机 1、后置防爆工业相机 2 和防爆计算机等构成。其中,前置防爆相机和后置防爆相机分别面向前后固定于机身上;红外标靶垂直固定于掘进机截割臂上;将两激光指向仪平行固定于巷道顶部的锚杆上,并保证两激光束平行于巷道设计方向。其中,前置防爆工业相机、红外标靶和防爆计算机构成截割头视觉测量系统,后置防爆工业相机与两激光指向仪和防爆计算机构成掘进机机身位姿测量系统。

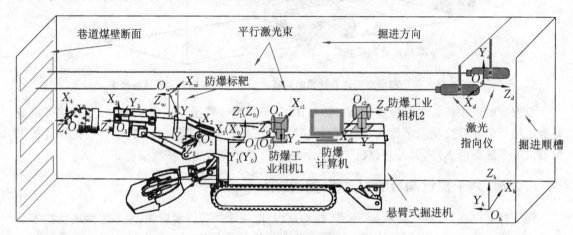

图 6-13 悬臂式掘进机视觉测量系统示意图

如图 6-14 所示视觉测量系统工作时,利用前置防爆工业相机采集防爆标靶的图像,后置防爆相机采集两激光指向仪的图像信息,将采集到的图像经以太网传输至防爆计算机中,在计算机中分别对红外 LED 特征图像和激光图像进行图像处理,获取标靶红外点特征和激光点线特征信息。通过构建测量系统全局坐标系,利用单目视觉测量原理,建立了基于激光束点-线特征的掘进机机身及截割头位姿视觉测量模型,通过结合图像特征解算得到掘进机截割头和机身在巷道的位姿信息。

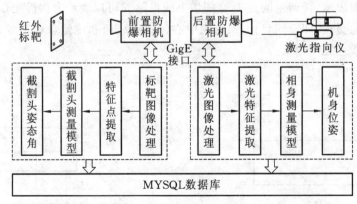

图 6-14 悬臂式掘进机位姿视觉测量系统工作原理图

在图 6-13 中建立测量系统坐标系,其中 $O_h X_h Y_h Z_h$ 为巷道坐标系,$O_o X_o Y_o Z_o$ 为掘进机机体坐标系,$O_{c1} X_{c1} Y_{c1} Z_{c1}$ 为前置防爆相机坐标系,$O_{c2} X_{c2} Y_{c2} Z_{c2}$ 为后置防爆相机坐标系,$O_w X_w Y_w Z_w$ 为红外标靶坐标系,$O_1 X_1 Y_1 Z_1$ 为掘进机回转台坐标系,$O_2 X_2 Y_2 Z_2$ 为截割部抬升关节坐标系,

$O_3X_3Y_3Z_3$ 为截割臂伸缩关节坐标系，$O_4X_4Y_4Z_4$ 为截割头坐标系，$O_dX_dY_dZ_d$ 为激光测量坐标系。设巷道坐标系与机体坐标系之间的齐次变换矩阵为 ${}_o^hT$，巷道坐标系与激光测量坐标系之间的齐次变换矩阵为 ${}_d^hT$，后置防爆相机坐标系与激光测量坐标系之间的齐次变换矩阵为 ${}_{c2}^dT$，前置防爆相机坐标系与机体坐标系之间的齐次变换矩阵为 ${}_{c1}^oT$，机体坐标系与后置防爆相机坐标系之间的齐次变换矩阵为 ${}_o^{c2}T$，前置防爆相机坐标系与红外标靶坐标系之间的齐次变换矩阵为 ${}_w^{c1}T$，截割头坐标系与红外标靶坐标系之间的齐次变换矩阵为 ${}_4^wT$，根据空间矩阵变换可得掘进机机身相对于巷道的位姿矩阵为：

$$_o^hT = {}_o^{c2}T {}_{c2}^dT {}_d^hT$$

掘进机截割头相对于掘进机机身的位姿矩阵为：

$$_4^oT = {}_{c1}^oT {}_w^{c1}T {}_4^wT$$

由此可以得到掘进机截割头相对于巷道的位姿矩阵：

$$_4^hT = {}_o^hT {}_4^oT$$

上述基于视觉测量的悬臂式掘进机位姿检测系统的组成、坐标系统、工作原理，实现了掘进机的局部及全局位姿检测。虽然视觉测量具有非接触、测量精度高、成本低、无累计误差等优势被广泛应用，但在煤矿井下恶劣的复杂环境下存在高粉尘、水雾、复杂背景、测量路径易遮挡、机身振动、多设备位姿检测难的问题，给视觉测量在煤矿井下广泛应用提出挑战。如表 6-1 所示为视觉测量的优势及煤矿井下应用面临的难题和对策。

表 6-1　视觉测量的优势及煤矿井下应用面临的难题和对策

| 视觉测量优势 | 煤矿井下应用面临的挑战 | 对　　策 |
|---|---|---|
| 精度高、成本低、安装简单、无累计误差 | 高粉尘、水雾、低照度 | 红外标靶、激光标靶 |
| | 测量路径易遮挡 | 多点、多线合作标靶(抗遮挡、误差平均) |
| | 振动影响测量精度及可靠性 | 机载稳像、消抖算法 |
| | 设备群的相对位姿与定位 | 设备全位姿检测 |

## 6.2.7　基于捷联惯导组合的掘进设备定位技术

基于捷联惯导的定位技术具有环境适应性强、短时间内定位精度高的优点，但累计误差会随时间的推移逐渐增大；基于全站仪的定位技术测量精度较高，但会因粉尘过大或其他原因导致全站仪光路被遮挡而导致定位失效的问题。基于捷联惯导＋全站仪的掘进设备组合定位技术可以弥补二者的缺陷，提高定位精度及定位的稳定性。基于捷联惯导＋全站仪的掘进设备组合定位原理如图 6-15 所示。

在定位时，将捷联惯导和目标棱镜安装在掘进设备机身上，使其随机身移动。开始定位前，测绘人员测量掘进设备所在位置的经纬度，并根据巷道走向确定世界坐标系下任意的两个坐标点，以其中一个坐标点作为全站仪测站点，另一个作为后视点。同时，根据这两个坐标点构建全站仪坐标系，全站仪通过测量掘进设备上的目标棱镜，解算出掘进设备在世界坐标系下的坐标，如图 6-16 所示。捷联惯导根据初始经纬度完成初始对准，得到初始转换矩阵。随着掘进设备移动，结合掘进设备的初始经纬度及初始姿态角信息，可通过捷联惯导实时测量出掘进设备的位姿和速度信息。将捷联惯导测量的经纬度转换为世界坐标系下的坐标值，利用卡尔曼滤波器将捷联惯导测量获得的位置、速度及姿态角信息，与全站仪测量的掘进机位置信息进行融合，获得掘进设备位姿信息。

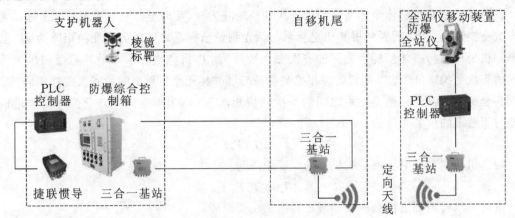

图 6-15　捷联惯导与数字全站仪组合定位系统布置

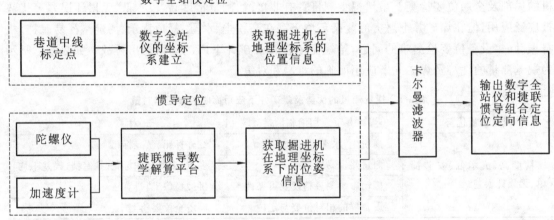

图 6-16　捷联惯导与数字全站仪的组合定位原理

捷联惯导技术是一种不依赖外部信息的自主导航技术,其无源特性符合井下要求,但利用捷联惯导技术进行掘进机定位,其测量误差会随时间累计,影响定位精度,应考虑与其他测量技术进行组合来减小误差。里程计具有精度高、自主性强等优点,因此捷联惯导与里程计组合定位系统也是一种理想的掘进机定位方案,如图 6-17 所示。

1—支架;2—测量轮;3—张紧装置;4—编码器

图 6-17　捷联惯导＋里程计的掘进设备组合定位系统

该方案通常以捷联惯导为主、差速里程计为辅实现掘进设备的组合定位,其定位原理如图 6-18 所示。

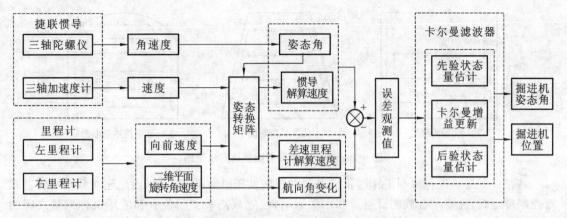

图 6-18 基于捷联惯导与差速里程计的掘进机组合定位原理

捷联惯导对准后得到初始的姿态转换矩阵,随着掘进机移动,更新姿态转换矩阵,将加速度与角加速度积分,得到载体坐标系下的速度与角速度,进一步得到导航坐标系下掘进机参考姿态角与参考位移;两个里程计分别测量掘进机左右履带速度,在已知前一时刻掘进机位姿的前提下,推算出当前时刻掘进机位姿,并通过姿态转换矩阵投影至导航坐标系下;将捷联惯导与差速里程计测量的位姿数据之差作为误差观测值输入卡尔曼滤波器,以卡尔曼滤波器输出值对捷联惯导数据进行校正与补偿,最终得到掘进机的位置和姿态信息。

## 6.3 掘进设备自动成形截割技术

掘进机自动成形截割技术是实现巷道掘进智能化的关键环节,主要包括自动截割路径规划与自动截割轨迹跟踪控制,其中涉及的学科和内容相当广泛,包括控制理论、机电一体化理论、传感检测技术、路径规划、计算机控制技术等。通过自动截割成形控制,可获得规整的巷道断面,可以提高掘进效率及后续巷道的支护效率。

巷道断面是指垂直于巷道中心线的横断面。常见断面形状有矩形、梯形及各类拱形(由岩性、地压大小及服务年限而定),如图 6-19 所示。

实际生产中断面截割方式和截割路径各不相同,截割路径可按由上向下或由下向上横向进行,具体要根据煤层赋存情况和巷道断面形状要求决

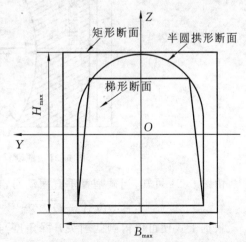

图 6-19 常用巷道断面形状

定截割顺序,合理地完成断面截割。目前掘进机智能截割系统可根据巷道类型、巷道尺寸、掘进机参数、截割工艺等设计出截割路径。如图 6-20 所示,设计出的 S 形截割路径可以减小截割头空转时间,且避免了两个方向液压缸联动可能引起的耦合误差,将系统单方向坐标控制变为闭

环断面位置控制,更有利于提高截割断面控制精度,有效降低能耗,提高截割效率,方便截割装载和转运煤岩。

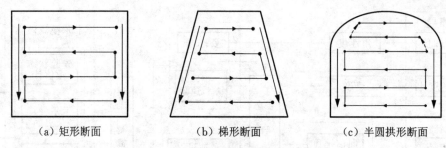

|（a）矩形断面|（b）梯形断面|（c）半圆拱形断面|

图 6-20　常见断面截割路径设定示意图

悬臂式掘进机进行截割工作时依靠升降和回转液压缸驱动截割臂,因此建立截割头轨迹跟踪控制模型时,需要结合截割臂垂直和水平运动,建立截割头空间位置和液压缸伸缩量之间的数学模型。

### 6.3.1　截割臂垂直摆动机构分析与建模

如图 6-21 所示为截割臂在垂直平面中摆动简化图,$O_2$ 为截割臂在上下运动的中心。升降油缸与机身的交点为 $A$,和截割臂的交点为 $B$。图中 $AB_1$ 和 $AB_2$ 分别是截割头升到最高和降至最低点时升降油缸的长度,$C$、$C_1$ 和 $C_2$ 为截割头在水平、最高和最低点在巷道断面上的投影。设升降油缸长度为 $l_2$,$h_1$ 和 $h_2$ 分别为截割臂水平时截割头中心到巷道顶部距离和到地面的距离,$H$ 为截割臂在最高点时截割头中心到地面距离,$d_0$ 为点 $O_2$ 到截割臂轴线 $BC$ 的垂直距离,$d_1$ 为 $O_2$ 到地面的距离。

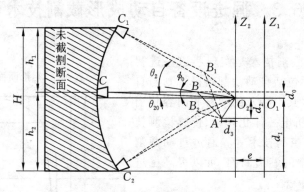

图 6-21　截割臂在垂直平面中摆动简化图

由图 6-21 可知,当截割臂垂直摆动时,升降油缸伸缩长度与截割臂摆动角度的关系为:

$$l_2 = \sqrt{O_2A^2 + O_2B^2 - 2 \times O_2A \times O_2B \times \cos(\angle BCO_2 + \theta_2)} \tag{6-2}$$

根据上式便可以得到截割头升降角度与升降液压缸推移量之间的转换关系。

### 6.3.2　截割臂水平摆动机构分析与建模

截割臂在水平方向上的摆动是利用对称的回转液压缸驱动截割臂工作的,截割臂进行回转摆动时,控制一侧液压缸伸长,另一侧液压缸收缩实现截割臂的回转运动。如图 6-22 所示为截割臂水平摆动的结构简化图,设图中 $O_5O_6$ 杆件和 $O_7O_8$ 杆件为截割臂的对称回转油缸,$O_6$ 和 $O_7$ 为回转油缸与回转台铰接点，$O_6'$ 和 $O_7'$ 为回转油缸转动 $\theta_1$ 角度时的铰接点。点 $O_1$、$O_2$ 和 $C$ 分别为掘进机的回转台中心、截割臂垂直摆动关节中心以及截割头中心，$\Psi_0$ 为截割臂在中心位置时回转油缸的安装位置角。

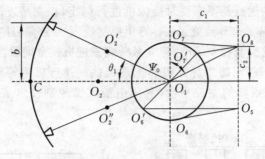

**图 6-22　截割臂水平摆动的结构简化图**

由图 6-22 可知，当掘进机水平摆动时，掘进机回转油缸伸长量和收缩量与截割臂摆动角度的关系为：

$$\Delta l_c = \sqrt{O_8 O_1^2 + O_1 O_7^2 - 2 \times O_8 O_1 \times O_1 O_7 \times \cos(\Psi_0 + \theta_1)}$$
$$\Delta l_d = \sqrt{O_8 O_1^2 + O_1 O_7^2 - 2 \times O_8 O_1 \times O_1 O_7 \times \cos(\Psi_0 - \theta_1)}$$

(6-3)

掘进机的自动截割轨迹跟踪控制是基于反馈原理建立的自动控制系统。所谓反馈原理，就是根据系统输出变化的信息来进行控制，即通过比较系统行为（输出）与期望行为之间的偏差，并消除偏差以获得预期的系统性能。掘进机自动控制系统如图 6-23 所示，通过传感器实时获取掘进机截割臂回转、升降角度及伸缩长度，经过运动学计算得到掘进机截割头在巷道中的位置，然后与事先规划的路径进行比较得到位置偏差，根据位置偏差和截割头当前位置，利用位姿调整策略，确定下一时刻的截割头的位置，经过逆运动学求解，得到 3 个关节的关节位置给定值。然后，各个关节根据其关节位置给定值，利用控制器对截割臂运动进行控制。

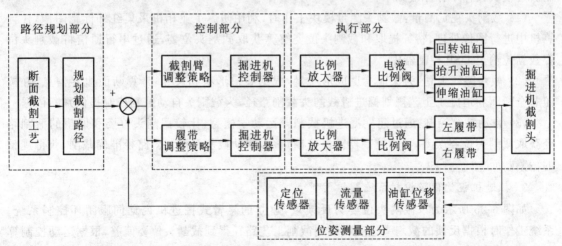

**图 6-23　掘进机自动控制系统**

下面以视觉伺服控制为例说明悬臂式掘进机自动成形截割控制方法。

**1. 掘进机视觉伺服截割控制系统**

视觉伺服控制主要包括基于图像和基于位置的视觉伺服方式，基于图像的视觉伺服方式是利用图像中所需的特征信息计算复合雅可比矩阵,确定图像空间特征变化和机器人关节空间运动变化之间的数学关系,结合机器人速度信息,实现对目标的控制。基于位置的视觉伺服方式通过建立相机与目标之间位姿测量模型,结合目标三维坐标实现对目标位置的运动控制。基于图像视觉伺服控制方法的优点是不需要对摄像机进行标定,控制精度高,但需要估计图像雅可比矩阵,在图像雅可比矩阵的奇异点处无法计算出控制量,会导致伺服控制失败。因此,如图 6-24 所示采用基于位置的视觉伺服控制策略,建立悬臂式掘进机视觉伺服控制系统。该系统由截割头视觉测量模块、DSP 控制器、防爆计算机和掘进机截割执行机构等部分组成,以防爆计算机和 DSP 控制器作为控制系统的主控平台,利用电液比例控制技术实现对掘进机的自动截割控制。

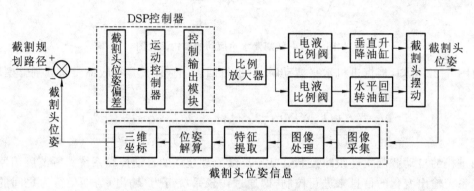

图 6-24  悬臂式掘进机视觉伺服截割控制系统结构图

掘进机视觉伺服截割控制系统包括截割头视觉测量、非全断面路径规划和截割头自动控制等模块。系统工作时,通过截割头视觉测量系统获取截割头位姿,结合规划的截割路径获取截割头轨迹偏差,利用控制器通信模块发出控制指令,控制截割头沿着截割轨迹路径进行跟踪控制。各模块具体工作原理如下:

(1)截割头视觉测量:截割头测量模块工作时,利用防爆工业相机采集红外标靶图像,在计算机中进行图像处理、特征提取和截割头位姿解算获取截割头位姿,通过串行通信将截割头位姿数据传输至 DSP 控制器中。

(2)截割路径规划:为保证巷道成形质量,根据巷道形状和尺寸,计算断面边界信息,并按照非全断面巷道施工工艺规划掘进机截割臂截割路径,为截割头自动截割控制提供判断依据。

(3)自动截割控制:通过建立掘进机截割臂运动学模型,比较截割头位姿和期望的截割路径获取截割头位姿误差,利用控制器输出控制指令,驱动截割头沿截割路径准确截割,获得规整的截割断面。

2. 掘进机视觉伺服控制系统数学模型

如图 6-25 所示为以截割头位姿为反馈量,建立的悬臂式掘进机视觉伺服闭环控制系统。系统工作时根据反馈的截割头位姿和规划截割工艺路径得到截割头位姿偏差,根据运动控制算法发送控制指令,驱动截割头运动至期望位置,实现对截割头的自动截割控制。

图 6-25 中 $r$ 为输入的截割头期望位姿;$e$ 为根据截割头位姿偏差输出的电压信号;$i$ 是比例放大器输出的电流信号;$q$ 为电液比例阀的负载流量;$l$ 为截割臂液压缸行程。不考虑系统中的非线性因素,通过分析控制系统中各环节特性,建立悬臂式掘进机视觉伺服控制系统传递函数模型,分析控制系统的动态特性。

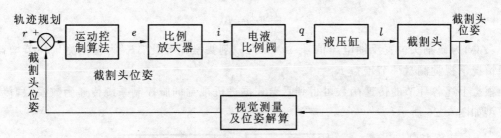

**图 6-25　悬臂式掘进机视觉伺服截割控制系统的闭环系统结构**

1）比例放大器环节传递函数

比例放大器是将控制器输出的电压信号转换成电流信号，为电液比例阀中的比例电磁铁提供特定性能的控制电流，控制电液比例阀的开口大小，其输入阻抗远大于输出阻抗，可将该环节视为比例环节，其传递函数为：

$$\frac{I(s)}{E(s)} = K_a \qquad (6-4)$$

式中：$I(s)$ 为输出的电流信号；$E(s)$ 为输出的电压信号；$K_a$ 为比例放大器的增益。

2）电液比例阀环节传递函数

电液比例阀由比例电磁铁和阀芯构成，电液比例阀的输入信号与输出信号呈比例关系，在工程应用中通常将电液比例阀动态特性简化为二阶环节，根据电液比例换向阀数学模型，可确定电液比例阀环节传递函数为：

$$\frac{Q(s)}{I(s)} = \frac{K_q}{\dfrac{s^2}{\omega_v^2} + \dfrac{2\delta_v}{\omega_v}s + 1} \qquad (6-5)$$

式中：$\omega_v$ 为比例换向阀相频宽；$\delta_v$ 为比例换向阀阻尼比；$K_q$ 为比例换向阀流量增益。

3）液压缸环节传递函数

悬臂式掘进机模型所采用的液压缸为非对称液压缸，根据液压缸与负载的力平衡方程、液压缸流量方程和电液比例方向阀流量方程可确定活塞杆行程与液压缸流量之间的传递函数为：

$$\frac{L_p}{Q_L} = \frac{1/A_p}{s\left(\dfrac{s^2}{\omega_h^2} + \dfrac{2\delta_h}{\omega_h}s + 1\right)} \qquad (6-6)$$

式中：$L_p$ 为油缸活塞杆行程；$Q_L$ 为液压缸流量；$A_p$ 为液压缸活塞杆有效面积；$\omega_h$ 为液压缸与负载系统的固有频率；$\delta_h$ 为液压缸与负载系统的阻尼比。

4）液压缸行程与截割头位置转换环节传递函数

截割头摆动时，水平与垂直方向的摆角随液压缸伸长量变化而变化，可将液压缸行程与截割头摆动角度之间转换关系用比例环节来表示，则该环节传递函数为：

$$\frac{B(s)}{L_p} = K_b \qquad (6-7)$$

式中：$B(s)$ 为截割臂水平摆动角度；$K_b$ 为液压缸行程与截割臂位置转换增益系数。

5）截割头视觉反馈环节传递函数

在截割头的视觉测量系统中，截割头位置检测频宽较高，可将该环节看作一个比例环节，传递函数为：

$$\frac{Y(s)}{\Delta\theta(s)}=K_\mu \tag{6-8}$$

式中：$Y(s)$ 为截割头位置反馈电压信号；$\Delta\theta(s)$ 为截割头摆角变化；$K_\mu$ 为视觉测量环节增益，在理想情况下视觉测量环节增益 $K_\mu=1$。

根据上述各环节的传递函数可得到悬臂式掘进机视觉伺服控制系统传递函数模型，传递函数模型如图 6-26 所示。

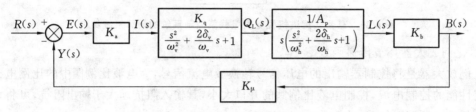

**图 6-26　掘进机截割控制系统传递函数模型**

可得截割头视觉伺服自动截割控制系统的传递函数为：

$$G(s)=\frac{K_a K_q K_\mu K_b/A_p}{s\left(\dfrac{s^2}{\omega_v^2}+\dfrac{2\delta_v}{\omega_v}s+1\right)\left(\dfrac{s^2}{\omega_h^2}+\dfrac{2\delta_h}{\omega_h}s+1\right)} \tag{6-9}$$

3. 基于 PID 的截割头视觉伺服控制系统仿真

截割头运动控制系统中主要参数如下：比例放大器的增益 $K_a=0.023$；比例换向阀的相频宽 $\omega_v=125$ rad/s；比例换向阀的阻尼比 $\delta_v=0.35$；比例换向阀的流量增益 $K_q=1.63\times10^{-3}$ m³/(s·A)；液压缸与负载系统的固有频率 $\omega_h=21.3$ rad/s；液压缸与负载系统的阻尼比 $\delta_h=0.2$；液压缸活塞杆有效面积 $A_p=7.54\times10^{-4}$ m²；水平回转液压缸与水平摆角转换关系的增益为 $K_{b1}=73°/m$；垂直升降液压缸与垂直摆角转换关系的增益为 $K_{b2}=64.28°/m$；可将悬臂式掘进机截割头视觉测量系统视为一个比例环节，在理想情况下的位姿反馈系数 $K_\mu=1$。

利用 Simulink 软件建立如图 6-27 所示的掘进机截割臂水平摆动控制系统仿真框图。

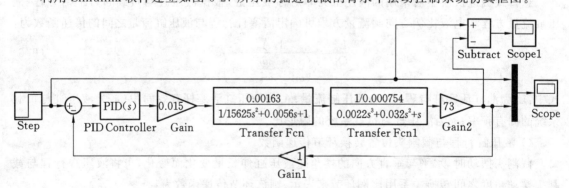

**图 6-27　无负载时截割臂摆动控制系统仿真框图**

PID 控制器的输入控制量为截割头的期望位置，反馈信号为视觉测量得到的截割头当前位置。不考虑外加负载，对输入阶跃信号（截割头摆动角度）系统特性进行研究。输入正弦信号为：

$$x(t)=\begin{cases}0 & t=0\\1 & t>0\end{cases} \tag{6-10}$$

截割臂目标摆动角度值设为 1°,选取多组 PID 参数获取理想控制效果的值,设定仿真时间为 2 s,输出的响应曲线和截割臂摆角误差变化曲线如图 6-28 和图 6-29 所示。

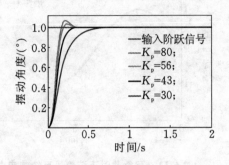

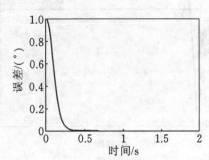

图 6-28　无负载时控制系统阶跃响应曲线　　　　　图 6-29　误差变化曲线

根据图 6-28 可以看出系统时间响应较快,无超调现象并且曲线光滑,没有稳态误差,系统达到了稳定的控制效果。从图 6-29 中可看出控制误差在 0.5 s 左右趋近于零。仿真结果表明了在无负载情况中,悬臂式掘进机视觉伺服控制系统可以实现对截割头的稳定控制。

考虑截割臂在工作时存在负载,利用 Simulink 软件建立存在负载的截割臂摆动控制系统仿真框图,如图 6-30 所示。

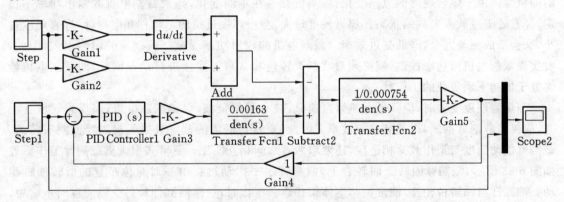

图 6-30　有负载时截割臂摆动控制系统仿真框图

取大于掘进机额定负载的短时过载负载为输入,输入负载为 500 N 时,分别以阶跃信号和正弦信号为系统输入进行仿真。利用阶跃信号进行仿真时,输入阶跃信号为:

$$x(t)=\begin{cases} 0 & t=0 \\ 1 & t>0 \end{cases} \tag{6-11}$$

截割臂目标摆动角度值设为 1°,设定仿真时间为 5 s,仿真结果如图 6-31 所示;利用正弦信号进行仿真时,输入正弦信号为 $x(t)=\sin(0.8t)$,其中 $A=1,\omega=0.8$ rad/s,设定仿真时间为 10 s,仿真输出轨迹跟踪控制结果如图 6-32 所示。

根据图 6-31 所示系统阶跃响应曲线可以看出,系统超调量小,无稳态误差,具有较高的控制精度。从图 6-32 所示正弦信号跟踪效果图可以看出,系统仅在启动时存在一定震荡现象,总体控制过程中系统响应跟踪性能较好,负载对控制系统没有明显的干扰现象。

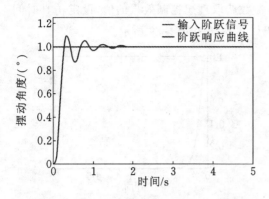

图 6-31　有负载时控制系统阶跃响应曲线

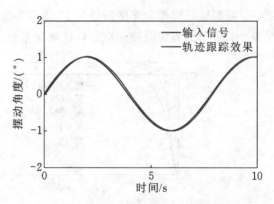

图 6-32　有负载时正弦信号系统响应曲线

# 6.4　掘进设备自适应截割技术

　　煤岩赋存条件和物理性质的复杂多变,导致所截割煤岩的密度和硬度不断变化且具有较大的随机性。由于煤岩硬度的急剧变化,截割负载也在不断变化,导致截割电机的输出功率不稳定,经常处于过载或欠载的状态。煤岩硬度过大,会损坏掘进机的结构件和电器件;煤岩硬度过小,又会造成驱动冗余,降低掘进效率。截割电机的输出功率受截割臂摆速的影响很大,因此,要实现截割电机恒功率控制,就必须对截割头转速和截割臂摆速进行动态调节,使截割电机始终处于恒功率满负载的工作状态。

　　当煤岩硬度变大时,应降低截割臂摆速,以减小截割负载,保护截割电机;当煤岩硬度变小时,应提高截割臂摆速,以提高截割效率。因此,要获得最优的截割效果不仅需要截割头转速、截割臂摆动速度与工作载荷相适应,还要求两者之间相互匹配。悬臂式掘进机截割臂工作原理如图 6-33 所示,截割臂固联于回转台上,截割臂水平摆动过程由一对对称布置的回转油缸驱动。油缸杆与回转台相连,油缸筒与本体架相连。工作时,一侧油缸伸长另一侧油缸同步缩短,协同作用推动回转台转动,带动截割臂绕其回转中心水平摆动。其结构及原理如图 6-33(a)所示。截割臂垂直摆动过程由一对平行对称布置的升降油缸驱动,油缸杆与截割臂相连,油缸筒与回转台相连。工作时,一对升降油缸同步伸长或缩短,推动截割臂垂直摆动,其结构及原理如图 6-33(b)所示。

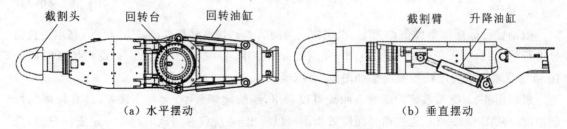

（a）水平摆动　　　　　　　　　　　　（b）垂直摆动

图 6-33　悬臂式掘进机截割臂工作原理

　　目前,国内外主要通过控制截割臂摆速来实现截割电机恒功率控制。采用的主要方法有基于油缸压力判断、基于截割电流判断、基于神经网络判断的截割臂摆速控制方法。

### 6.4.1　基于油缸压力判断的截割臂摆速控制方法

如图 6-34 所示是英国 DOSCO 公司 LH-1300 掘进机的一个有级调速系统。该系统用不等量齿轮式分流器替代了节流式分流阀,当掘进机截割阻力较小时,分流器 A、B 两端出油合并供给油缸,使油缸提供给截割机构的进给速度变大;当截割阻力较大时,油缸的工作油压高于顺序阀的调定压力顺序阀开启,此时分流器 B 端出油经顺序阀回油箱,仅有分流器 A 端出油供给油缸(分流器 A 端流量一般为总流量的 1/4～1/3),使油缸提供给截割机构的进给速度变小。

从分流器的结构及其能量传递形式来分析和研究该系统的性能。齿轮式分流器是由两对或两对以上齿轮啮合组件所组成,其结构与同类型的齿轮马达基本相同,可保证流经各齿轮组件工作油量的比例关系不受各分支油路压力变化的影响。如果不计分流器中的摩擦损失和内部漏损,则分流器液压能传递的关系式为:

$$PQ = P_A Q_A + P_B Q_B \tag{6-12}$$

式中:$P$、$Q$——分流器输入油压和输入流量;

$\quad P_A$,$Q_A$——分流器 A 端油压和 A 端输出流量;

$\quad P_B$,$Q_B$——分流器 B 端油压和 B 端输出流量。

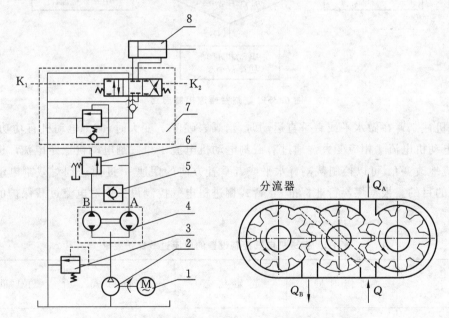

**图 6-34　基于油缸压力判断的掘进机有级调速系统**

1—电动机;2—定量泵;3—溢流阀;4—三齿轮式分流器;5—单向阀;
6—顺序阀;7—液控换向阀组;8—油缸

当掘进机截割阻力增大,油缸的工作油压打开顺序阀时,$P_B$ 即为流经顺序阀的局部油压损耗和管路上的油压损耗之和,这种油压损耗相对于工作油压来说是很小的。为便于分析,不计回油路上的油压损耗,设 $P_B = 0$,这时 $PQ = P_A Q_A$。这说明如果分流器的一个分流出口处于卸荷状态时,分流器的输入功率基本上等于其他有负载的分流出口的输出功率。假如把分流器 A 端的齿轮组件看作一齿轮油泵,把分流器 B 端的齿轮组件看作一齿轮马达,那么对一空转的齿轮马达来说,其除了很小的内部摩擦和漏损的能量损耗外,基本上是不消耗其他能量的,则分流器的输入功率基本上等于分流器 A 端齿轮油泵的输出功率。当 $Q_A = Q/3$ 时，$P = P_A/3$，这就是说假如不计分流器内部较小的能量损失，这时分流器的输入油压 $P$ 仅为油缸工作油压 $P_A$ 的 1/3，其节能效果是非常明显的。

## 6.4.2 基于截割电流判断的截割臂摆速控制方法

基于截割电流判断的截割臂摆速控制，必须分析截割臂摆速 $v$、截割电动机电流 $I$ 与煤岩硬度 $f$ 之间的关系。设 $I_0$ 为截割电动机额定电流，$I_1$ 为控制电液比例阀的比例放大电路板的电流，根据三者之间的关系，得出截割臂摆速控制思路，如图 6-35 所示。

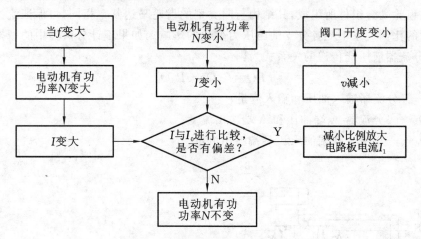

图 6-35 截割臂摆速控制思路

掘进机截割臂在做水平或者垂直运动时，当煤岩硬度 $f$ 变大时，截割电动机有功功率 $N$ 变大，截割电动机电流 $I$ 相应变大。通过对截割电动机电流 $I$ 和截割电动机额定电流 $I_0$ 进行比较判断，相应地改变 $I_0$，可以控制截割臂水平或者垂直方向的摆速 $v$，进而达到对截割电动机有功功率控制的目的。根据煤炭行业标准，悬臂式掘进机电气控制设备中对电流过载保护的要求如表 6-2 所示。

表 6-2 掘进机电气控制设备的电流过载保护要求

| 实际电流整定电流/A | 动作时间 | 起始状态 | 复位方式 | 复位时间/min |
|---|---|---|---|---|
| 1.05 | >2 h | 冷态 | | |
| 1.20 | <20 min | 热态 | 自动 | 1<t<3 |
| 1.50 | <3 min | 热态 | 自动 | 1<t<3 |
| 6 | ≥5 s | 冷态 | 自动 | 1<t<3 |
| 8~10 | 0.2~0.4 s | 冷态 | 自动 | |

依据该标准，国内掘进机的综保程序中都有一项与此要求严格相符的截割电动机保护功能。为提高掘进机的工作效率，同时又不影响截割电动机电流过载综保功能的灵敏度，制定出 PID 控制精度的标准，即保证截割电动机实际电流值相对于额定电流的偏差不超过 5%，也就

是使截割电动机满负荷恒功率工作,且控制精度为 5%。

　　基于 PID 的截割臂摆速自动控制原理如图 6-36 所示。当 $I/I_0 < 0.9$ 时,截割臂全摆速工作,保证掘进机截割的效率;当 $0.9 < I/I_0 < 0.95$ 时,延时 1 s 后,再次读取 $I/I_0$ 值,以提高掘进机自动截割抗干扰能力;当 $I/I_0 > 0.95$ 时,再运行 PID 控制程序。要想达到控制精度为 5% 的要求,如何选择合适的 PID 控制参数是个技术难点。对于一个煤岩构造简单的掘进工况,可以通过增量式 PID 参数整定方法在井下人工实际操作中对这 3 个参数进行确定。但对于不同的工况,人工改变和调整 PID 参数比较烦琐;同时对于复杂工作环境,存在着各种地质构造,如断层、陷落柱、褶皱等,一组 PID 控制参数显然不能满足控制精度的要求,所以这里可以引入 PID 自适应控制,即采用 PID 技术与神经网络技术、遗传学、模糊控制理论等结合,让掘进机根据不同工况和煤岩硬度的变化自动选择最佳的 PID 控制参数。

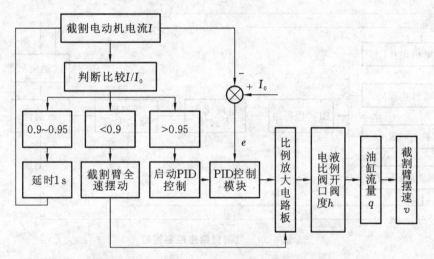

图 6-36　基于 PID 的截割臂摆速自动控制原理

### 6.4.3　基于神经网络判断的截割臂摆速控制方法

　　人工神经网络(Artificial Neural Network,ANN),简称神经网络(Neural Network,NN),基本组成包括神经元、层和网络,由神经元构成层,由层构成网络,是一种模仿生物神经网络的结构和功能的数学模型或计算模型。现代神经网络是一种非线性统计性数据建模工具,常用来对输入和输出间复杂的关系进行建模,或用来探索数据的模式。掘进机在截割过程中,截割电机输出功率的变化往往伴随着多个工作参数的变化,其中存在精确的映射关系,但这些工作参数与截割电机输出功率之间无法建立精确的数学模型,因此可以借助人工神经网络的方法实现截割臂的摆速控制。图 6-37 所示为神经网络基本构成示意图。

　　根据相关研究,当所截割煤岩硬度变大/变小时,由于截割电机负载变大/变小,截割电机的电压和电流也会相应地变大/变小;由于煤岩对截割头的作用力变大/变小,截割臂驱动油缸的压力也会相应地变大/变小;由于截割头受到突变载荷的冲击,导致截割臂振动加剧,其振动加速度也会相应地变大/变小。因此,选择截割电机的电压和电流,截割臂驱动油缸的压力和截割臂振动加速度作为判据,共同表征煤岩硬度的变化。如图 6-38 所示为基于 BP 神经网络的掘进机截割臂摆速控制策略。

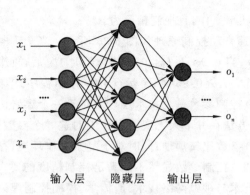

图 6-37 神经网络基本构成示意图

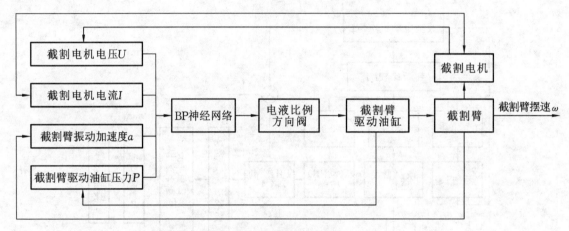

图 6-38 截割臂摆速控制策略

将截割臂摆速作为控制量,通过 BP 神经网络来保证截割电机恒功率输出。在控制过程中,实时检测截割电机的电压 $U$ 和电流 $I$、截割臂驱动油缸的压力 $P$ 和截割臂振动加速度 $a$,并将其输入 BP 神经网络,将 BP 神经网络的输出作为控制信号,通过控制电液比例方向阀来控制截割臂驱动油缸伸缩速度,进而对截割臂摆速进行控制,保证截割电机恒功率输出。根据上述控制策略,可将截割电机的电压 $U$ 和电流 $I$、截割臂驱动油缸的压力 $P$ 和截割臂振动加速度 $a$ 作为神经网络的输入层,神经网络的输出层为截割电机输出功率 $W$ 与额定功率 $W_e$ 的比值,如图 6-39 所示。

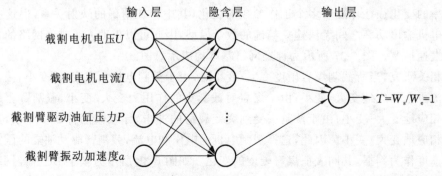

图 6-39 截割臂摆速控制的 BP 神经网络结构

　　采用神经网络具有鲁棒性和容错性强,并行处理计算速度快,自学习、自组织及自适应性,可以充分逼近任意复杂的非线性关系等优点。但随着问题的复杂性增加,神经网络通常需要更多的数据,有时需要数千甚至数百万个标记样本进行训练。

# 6.5　基于机器视觉的掘进设备精确定位与自动截割案例

## 6.5.1　案例背景介绍

　　聚焦巷道近程或地面远程智能掘进场景控制需求,国内学者不断探究智能掘进关键技术难题,为煤矿巷道掘进智能化相关理论与技术研究奠定了坚实基础。通过对煤矿智能化装备的创新研发,西安科技大学在煤矿采掘工作面智能截割技术、虚拟数字工作面构建及远程控制、智能采掘装备研发方面突破了多项关键核心技术,以"DT＋VR"远程决策、"视觉＋"位姿测量、"人工示教"记忆截割,以及"虚拟设备"碰撞预警等四大核心技术,解决了智能决策、精确定位(定向导航和成形质量的基础)、轨迹规划和设备群碰撞预警难题,研发出了一套煤矿掘进工作面智能操控系统,实现了井下巷道掘进装备精确定位、定向导航和定形截割技术。

## 6.5.2　掘进机精确定位与控制案例主要内容

　　煤矿掘进装备定位与控制系统主要由红外防爆标靶、激光指向仪、前置防爆工业相机、后置防爆工业相机、防爆计算机、毫米波雷达、PLC、捷联惯导等构成。煤矿掘进装备定位与控制系统如图 6-40 所示,分别为实验室和工业现场所搭建的悬臂式掘进机视觉伺服截割控制实验平台。前置防爆工业相机和后置防爆工业相机分别面向前后固定于机身上;红外标靶固定于掘进机截割臂上;将激光指向仪固定于巷道顶部的锚杆上,毫米波雷达固定放在机身两侧,PLC 与捷联惯导安装在防爆电控箱内。其中,前置防爆工业相机、红外标靶和防爆计算机构成截割头视觉测量系统,后置防爆工业相机、激光指向仪和防爆计算机构成掘进机机身位姿测量系统,捷联惯导用来获取掘进机实时姿态信息,毫米波雷达用来获取掘进机到截割断面煤壁的距离。

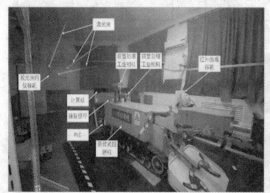
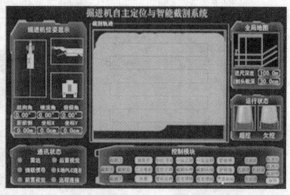

图 6-40　煤矿掘进装备定位与控制系统实验平台

掘进装备定位与控制系统工作原理:利用前置防爆工业相机采集红外防爆标靶的图像,后置防爆工业相机采集激光指向仪的图像信息,将采集到的图像经以太网传输至防爆计算机中,在计算机中分别对红外 LED 特征图像和激光图像进行图像处理,获取标靶红外点特征和激光点线特征信息。通过构建测量系统全局坐标系,利用单目视觉测量原理,建立基于共面特征点的截割头位姿视觉测量模型和掘进机机身位姿视觉测量模型,结合得到的图像特征解算掘进机截割头和机身在巷道坐标系下的位姿坐标。再融合捷联惯导和毫米波雷达数据等传感器信息最终得到悬臂式掘进机截割头、机身位姿以及掘进机状态信息。建立截割臂自动控制模型和定向掘进控制模型,以掘进机截割头和机身位置信息为反馈,与规划的路径或期望位置进行比较得到掘进机位置偏差,结合相应控制算法通过 PLC 控制向掘进机电液比例阀发送控制命令,控制掘进机的液压系统驱动掘进机截割臂和左右履带运动,实现掘进机的自动控制。

### 6.5.3 案例关键技术

#### 1. 掘进机机身及截割头精确定位

案例提出基于激光点-线特征标靶的悬臂式掘进机机身及截割头位姿单目视觉测量方案,以巷道设计走向数据为基准,建立巷道坐标系实现掘进装备机体的全位姿检测,为进一步实现智能截割、纠偏控制、定向掘进提供基础数据,该方案包括机身全局定位和截割头局部定位两个子系统,前者获得机身在巷道坐标系下的空间位姿,后者获得截割头在掘进机身坐标系下的空间位姿。

#### 1)掘进机截割头定位技术

针对悬臂式掘进机截割头位姿检测问题,构建了基于单目视觉测量原理的截割头局部位姿测量系统。系统借助多点红外 LED 标靶形成的 16 个共面红外特征点,运用单目视觉测量原理提出一种基于红外 LED 特征的截割头位姿视觉测量方法,包括红外标靶的特征提取、基于共面特征点的空间点三维坐标解算、基于对偶四元数的红外标靶位姿解算和悬臂式掘进机机身坐标系下的截割头局部定位。如图 6-41 所示为基于红外 LED 标靶的悬臂式掘进机截割头位姿测量系统。

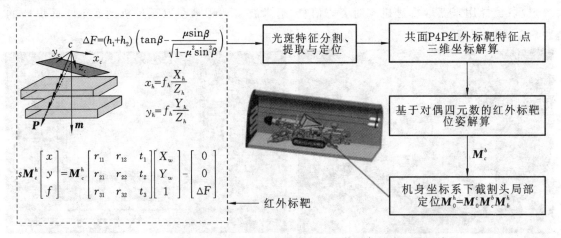

**图 6-41 基于红外 LED 标靶的悬臂式掘进机截割头位姿测量系统**

2) 掘进机机身定位技术

如图 6-42 所示，$l$ 为跑道着陆阈值线，$P_1P_2$、$P_3P_4$ 分别为跑道左右边线，摄像机坐标系的 $xc$ 轴为光轴，$yc$ 轴与图像坐标系 $u$ 方向一致，$zc$ 轴与图像坐标系 $v$ 方向一致。$p_3$ 为 $P_3$ 的像点，$p_1$ 为 $P_1$ 的像点，$p$ 为 $P_1P_2$、$P_3P_4$ 两线的交点，摄像机焦距为 $f$。

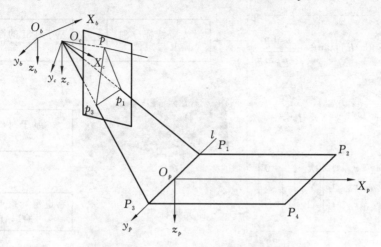

**图 6-42 无人机着陆位姿测量示意图**

图 6-43 是通过无人机机身上安装的摄像机拍摄到的跑道线的图像，经过图像处理算法筛选得到跑道线清晰形状，最后结合位姿解算模型得到无人机的位置信息和姿态信息。

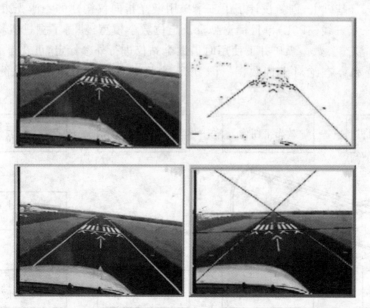

**图 6-43 视觉测量检测的跑道线**

如图 6-42、图 6-43 所示，类比无人机的着陆位姿测量方法，针对悬臂式掘进机机身测量问题，利用激光指向仪在煤矿井下低照度、高粉尘、复杂背景下具有抗遮挡和远距离特征明显的优势，提出一种基于激光点-线特征的掘进机机身位姿解算模型，并构建了基于激光束标靶的掘进机机身全局定位方法及系统。以两个平行安置的矿用激光指向仪形成的平行激光束作为标靶特征,提出基于激光束标靶的悬臂式掘进机机身全局位姿测量方法,包括平行激光束的特征提取、基于 2P3L 的空间点三维坐标解算、基于对偶四元数的激光标靶位姿解算,以及巷道坐标系下悬臂式掘进机机身的全局定位。图 6-44 为基于激光束标靶的悬臂式掘进机机身位姿测量系统。

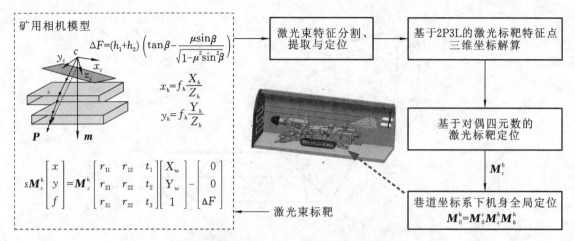

图 6-44　基于激光束标靶的悬臂式掘进机机身全局位姿测量系统

2P3L 测量模型需要保证两条激光束平行,在煤矿井下安装时保证激光指向仪平行度难度较大,且系统外参标定复杂、难度大,需要进一步通过优化提高定位精度和稳定性。

因此,在 2P3L 基础上,创新设计了由三个矿用激光指向仪构建的三激光束标靶,建立了基于点-线特征的三点三线(3P3L)单目视觉测量及定位数学模型,获得了掘进机机身的相对巷道安装点的位置和姿态参数。煤矿井下使用时借助全站仪进行外参标定,可获得大地坐标系下的掘进机机身位置和姿态绝对坐标数据。图 6-45 为悬臂式掘进机机身视觉测量系统原理示意图。

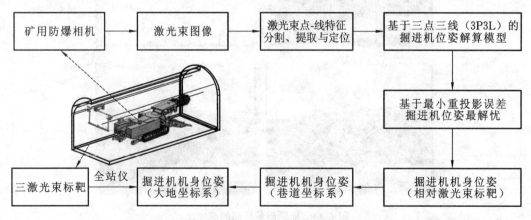

图 6-45　悬臂式掘进机机身视觉测量系统原理示意图

2. 视觉伺服的掘进机截割控制

针对煤矿悬臂式掘进机自动截割控制问题,将视觉测量传感器应用于悬臂式掘进机截割头的控制系统中,提出了视觉位置反馈的掘进机自动截割控制系统,其原理如图 6-46 所示。

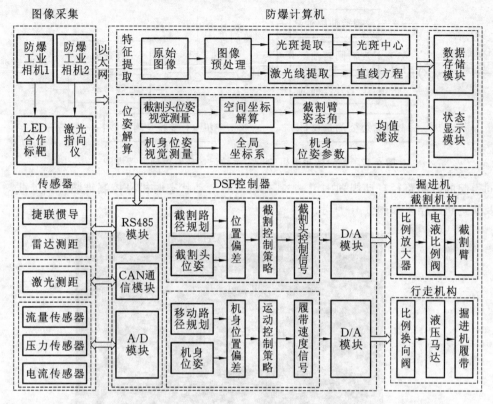

**图 6-46　悬臂式掘进机位姿测量与自动控制总体方案**

该系统由悬臂式掘进机、防爆计算机、防爆工业相机、激光指向仪、DSP 控制器和传感器构成;软件系统实现图像采集、特征提取、机身位姿解算、机身轨迹跟踪控制和数据存储显示等功能,可完成巷道中机身位姿精确测量以及掘进机轨迹跟踪控制。系统采用单目视觉测量方法,通过构建井下巷道悬臂式掘进机截割头与机身位姿测量模型,求解掘进机实时位姿并传输到DSP 控制器中,获得掘进机当前位姿与期望位姿之间的位姿误差,利用 DSP 控制器输出控制指令控制掘进机动作,进行轨迹跟踪控制,同时对掘进机机身及截割头实时位姿进行显示,为操控人员提供超挖预警报警。

悬臂式掘进机视觉伺服自动截割控制,采用轨迹规划与人工示教相结合的方式,通过视觉实时位姿测量和电液伺服控制,实现复杂运动环境下的掘进机机身视觉伺服和截割头运动轨迹跟踪控制。考虑不同地质条件和底板稳定性影响,先利用视觉位姿测量方法,实时记录人工操作机身和截割臂的轨迹完成一个截割循环,随后下一个截割循环采用记忆数据控制掘进全过程中的机身和截割臂运动,实现自动化截割、自动刷帮等工艺环节,避免了掘进机在不同工况和环境下的轨迹规划难题。如图 6-47 所示为悬臂式掘进机的人工示教记忆截割控制原理框图。

该系统以截割头跟踪截割断面为目标,视觉实时测量的位姿为反馈量。为保证断面成形精度,基于截割头位置信息建立截割头轨迹跟踪控制模型,以截割头位姿为反馈确定截割头位置偏差,利用控制算法输出控制命令,使升降油缸及回转油缸驱动截割臂摆动工作,同时按照截割工艺要求调整机身位置,使之处于合理姿态并在截割轨迹跟踪时利用前铲板和后支腿固定机身。此技术的关键是掘进机机身的实时位姿测量,最大优势是可以解决巷道断面形状、尺寸大

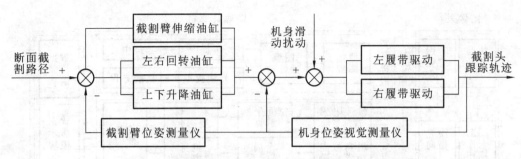

图 6-47　悬臂式掘进机的人工示教记忆截割控制原理框图

小不同引起的截割路径自动规划困境,尤其是机身有滑动状态时机身控制难题。掘进截割软件界面及轨迹跟踪结果如图 6-48 所示。

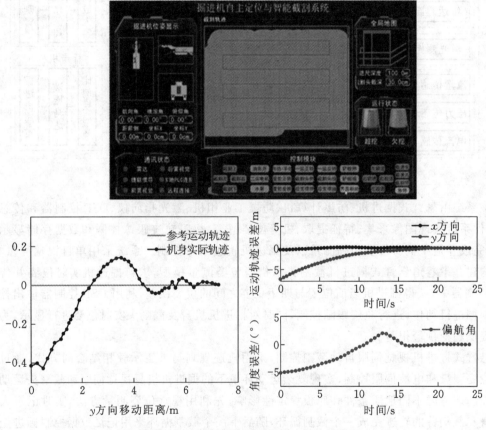

图 6-48　掘进截割软件界面及轨迹跟踪结果图

# 6.6　数字孪生驱动的矿山设备智能控制技术

矿山设备电气控制分为本地控制、井下集控、地面远程控制等多种方式,由于煤矿井下工况环境恶劣、粉尘浓度较大、安全隐患较多,煤矿采掘工作面仍然需要操控人员在本地进行手动或遥控操作,造成极大的人员及生产安全风险。因此,基于井下集控与地面远程控制的智能控制方式成为采掘装备智能化必不可少的关键支撑技术。数字孪生(Digital Twin,DT)技术搭建了沟通物理世界与虚拟世界的桥梁。近年来,数字孪生技术逐渐应用在煤矿智能化生产中,将物理对象的数字模型映射在虚拟空间,借助人工智能算法在虚拟空间中实时感知、诊断和预测物理实体对象的状态,通过优化和指令来远程调控物理实体,实现在虚拟空间中完成对生产设备的控制决策,可以极大程度上提高掘进效率并确保操作人员的安全。本节以煤矿掘进工作面的核心装备掘进机为例,分别阐述矿山设备虚拟建模、信息物理空间动态交互、远程虚拟智能操控等数字孪生关键技术的实现过程。

### 6.6.1　矿山设备虚拟建模技术

煤矿综掘工作面由于其非结构化复杂环境的特点,井下工作面环境恶劣,现有的综掘设备控制方案主要为人工控制,井下工作人员的人身安全存在非常大的隐患。而综掘工作面低照度、高粉尘的工况环境使远程视频监控+远程控制的控制方式也存在诸多限制。对于远程控制存在的这些问题,将 VR 技术引入设备远程控制中,为综掘设备的远程操控提供另一种新的方法,通过多源异构数据融合技术将实际综掘工作面物理空间环境进行量化,并且实时驱动数字化虚拟综掘工作面场景。根据实测综掘设备位姿数据与综掘工作面环境数据等,搭建数字化虚拟界面,实时显示真实综掘工作面情况,为远程操控人员提供真实、可靠的控制依据,建立高效的数据交互接口,保障实时数据传输。

#### 1. 系统模型设计

综掘设备远程虚拟操控平台需要满足能够尽量真实还原井下综掘场景与综掘设备的位姿关系的要求,因此,在进行巷道与设备三维模型构建时,对模型的精细度与巷道的还原程度要求很高。

3ds Max 软件具有三维模型多样性、灯光场景真实性高以及渲染功能出色等优势,是虚拟现实开发过程中常用的模型处理软件。3ds Max 软件也具有出色的动画制作、贴图等方面的功能,具有良好的拓展性。与其他建模软件相比,3ds Max 软件十分适合初学者开发学习,对于电脑的硬件配置要求也不高,便于实现贴图、UVW 映射技术。3ds Max 软件进入国内市场较早,操作上较为简单,目前已经支持中文,实现的功能相对简单,市面上也能找到很多可供学习的资料。现在国内市场上建模以 3ds Max 为主,通常与虚拟引擎搭配组成虚拟现实的开发工具。

#### 2. 虚拟现实交互平台搭建

综掘设备远程虚拟操控平台需要实现对井下物理环境的双向映射,并且远程操控人员可以与虚拟平台进行人机交互操作。因此在选择开发软件时,既要满足能够兼容其他平台开发的三维软件,又要具备虚拟环境与数据交互平台之间的数据接口,且具有可以与操控人员进行交互的功能。

Unity3D 实现了三维虚拟环境、物理计算和虚拟世界游戏开发等功能,该软件兼容市面上多数三维建模软件,通过其他软件建立的模型都可以方便快速导入 Unity3D 中,开发人员可以编写 JavaScript 和 C♯ 脚本语言赋值到虚拟物体,使得用户能够在短周期内开发出一套游戏产品。强大的交互性使其能够完成建筑可视化、三维动画等模型开发工作。Unity3D 良好的兼容性突出表现在其在 Windows 与 Mac OS X 下均可流畅运行,能够用其开发 PC 端或者移动端游戏。

#### 3. 数据交互平台设计

数据交互平台是井下物理环境与虚拟远程操控界面之间相互联系的重要保障,不仅要将采集到的传感器数据上传,而且要同时下发虚拟操控界面的控制命令数据,对数据库功能的要求很高。MySQL 是一个常用的关系型数据库管理系统,在许多系统开发中都得到了应用。因此,在开发综掘设备虚拟远程操控系统时,选择 MySQL 作为数据交互平台的开发软件。

4. 系统开发流程

煤矿综掘设备远程虚拟操控平台开发流程框图如图 6-49 示,系统基于 Unity3D 虚拟现实平台开发进行设计,但是 Unity3D 本身只具有非常简单的建模功能,只能创建简单三维模型,无法构造精确的掘进机模型,因此我们选用 SolidWorks 对掘进机各部分进行建模与装配。由于 SolidWorks 对模型的渲染达不到虚拟现实系统的要求,且输出模型的文件格式无法导入 Unity3D 虚拟现实平台进行编辑,因此需要在 3ds Max 中对模型文件进行渲染和优化,并最终导出.FBX 文件格式,最终在 Unity3D 中对模型进行运动仿真与人机交互设计,实现如图 6-50 所示的掘进机虚拟展示。

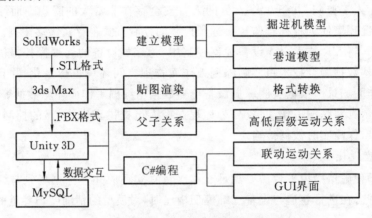

图 6-49　开发流程框图

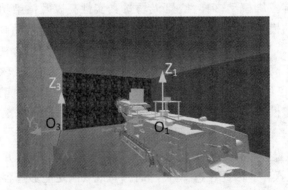

图 6-50　基于 Unity3D 的掘进机虚拟展示

## 6.6.2　矿山设备数字孪生驱动技术

1. 掘进设备数字孪生体构建

数字孪生体模型是在虚拟空间中,以数字化的方式建立物理对象的多维、多时空尺度、多学科、多物理量的动态虚拟模型来仿真和刻画物理实体在真实环境中的属性、行为、规则等。当前煤矿采掘装备正处于从"自动化+可视化人工远程干预"向"智能化+自主化+无人化"过渡的关键时期,为了解决煤矿掘进工作面设备的远程控制问题,需要实现对掘进工作面工况环境的状态监测、协作设备之间的碰撞检测以及设备运行轨迹的自主规划。本节通过虚拟现实技术将设备本体结构、内在机理、规划结果等信息进行三维可视化呈现,实现复杂工况环境下掘进工作面"数字工作面＋自主控制决策"的数字孪生应用模式,其控制决策数字孪生体模型如图 6-51 所示,由物理空间、虚拟空间、孪生数据、规划层、控制层、执行层组成。

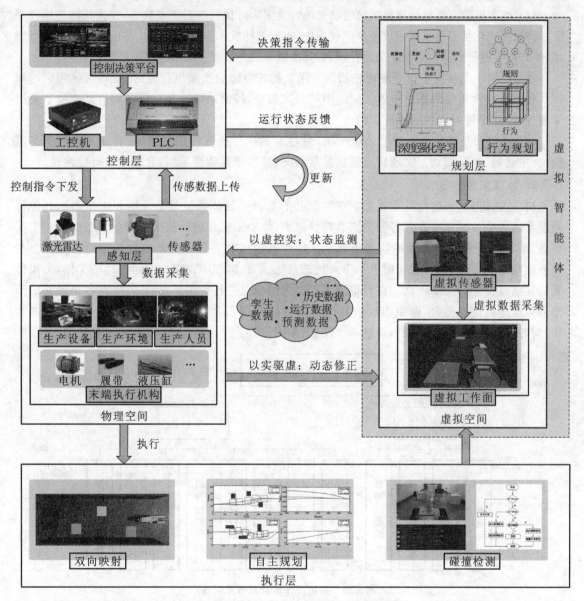

**图 6-51 数字孪生驱动的掘进机控制模型**

（1）物理空间是掘进工作面中具备完整传感系统的生产设备、环境以及人员的集合,可实现物理空间状态信息的感知,具备数字孪生系统决策应用的执行力,是系统研究以及控制的对象。

（2）虚拟空间不仅是物理空间的三维镜像化,同时也是物理空间中各个元素间的内在机理、操作机制和关联规则的数字化呈现。虚实交互的主要目的是为完成物理空间中传感系统获取的动态状态数据在数字空间中的映射,其中包括数据采集、网络连接等,可实现多传感器数据同步获取、不同传输协议的数据网络接入以及控制决策指令发送。

（3）孪生数据是虚实空间数据交互的载体，通过数据库技术构建虚实交互的闭环通道，实现虚拟孪生体与物理对象层间的双向映射与同步反馈。由历史数据、运行数据、预测数据的相互耦合和演化集成实现煤矿设备的对象孪生、过程孪生和性能孪生。

（4）规划层的主要目的是将决策的结果规划为实际可执行的路径或轨迹，并将其传递给控制层。将深度强化学习引入掘进设备决策规划中，将虚拟样机作为一个 Agent 在虚拟空间中进行训练，使其自主进行局部避障与全局路径规划，其中规划层与虚拟空间组合称为虚拟智能体。

（5）控制层是将决策指令经由控制器发送至物理空间的末端执行器，控制其完成相应的动作。传感器再次采集数据更新虚拟空间中的三维信息，控制决策平台根据更新信息持续下发决策指令，以此循环完成掘进机器人的闭环控制。

（6）执行层是系统的服务层及应用层，通过人机接口或智能控制终端，对设备进行状态监测、自主避障、路径规划。实现快速捕捉异常状况、准确定位碰撞原因、合理规划行进路径。

### 2. 物理空间状态感知

掘进工作面状态感知是实现数字孪生驱动的基础。具体来说就是分别在工作面和其他待测设备的各个关键位置布置各类传感器与摄像机，集中采集掘进过程中工作面状态信息和工况信息，图 6-52 是掘进工作面的状态信息系统图。通过实时采集并更新掘进工作面关键状态参数数据与工况环境数据，实现掘进工作面状态系统感知，以此驱动虚拟空间中样机变化，为操作人员提供可视化的决策依据。在对掘进工作面关键信息进行数据采集后，需要将各个模块的传感器数据进行连接整合，避免出现信息孤岛或数据利用不全面的问题。在数字孪生驱动过程中，对各类数据进行处理分析，并进一步反馈、预测、控制工作面环境及设备的运行状态。

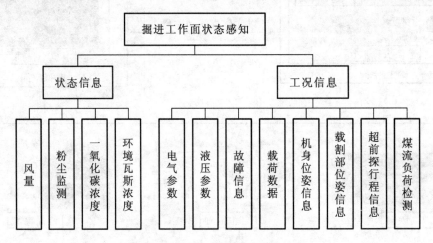

**图 6-52　掘进工作面状态信息系统**

根据工作面智能感知模型，在巷道环境与掘进设备上安装相关传感检测装置，在数字孪生体中实现多传感器数据的融合、处理及分析，并对虚拟空间进行实时数据驱动，对掘进环境变化与装备运行情况进行实时更新，为在工况环境复杂的真实工作面中实现"智能感知、数据传输、动态决策、协调执行、反馈预测"奠定基础。

### 3. 虚实数据交互

数据库系统是实现虚实交互的桥梁，通过数据库对当前掘进工作面数据信息进行集中管理,并对控制决策平台中的控制指令进行分类存储。本节所述的虚实空间数据交互方案如图 6-53 所示,构建虚拟数据库接口,将采集到的各类传感器数据通过数据库传输至虚拟空间中;同时,虚拟空间中产生自主决策与人工干预控制指令,经由数据库下发至本地控制端。

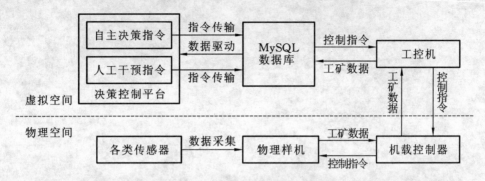

**图 6-53　虚实空间数据交互方案**

数据库与传感器数据采集端的通信连接通过 C++语言建立动态链接库,实现机载传感器的数据传输与存储。物理端的传感器数据存储中包括环境与设备运行参数数据表。环境数据表记录工作面温度、一氧化碳浓度、瓦斯浓度等数据;设备运行参数数据表记录设备姿态角、截割部方向位移等数据。数据库与控制决策平台端的通信连接通过 C#语言在 Unity3D 中添加动态链接库,将 SQL 语句的基本功能写入数据库连接类中,在控制指令传输过程中调用相关函数,实现控制指令存储。

## 6.6.3　矿山设备远程虚拟智能操控技术

煤矿掘进工作面因恶劣环境导致掘进设备运行状态监测困难,巷道掘进中超挖、欠挖和异常碰撞等情况难以具体描述。因此,借助数字孪生和虚拟现实技术,构建煤矿掘进工作面智能管控系统,通过构建掘进工作面各要素数字孪生体,实现虚实融合、智能交互,将虚拟世界与物理世界共智互驱,助力掘进工作面"人-机-煤-巷"各要素的协同管控。煤矿掘进智能管控系统实现了虚拟示教、碰撞检测、虚拟仿真、虚拟监测和远程智能交互控制等功能,解决了前期"人工示教"模式下依靠掘进机司机人工控制,难以保证轨迹优化和合理性的弊端,是复杂环境下掘进装备智能截割技术的一次全新的探索。

煤矿掘进智能管控系统由虚拟监测、智能控制两个模块组成。图 6-54 为虚拟监测模块,包括设备状态、环境监测、人员定位、机身位姿监测和定向导航等子模块,通过虚实双向映射、数据孪生共享、数据实时传输,实现对设备及环境状态的实时在线监测。图 6-55 为掘进机智能控制模块,具有一键启停、掘进机行走部和截割部运动控制、边界虚拟碰撞检测与预警、模式切换、不同视角切换等功能,可实现虚实智能交互、智能远程控制、记忆截割等功能。

掘进机智能控制包括设备自主控制决策与人工干预远程控制,结合数字孪生技术,以虚拟样机自主规划决策为主,以人工远程干预为辅实现对掘进设备的智能控制。在常规工况条件下,通过决策规划与动作执行模块输出控制指令并下发至物理空间,使得掘进设备按照虚拟空间中规划好的路径运动。在异常工况条件下,操作人员以虚拟平台状态监测模块中的三维虚拟工作面与虚拟样机为主要决策依据,以视频监控方式为辅助决策依据,并在人机交互平台中采用人工介入的方式手动下发控制指令,直至设备处于安全状态或工况环境满足自主决策条件。

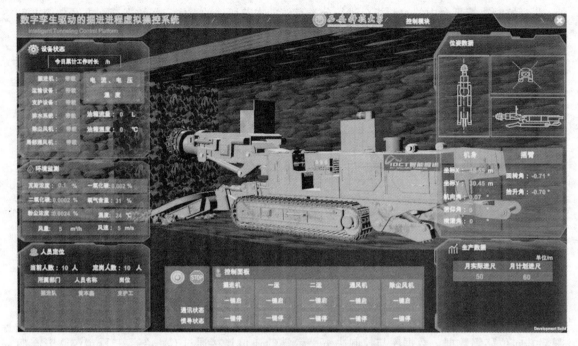

图 6-54　掘进工作面设备虚拟监测模块

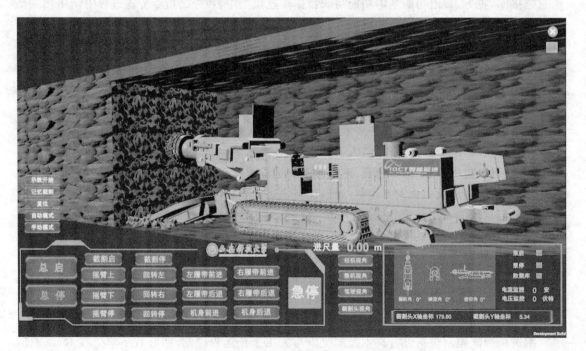

图 6-55　掘进工作面设备智能控制模块

两种控制方式的决策指令均由虚拟空间发出,经虚拟数据库接口存储进数据库中,随后再通过 PLC 发送至物理空间的末端执行器,控制其完成相应的动作。

1. 设备虚拟样机动态控制

悬臂式掘进机的运动是通过控制双履带实现前后的行走,对双履带两侧的液压马达分别下发不同的控制信号,控制转速与转向实现机身的前后左右动作。掘进机的机身运动需要在虚拟界面中再现,在 Unity3D 中采用 C♯ 语言对机身履带进行动作编程。在掘进机器人行进过程中,根据履带两侧的液压马达分别下发的控制信息,行走部实现相应的动作,两履带动作分别为:左履带前进、左履带后退、右履带前进、右履带后退,通过两履带间的协调配合实现机器人整体的左转、右转、前进及后退。

2. 虚拟空间数据驱动

在机器人机身上布置相应传感器,在掘进机器人前行过程中,通过捷联惯导采集掘进机器人位姿状态信息并存储进数据库中,Unity 平台读取数据库数据并赋值给虚拟样机的 Transform 组件中,同时显示在人机交互平台 UI 中。图 6-56 为 Unity3D 中位姿数据的 UI 显示。

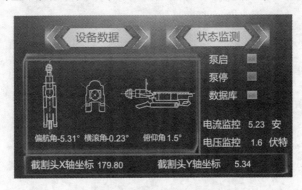

图 6-56　位姿数据的 UI 显示

3. 智能远程控制

结合数字孪生技术,提出"数据驱动、双向映射、碰撞检测、自主决策、人机协作"的远程控制策略,利用传感器技术、三维重建技术、虚拟现实技术建立煤矿井下工作面的虚拟空间,为工作人员提供清晰、透明、直观的三维监控平台。利用数字孪生技术,通过数据驱动与指令传输实现虚实空间的动态交互与虚拟环境的实时更新。

在掘进过程中,通过设备自主决策与人工干预相结合的方式完成掘进工作面设备的远程控制,如图 6-57 所示。在常规工况环境下,通过设备自主进行路径选择与局部避障,完成机器人行进任务;当井下工况环境复杂时,需要人工远程干预掘进机器人的行为动作,协助其完成在非常规工况环境下的行进任务。

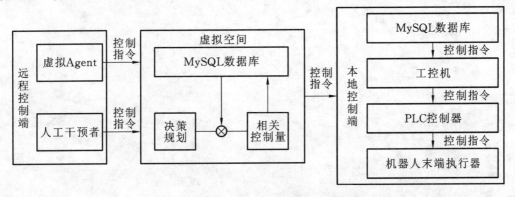

图 6-57　掘进设备远程虚拟控制过程

**【思考题】**

1. 煤矿井下采掘设备定位方法有哪些？它们的工作原理分别是什么？

2. 视觉测量技术在井下采掘设备位姿测量方面有哪些优势？视觉测量技术在井下应用时可能遇到哪些问题？

3. 掘进机成形截割的工艺流程是什么？如何利用视觉伺服控制实现掘进机自主成形截割？

4. 矿山设备数字孪生驱动技术的工作原理是什么？虚拟操控的工作流程是什么？

# 附　录

## 趁智能化发展大潮，扣工业电气
## 控制核心，呈矿山控制技术之美

### 一、不忘初心，迎难而上，努力攻克智能矿山"卡脖子"问题

2020年，国家发展改革委等八部委联合印发了《关于加快煤矿智能化发展的指导意见》，明确了煤矿朝智能化方向发展。目前，我国煤矿智能化还有一些"卡脖子"问题未解决。我们要以守护国家能源安全、服务地方经济社会发展为己任。机械学科不忘初心，牢记使命，始终坚持煤矿机电特色。在老教授带领下，机械学科老师迎难而上，努力攻克智能开采、智能掘进、智能运输、智能运维、智能通风等智能矿山"卡脖子"问题，为促进煤矿智能化技术发展贡献了学科力量。

### 二、前途光明，道路曲折，坚定行业发展信心谋科学研究新高度

我国"富煤、贫油、少气"的地质条件决定了煤炭作为基础能源，煤炭在我国能源供应安全方面发挥了重要的作用。"碳达峰、碳中和"和煤矿智能化发展目标驱动下，煤炭行业朝安全、高效、绿色、智能开采方向发展，引起行业科研领域变革，智慧矿山、智能开采、智能掘进、智能运输、智能通风等行业智能化发展，迫切需要高校培养煤矿智能化方面复合型人才培养。煤矿智能化是煤炭工业高质量发展的核心技术支撑，但煤矿智能化还存在像井下精确定位与设备导航技术、重大危险源智能感知与预警预报技术、机器人路径规划与长时供电技术、煤岩识别技术、智能锚护技术、采掘装备自适应控制技术等一些关键技术难题未突破，给高校科学研究提出了大量新的课题。煤矿智能化的研究、开发和应用是一项极具复杂性、挑战性的系统工程，我们相信通过"产学研用结合，校企协同创新"，一定破解煤矿智能化关键技术难题，开创新时代煤矿智能化的新天地，谱写新时代煤矿智能化的新篇章！

### 三、以人为本，智能先行，树立科技发展促进安全生产理念

安全问题历来是煤矿长期稳定生产的关键所在，煤矿生产应以保障人和系统的安全为首要任务。为了保障煤矿生产安全，需对环境、设备和人员等进行综合管控。在"工业4.0""中国制造2025"和"煤矿智能化"等一系列国家政策支持下，"机械化换人、自动化减人、智能化无人"的煤矿安全生产理念已深入人心。煤炭开采已从粗放型作业转向精益生产，智能化开采已是当前行业发展趋势。

目前，国内各大煤矿正如火如荼地开展煤矿智能化关键技术研发和系统应用，国内多家煤炭企业智能化工作已取得显著成效。在煤矿智能化浪潮中，开采设备智能化是重中之重，智能开采高度依赖智能设备。作为西部煤矿领域的坚守者，科研战线上的同行们应树立利用先进机电装备促进煤炭行业智能化发展的意识与信心，通过智能化使能技术促进煤矿"安全、高效、绿

色、智能"开采,增强新时代教育科技工作者为煤炭艰苦行业高质量服务的使命感。

### 四、工业控制,煤安认证,行业认证与国家规范为安全生产保驾护航

煤矿设备的电气控制,既有普通工业控制之共性,亦有煤矿特种控制之个性。煤矿井下生产环境恶劣,影响其安全生产的因素复杂多样,尤其是自然灾害问题较为突出。因此,煤矿安全生产需要对下井的各类设备进行严格的煤安认证。2007年国家经贸委和煤矿安全监察局等发布了《煤矿矿用产品安全标志暂行办法》,对井下矿用设备、仪器、仪表等实行安全生产认证制度,该制度有效遏制了伪劣产品进入煤矿井下。

作为煤矿设备电气控制技术的学习者,需要树立煤安认证和设备安全控制的牢固理念,充分认识煤矿设备与普通工业设备之异同,尤其是电气控制要求的巨大差异,能够提出合理的煤矿设备电气控制方案。在煤矿设备电气控制技术研发与应用的实践中,应始终遵循工业控制与煤矿生产安全高度契合的理念,在国家规范与行业认证指导下有序开展煤矿设备电气控制工作,为我国煤矿的安全高效生产保驾护航。

### 五、发扬北斗精神,勇攀井下导航高峰,破解采掘智能化核心技术难题

发扬北斗精神,矿山科研工作者以"祖国利益高于一切"的责任担当,克服了各种艰难险阻,在陌生领域从无到有进行全新探索,在煤矿井下长距离动态定位与导航方面联合攻关。面向采掘装备及其智能化,西安科技大学提出煤矿人机协同智能系统、数字煤层构建及智能开采等关键技术和理论方法,形成煤矿智能化思想体系,研发了以"护盾式煤矿巷道智能掘进机器人系统"为代表的煤矿智能检测与控制系统,破解多项煤矿智能化技术及装备难题,创造巨大的经济效益和社会效益。

面向煤矿采掘装备精确定位与远程控制问题,西安科技大学研发了"视觉+"、"惯导+"的煤矿掘进装备精确定位与智能导航成套技术及系统,破解了煤矿井下掘进装备长距离定位难题,国内首创将数字孪生(DT)和虚拟现实(VR)引入采掘工作面设备群虚拟远程智能控制系统,研发了数字孪生驱动智能掘进管控平台成套技术及系统,破解了煤矿井下恶劣环境采掘装备远程控制问题,成果应用于国内10余家煤矿,在西煤机等多个掘进生产厂家配套应用。

### 六、弘扬科学家精神,致力煤矿智能化,推进采掘装备智能化协同攻关

煤炭行业一批教师致力煤矿智能化技术攻关,弘扬老一辈科学家胸怀祖国、服务煤矿的爱国精神,勇攀高峰、敢为人先的创新精神,追求真理、严谨治学的求实精神,淡泊名利、潜心研究的奉献精神,集智攻关、团结协作的协同精神,甘为人梯、奖掖后学的育人精神,推进采掘装备智能化协同攻关。

西安科技大学提出了"采煤就是采数据、掘进就是掘模型、拣矸就是拣图像、运输就是运流量"的煤矿智能化开采理念,针对夹矸厚与片帮严重复杂条件,研发了护盾式煤矿巷道智能掘进机器人系统,被中国煤炭工业协会鉴定为国际领先并获科学技术奖一等奖,引领了煤矿智能掘进技术发展。同时提出了数字孪生驱动的采掘装备远程智能控制技术构架,形成了"数字煤层、虚实同步、孪生驱动、实时修正、虚拟碰撞、截割预测、智能协同"的煤矿井下采掘设备远程控制技术体系,促进了行业采掘装备远程智能控制技术发展。

## 七、发扬工匠精神，精益求精打造精品，新技术促进行业高质量转型发展

习近平总书记强调，要建设知识型、技能型、创新型劳动者大军，弘扬劳模精神和工匠精神，营造劳动光荣的社会风尚和精益求精的敬业风气。作为新时代的"大国工匠"，需要新技术、新手段、新设备提升煤矿电气装备整体智能化水平，促使煤矿高质量的转型发展。煤炭行业工匠精神，就是精益求精，追求更好，充分发挥工程人员的主观能动性，不断跟进最新技术发展，持续推动行业发展。

新时代的装备设计者在学习传统电气设计知识的基础上，结合当下行业发展的重点方向，了解并掌握电气控制绿色智能化新技术与发展理念，从电气控制设计层面引入智能化理念才能提升煤矿机械整体智能化程度，打造新时代电气控制智能化精品，提高设备的使用寿命和生产效率。

## 八、分清主次，把握要领，体悟工业设备电气控制之美

矿山设备电气控制涉及高等数学、复变函数与积分变换，机械控制工程基础、电力拖动控制，是从强调微观的控制技术到表达宏观的控制哲学。电路、信号与系统、自动控制原理的数学基础联系紧密。通过对课程知识模块进行系统梳理，有针对性地建立课程之间的内在联系，寻求数学思想方法在机电专业知识中的背景，挖掘专业知识技术中蕴含的数学思想与控制思维，达到课程间的融会贯通效果，从而提高工科学生的数学素养，有助于学生对专业知识的掌握更容易、理解更深刻。

本课程涉及的通-压-排-提-采-掘-运的电气控制系统设计中，既有系统稳定运行机理的挖掘与探索，又有电气控制系统设计准则的思考与研究，处处体现着工业设备电气控制之美。在新工科建设背景下，国家迫切需要培养多元化、创新型、复合型的高端综合型人才。以成果导向教育理念构建高质量煤矿智能化人才培养体系，让每一门课、每一次课堂成为知识、能力和素质的助力者和导火索，是新时代煤炭行业高等教育迫切需要推进的难题。在教学理念方法上突出学生中心、问题牵引、思政引领，变"灌输式"教学为"研讨式＋互动式＋案例式"教学，形成"课前预习——课中研讨交流＋点评串讲＋案例剖析——课后练习"的教学新模式，激发学生学习兴趣，促进学习方式的转变。

本课程基于课程目标达成重塑教学内容，以解决工业控制问题为主线，采用"控制难题——设计思维——控制电路——故障排除"分析流程贯通煤矿主要生产设备电气控制知识。同时，将信息化、智能化等多学科交叉知识有机融合于课程内容，设计思维中体现低碳节能、系统思维等理念，课堂教学中加强学生研讨、互动式教学方法，培养学生团队意识和沟通能力，将煤炭人无私奉献、吃苦耐劳、勇于拼搏、迎难而上、精益求精等精神，融入教学过程，塑造学生的社会责任感和职业道德意识。

## 九、数字矿山，智能矿山，现代煤矿生产智能化技术发展永在路上

智能矿山以数字矿山和矿山物联网为基础，实现物理矿山的虚拟化、生产环节的可视化、运营环节的高效化，是在数字矿山和矿山物联网基础上对生产和经营的流程再造，是在感知和数字化基础上将信息提炼为决策智慧、将决策智慧转化为执行能力的过程。

智能矿山也是对数字矿山和矿山物联网的自然延伸和升华。数字矿山实现了真实矿山整

体及相关现象在统一时空框架下的统一认知和数字化再现,即物理矿山的"虚拟化";同时,实现了生产过程和安全保障的信息化监视与控制,以动态详尽的监管矿山生产与运营的全过程,即矿山生产的"透明化"。而矿山物联网则是数字矿山、互联网技术的自然发展,它利用感知技术和智能装置对物理世界进行感知和识别,实现人与人、人与物、物与物的交互。

智能矿山建设是技术创新与体制创新、管理创新的有机结合,是对现有煤矿生产管理模式和管理理念的一次重大变革,其主要特征为信息采集全覆盖、数据资源全共享、统计分析全自动、业务管理全透明、人机状态全监控、生产过程全记录。通过深化自动化、信息化和智能化技术,实现各技术各系统的融合联动,对于矿山进一步减员增效、打造世界一流的安全、高效、绿色、智能的现代化矿山、实现井下的无人化开采具有重要的战略意义。

在人类社会需求日益个性化的大潮下,煤炭生产模式的变革更加引人注目。在多品种订单生产牵动下,加大数字矿山建设力度,从智能化装备技术、智能工作面检测与控制、智能运输、智能洗选、智能分析与决策等各环节进行深入的基础理论和技术攻关与应用推广研究。立足高采高效煤炭生产现状和市场多品种大批量煤炭需求,对生产执行系统相关理论及技术发展进行分析研究,为摹画智能矿山建设发展蓝图意义重大。

## 十、需求牵引,高效对接,煤炭快速响应生产模式引发煤矿生产过程的技术变革

煤矿工作面生产特点类似与于造执行系统中生产车间,是一个典型的人—机—环境复杂系统。系统置于信息不完备的自然地质体(围岩)的环境之中,受不确定因素的影响,系统运行条件复杂多变,自然灾害(水、火、瓦斯)发生概率大,非稳态多。同时,煤炭整个生产,特别是面向最终煤炭用户的不同用途、不同价格取向时,煤炭质量指标如不同发热量、不同灰分等要求可能需要组织不同工作面生产,最终多个煤矿多的工作面煤品混合达到用户需求,整个生产过程的特征是离散的。

煤炭生产分解为工作面开采、井下运输、地面运输、洗煤、混煤、装车等多个任务完成。在这种离散生产系统中,煤炭的生产组织形式可以为离散式生产和连续式生产。随着高产高效矿井建设成果显现,我国越来越多煤矿的生产组织采用连续化生产形式。

对于煤炭生产运行管理而言,不仅涉及复杂的计划、进度、物流、质量等业务的协调,同时因为生产过程存在大量的生产突发事件,如何实现快速响应以提高煤炭生产过程的应变能力成为煤矿生产的关键,意味着效率与安全。

目前,国家能源神东煤炭集团公司已实现按用户不同品种煤炭要求,组织生产和动态调度,满足用户变批量的煤炭生产。展望未来煤炭发展,煤炭 MES 系统通过生产资源、人力资源、设备维护管理等模块从 ERP 等信息系统读取生产任务、设备、人员和生产准备等信息,通过上述信息生成井下作业计划。现场生产执行情况、煤质等信息数据通过性能分析后利用生产管理模块对作业计划进行调整,形成动态调度系统。

未来煤炭生产执行系统必然是适应"多品种变批量"生产模式的更快发展,以动态调度为核心,以煤炭生产过程信息收集管理为主要任务的生产执行过程协调与控制的系统。制造系统中的多品种变批量生产模式具有品种的多样化、批量的变化性、工艺的不成熟性、混线生产中效率与柔性的矛盾等特点和问题,在煤炭生产执行系统中也存在或将会出现。而国内外近年来针对煤炭快速响应生产执行模式的研究基本处于空白。煤炭的精益化生产,对生产过程组织、生产控制系统和生产执行系统,以及煤炭大数据的应用提出更高的目标和要求。因此,煤炭智能生

产执行系统的规划实施和技术攻关中,应超前谋划,对多品种、变批量煤炭生产执行模式进行研究,促进现有平台更高效运行。

智能矿山架构体系主要包括:面向井下设备、人员和灾害的聚焦感知的泛在智能感知技术、面向海量感知数据的"一网一站"传输技术、面向区域矿井群的一体化软件平台研发、面向企业战略落地的业务流程标准化。从智能矿山的关键特征出发,其一是物理层感知数据更丰富、感知范围更广泛,以便实现矿井监控全覆盖,并为上层应用提供可靠的原始数据;其二是应用层联动分析更多变、决策支持更智能,以便实现数据的深度挖掘和联动决策。与海量数据感知相对应,要求大力研究矿井泛在智能感知技术,以及支持海量感知数据的高带宽、集成化传输技术。与智能决策与联动分析相对应,要求积极探索适合大型矿业集团的大数据中心建设模式,构建集监视、控制、分析和决策于一体的软件平台。为了保证智能矿山建设的顺利推进和建成后的高效利用,要求企业内部进行流程变革,从系统优化和协同管理的视角促进流程再造。

# 参 考 文 献

[1] 梁南丁,周斐.矿山机械设备电气控制[M].徐州:中国矿业大学出版社,2009.

[2] 梁南丁,王红俭.矿山机械设备电气控制[M].北京:煤炭工业出版社,2007.

[3] 任瑞云,卜桂玲.矿山机械与设备[M].北京:北京理工大学出版社,2019.

[4] 谢锡纯,李晓豁.矿山机械与设备[M].徐州:中国矿业大学出版社,2012.

[5] 冯清秀.机电传动控制[M].5版.武汉:华中科技大学出版社,2011.

[6] 高峻.工业电气控制从入门到精通[M].北京:机械工业出版社,2010.

[7] 邓力,余传祥.工业电气控制技术[M].2版.北京:科学出版社,2013.

[8] 吴黎明.数字控制技术[M].北京:科学出版社,2009.

[9] 陈维健,肖林京.矿井运输与提升设备[M].徐州:中国矿业大学出版社,2015.

[10] 韦巍.智能控制技术[M].2版.北京:机械工业出版社,2016.

[11] 谢子殿,沈显庆,王蕴恒.电牵引采煤机电气控制技术[M].南京:东南大学出版社,2016.

[12] 张书征.矿山流体机械[M].北京:煤炭工业出版社,2011.

[13] 栾振辉,廖玲利.煤矿机械PLC控制技术[M].北京:化学工业出版社,2008.

[14] 李泽瑜.煤矿空压机远程监测与预警系统研究[D].阜新:辽宁工程技术大学,2014.

[15] 吴革新,李凤海.煤矿流体机械运行维护[M].徐州:中国矿业大学出版社,2019.

[16] 王亮.矿山固定机械与运输设备[M].长春:吉林大学出版社,2015.

[17] 毛君.煤矿固定机械及运输设备[M].北京:煤炭工业出版社,2012.

[18] 商景泰.通风机实用技术手册[M].北京:机械工业出版社,2011.

[19] 康红普,王国法,王双明,等.煤炭行业高质量发展研究[J].中国工程科学,2021,23(5):130-138.

[20] 王国法,徐亚军,张金虎,张坤,马英,陈洪月.煤矿智能化开采新进展[J].煤炭科学技术,2021,49(01):1-10.

[21] 王国法,赵国瑞,任怀伟.智慧煤矿与智能化开采关键核心技术分析[J].煤炭学报,2019,44(01):34-41.

[22] 王国法,杜毅博,任怀伟,范京道,吴群英.智能化煤矿顶层设计研究与实践[J].煤炭学报,2020,45(06):1909-1924.

[23] 袁亮.煤炭精准开采科学构想[J].煤炭学报,2017,42(1):1-7.

[24] 张旭辉,赵建勋,杨文娟,张超.悬臂式掘进机视觉导航与定向掘进控制技术[J].煤炭学报,2021,46(07):2186-2196.

[25] 宗凯,符世琛,吴淼,褚福磊.基于GA-BP网络的掘进机截割臂摆速控制策略与仿真[J].煤炭学报,2021,46(S1):511-519.

[26] 张旭辉,杨文娟,薛旭升,张超,万继成,毛清华,雷孟宇,杜昱阳,马宏伟,赵友军,李晓鹏,胡成军,田胜利.煤矿远程智能掘进面临的挑战与研究进展[J].煤炭学报,2022,47(01):

579-597.

[27] 杨文娟,马宏伟,张旭辉.悬臂式掘进机截割头姿态视觉检测系统[J].煤炭学报,2018,43(S2):581-590.

[28] 杨文娟,张旭辉,马宏伟,刘志明.悬臂式掘进机机身及截割头位姿视觉测量系统研究[J].煤炭科学技术,2019,47(06):50-57.

[29] 马宏伟,王鹏,张旭辉,曹现刚,毛清华,王川伟,薛旭升,刘鹏,夏晶,董明,田海波.煤矿巷道智能掘进机器人系统关键技术研究[J].西安科技大学学报,2020,40(05):751-759.

[30] 毛清华,陈磊,闫昱州,张旭辉,刘永伟.煤矿悬臂式掘进机截割头位置精确控制方法[J].煤炭学报,2017,42(S2):562-567.

[31] 汪丛笑.煤矿安全监控系统智能化现状及发展对策[J].工矿自动化,2017,43(11):5-10.

[32] 王亚滨,廉自生,崔红伟.刮板输送机用可控启动传输装置控制系统仿真研究[J].工矿自动化,2016,42(07):39-43.

[33] 胡雪梅,张涛.基于PLC和变频控制的矿井提升机调速系统改造[J].矿山机械,2012,40(04):47-50.

[34] 胡志强.煤矿提升机监控系统及其故障诊断的研究[D].徐州:中国矿业大学,2014.

[35] 李敬儒.井采铁矿提升机自动控制系统设计[D].唐山:华北理工大学,2019.

[36] 王林.基于多模信息融合的采煤机精准定位方法[D].徐州:中国矿业大学,2021.

[37] 赵明,王会枝,郭忠.刮板输送机变频控制技术研究[J].煤矿机械,2018,39(7):53-54.

[38] 李小凡.刮板输送机变频驱动控制系统的研究[D].太原:太原理工大学,2013.

[39] 周李兵.煤矿井下无轨胶轮车无人驾驶系统研究[J].工矿自动化,2022,48(6):36-48.

[40] 郑建华,沈会初,郝亚锋.矿井局部通风机智能远程监控系统设计[J].陕西煤炭,2014,33(6):87-90.

[41] 王虹,王步康,张小峰,等.煤矿智能快掘关键技术与工程实践[J].煤炭学报,2021,46(7):2068-2083.

[42] 马宏伟,毛金根,毛清华,等.基于惯导/全站仪组合的掘进机自主定位定向方法[J].煤炭科学技术,2022,50(8):189-195.

[43] 朱信平,李睿,高娟,杜毅博,吴淼.基于全站仪的掘进机机身位姿参数测量方法[J].煤炭工程,2011(06):113-115.

[44] 杜雨馨,刘停,童敏明,等.基于机器视觉的悬臂式掘进机机身位姿检测系统[J].煤炭学报,2016,41(11):2897-2906.

[45] 吴淼,贾文浩,华伟,等.基于空间交汇测量技术的悬臂式掘进机位姿自主测量方法[J].煤炭学报,2015,40(11):2596-2602.

[46] 李建华.矿井自动排水监控系统研究[J].煤矿机械,2013,34(11):224-226.